Jean-Pierre Luminet

Rendezvous mit Venus

Für
Amande,
Camille
und
Luna

Inhalt

Der Kanzleischreiber, der Abbé und der Edelmann

Bald schon würde Venus ihren Geliebten treffen. In diesem Jahrhundert begab sie sich zweimal, fast auf den Tag genau im Abstand von acht Jahren, zu ihrem Rendezvous. Viel Zeit hatte sie nicht für ihre Liebesnacht, knapp sechs Stunden, eine kurze Zeitspanne nur, doch von großer Bedeutung für die Zukunft, das zumindest erträumten sich die Liebhaber von Himmelserscheinungen weltweit. Diesmal nämlich würde Aphrodites kleiner schwarzer Fleck bei der Vereinigung mit Phöbus' dickem runden Körper von uns genau beobachtet und zeitgenau notiert werden, denn dadurch bot sich uns die Möglichkeit, das Weltall zu vermessen!

Uns – damit meine ich all die von damals, die wir es uns zur Aufgabe gemacht hatten, die Sterne zu erforschen. Uns also befiel zu jenem Zeitpunkt ein wahres Entdeckerfieber. Wir verteilten uns auf alle Längengrade, stellten unsere Fernrohre ein und blickten hinauf zu diesem kosmischen Paarungsakt – wie so manche Kammerdiener, die in der Hochzeitsnacht ihrer Herrschaft das Auge ans Schlüsselloch pressen.

Ich sage «wir», als hätte auch ich das Wagnis nicht gescheut, mich den Stürmen, den Kriegen, dem Fieber und den Wilden auszusetzen, nur um die flüchtige Liebkosung zu beobachten, mit der Venus die Sonne beschenkte. Aber hatte ich damals etwa nicht noch andere Perspektiven vor Augen? Den Ruhm, die Nachwelt? Und nicht auch ein eigenes Rendezvous mit der Liebe?

Kein vernünftiger Anfang für Memoiren, zugegeben. Dabei habe ich doch wahrlich genügend Kurzbiographien und Elogen über meine Mitstreiter verfaßt, um genau zu wissen, wie man so etwas anstellt:

«Ich wurde am 11. Juli 1732 unter der Herrschaft Seiner Majestät Ludwigs XV. zu Bourg-en-Bresse geboren. Mein Vater, Postmeister in diesem Marktflecken, taufte mich auf den Namen Jérôme-Joseph ...»

Aber sich selbst ins rechte Licht zu rücken ist doch nicht so ganz einfach. Wie sollte ich wohl heute, am 12. Juli 1806, also mit exakt vierundsiebzig Jahren, ich, der *academicus venerabilis*, der sein ganzes Leben den strengen Regeln der Mathematik unterworfen hat, wie sollte ich, ohne gegen die gebotene Zurückhaltung des Gelehrten zu verstoßen, die Eskapaden meiner Jugendjahre schildern? Also lassen wir's lieber. Andererseits – hat sich denn mein Logenbruder François-Marie Arouet nicht auch recht ungeniert kurioser wissenschaftlicher Experimente gerühmt? Warum sollte dann ich, Lalande, den einige als «den Voltaire der Astronomie» bezeichnen, mich nicht auf literarisches Terrain begeben, sofern meine ermatteten Augen und der nahende Tod es mir noch vergönnen?

Als ich neun Jahre alt war, starb meine Mutter. Auf Drängen meines Lehrers, der mir schon längst nichts mehr beizubringen hatte, und auf Betreiben meines Onkels schickte mein Vater mich aufs Jesuitenkolleg in Lyon. Wieso, weiß der Himmel, wenn ich so sagen darf, denn der Postmeister Lalande verabscheute eigentlich alles, was Soutane trug. Das habe ich von ihm.

Sieben Jahre lang war ich deren Zögling. Und es gefiel mir. Ich war sogar sehr glücklich bei ihnen. Ja, glücklich – und das ich, der ich dann mein ganzes Leben lang den Aberglauben bekämpfen, der ich einen Ergänzungsband zu Maréchals *Dictionnaire des athées* verfassen sollte ... Dennoch sage ich nochmals: Meine Kindheit war behütet und erhebend im Herzen der Zitadelle des Bösen. Vielleicht haben wir uns ja im Feind geirrt, als wir uns mit den Jesuiten anlegten? In ihrem Lager herrschte jedenfalls weniger Aberglaube als unter der glanzvollen Sorbonne oder in den Korridoren der Parlamente.

Ich wäre nicht, was ich heute bin, wenn Pater Béraud, mein damals erster und einziger Lehrmeister, nicht schon sehr bald mein frühreifes Mathematikertalent erkannt hätte. Begeistert schilderte er es seinen Oberen. Nach eingehender Prüfung meiner Begabung dürften sie sich ausgemalt haben, daß es ihnen auf dem Umweg über meine Person gelingen könnte, vierzig Jahre nach der Zerstörung von Port-Royal endgültig über ihre Feinde, die Jansenisten, zu triumphieren: Jetzt hatten auch sie ihren Pascal, und den würden sie nicht aus den Fängen lassen! Mit Umsicht geleiteten sie mich durch das Labyrinth ihrer Bibliothek, methodisch schürten sie meinen auf das Universelle gerichteten Wissensdrang in der Hoffnung, aus mir den unerbittlichsten Soldaten Seiner Heiligkeit zu machen.

Aber ein papistischer Pascal ist nicht so leicht herzustellen wie eine Turmuhr. Eines Tages – ich war inzwischen fünfzehn Jahre alt und in ein Buch vertieft, das Pater Béraud mir zu lesen befohlen hatte – bäumte sich etwas in mir auf, und es war, als zerrisse der Kokon, in dem ich geborgen war, mit einem Schlag. Niemals mehr verspürte ich eine derartige Revolution in meinem Kopf.

Dabei habe ich viele Revolutionen gesehen und auch miterlebt. Von Menschen gemachte Revolutionen, versteht sich; mal fröhlich und hoffnungsvoll unter strahlenden Himmeln, mal unter blutrot gefärbter Götterdämmerung, wo die gestern noch glorreichen Köpfe in die Körbe rollten wie Meteore jenseits des Horizonts. Jetzt herrscht Nacht. Düstere, wolkenverhangene Nacht, den Astronomen verhaßt. Eine Nacht, die unser Tyrann Napoleon zu erhellen vorgibt, indem er auf seiner verbrecherischen Bahn sogenannte Sonnenschlachten schlägt: Königreiche für seine Familie, Beute für seinen Klan und Kadaver für seine Horde. Ah, wie häßlich wird sie aussehen, die Morgenfrühe, nach dieser Orgie von Kriegen und Eroberungsfeldzügen!

Hoppla, jetzt bin ich schon zum Propheten geworden. Man könnte fast meinen, in unserem Beruf sei es die Regel, dem Höhenkoller zu erliegen und in den Sternen zu lesen, was niemand je dort einschreiben konnte. Bewahrt Ruhe, ihr Hände, zittert vor Altersschwäche, aber nicht vor Furcht. Ich glaube nicht, daß Fouché einen seiner Spione bei mir im Schrank versteckt hat, damit er gleich nachliest, was ich hier schrieb. Und außerdem ... würde der Bonaparte sich denn die Blöße geben und einen harmlosen Greis, der auch noch Sterngucker ist, guillotinieren lassen? Er beschränkt sich doch darauf, mich durch das einmütig vor ihm auf den Knien liegende Wissenschaftskollegium, das ehrwürdige *Institut*, zensieren zu lassen. Das genügt ihm.

Ich sprach über Revolutionen. An jenem Tag, als die Bastille Stück um Stück auf ihrem Glacis zusammenbrach und dem Faubourg Saint-Antoine endlich mehr Licht verschaffte, da arbeitete ich im Observatorium. Denn es gibt andere Revolutionen, die nicht wie Granaten explodieren, sondern langsam in den Gedanken freier und bewußter Menschen hochsteigen wie der Saft in den Pflanzen. Menschen, die es sich versagen, die Welt durch den Nebel des Aberglaubens und vorgefertigter Gedanken zu betrachten und sich lieber auf das glasklare Prisma der Wissenschaft und der Vernunft verlassen. Ihre Ideen brauchen Zeit, sich ihren Weg durch die anonyme Masse zu bahnen. Aber sie schreiten voran und weiten sich am Ende zu mächtigen Revolutionen aus, unumkehrbar wie der Planetenumlauf.

Eine ganz andere Revolution, die nur mich etwas anging, veränderte mein Leben. Ich war fünfzehn Jahre und ein paar Monate alt und ganz allein in der weitläufigen Schulbibliothek mit ihrem unverkennbaren Geruch nach vergilbtem Papier und schimmelndem Leder. Ich klappte die *Philosophiae naturalis principia mathematica* zu und hatte plötzlich das Bedürfnis zu weinen. Wie eine Wachsmaske preßte sich mir die Erkenntnis aufs Gesicht. Die Bücherwände ringsum wurden mir zum Universum, und die mit Rollen versehenen Schemel lockten mich, Jakobsleitern gleich, hinauf zu den Gipfeln der Vernunft. Von einem heiligen Feuer beseelt, machte ich mich auf die Suche nach meinem Lehrer, der mit großem Geschick meinen Enthusiasmus dämpfte und mich trotz meines jugendlichen Alters in die Geheimnisse der Astronomie einführte. Doch zu seiner großen Enttäuschung begriff ich alles viel zu früh, viel zu schnell, noch vor ihm und im Gegensatz zu ihm, so daß er seine Verlegenheit hinter vorgetäuschtem Zorn verbergen mußte. Ich kochte innerlich. Verdammt noch mal, daß die göttliche Vorsehung Ursache sein sollte für die Anziehungskraft im All, war mir doch völlig schnuppe! Nicht das Warum war mir wichtig, sondern das Wie. Und da Newton es erklärt hatte, dieses Wie, hatte jeder Gelehrte es gefälligst so anzuwenden!

«Ich werde mein Leben dem Studium der Himmelsphänomene widmen», erklärte ich meinem Lehrer in einer von Meteoren übersäten Nacht Mitte August, als wir hoch über dem ewigen Lyoneser Nebel auf einer Terrasse standen.

Das Auge meines Lehrers löste sich einen Lidschlag lang von seinem Fernrohr höchst mittelmäßiger Fabrikation und blitzte mich mit jenem milden Schalk an, der mich immer wieder in Rage versetzte.

«Von der Astronomie allein hat noch keiner je leben können, Jérôme. Abgesehen vielleicht von deinem geliebten Newton, der – wenn es um seine Interessen ging –

durchaus ein gerüttelt Maß List und Bosheit ins Spiel zu bringen wußte. Vorsicht, mein Junge, die Wissenschaft von den Sternen ist gefährlich, man kann dabei verglühen.»

«Vor allem, wenn das Heilige Offizium sich einmischt und die Fackel wirft», konterte ich.

Pater Béraud gluckste verstohlen und drohte mir – der Form halber – mit Geißelung, sagte dann aber nur:

«Allein der geistliche Stand wird es dir ermöglichen ... wie soll ich sagen? –, wird dir die nötige Muße lassen, um ... Ich dürfte es dir ja eigentlich nicht verraten, aber ... Das Priesteramt, abgesichert durch wie auch immer geartete Pfründe oder eine Bestallung, würde dir ein Leben ohne allzuviel Zwang im weltlichen Bereich garantieren. Natürlich unter der Voraussetzung, daß du in besagtem Bereich Anstand und Zurückhaltung wahrst, wie es deinem Gewand entspricht.»

Verstanden, mein Herr und Meister, dachte ich bei mir.

Werde ich also Heuchler und Verfechter der These, daß es nicht Galilei, sondern Josua war, der den Lauf der Sonne anhielt! Und dann werfe ich mich mit gekreuzten Armen vor dem Altar nieder, lasse mir eine Tonsur schneiden, verriegele gleich dreifach die Türen meines Presbyteriums, um endlich, verschlagen und süß lächelnd, mein Fernrohr zu den Sternen hin auszurichten und nach der kosmischen Wahrheit zu suchen.

Ich gestehe ja, daß ich damals in jenem Alter war, wo junge Wirrköpfe die «ersten Aufwallungen eines sich entfaltenden Temperaments für die rufende Stimme Gottes halten», wie es in *Jakob und sein Herr* heißt. Und erst der nächste Satz! Der gleiche Spott, ein wenig anrüchig, aber wie tiefsinnig! ... Was für ein Kerl, der große Denis! Warum veröffentlichte er es bloß nicht? Weil in der Welt, in der wir damals lebten, Diderot trotz seines Ansehens und ungeachtet seines Alters in Vincennes oder in der Bastille gelandet wäre. Außerdem hatte er seinen Zeitgenossen hinreichend Beweise für seinen Mut geliefert, so daß er es sich erlauben konnte, sich nur mehr als freier Schriftsteller, als einer, der nur für sich und die Nachwelt schreibt, zu betätigen.

Aber kehren wir nach Lyon zurück, in jenen Monat August des Jahres 1748, als es meinem Lehrer letztlich doch gelang, mich zur Tonsur zu überreden, damit ich das, was ich liebte, auch in Zukunft weiter studieren könne. Gleich am nächsten Morgen setzte ich zum ersten und letzten Mal mein Talent als Tartuffe der Wissenschaft in die Praxis um. Ich schrieb an meinen Vater, um ihm zu verkünden, es sei mein unumstößlicher Entschluß, in den Orden einzutreten, da ich eine nicht zu unterdrückende spirituelle Berufung verspürte. Nichts und niemand, oh nein, würde mich daran hindern, mein Leben Gott zu widmen! Eine Woche später erschien mein Onkel wutschnaubend im Jesuitenkolleg. Mir blieb gerade noch Zeit, mein Bündel zu schnüren, und schon ging's ab nach Paris.

In der Hauptstadt angekommen, schleuste mich mein damals noch junger und lebenslustiger Onkel durch einen Wirbel von Festlichkeiten, vom Wirtshaus ins Theater, aber er schrieb mich auch in der Juristischen Fakultät ein, suchte mir eine bescheidene Garçonniere im Quartier latin als Unterkunft und stellte mich dann noch ein paar «eminenten» Landsleuten aus der Bresse vor. Sie – so beteuerte er – würden mir später zu einer brillanten Karriere in der Richterschaft, bei der Post oder im Pachtamt verhelfen. Bei einer dieser honorigen Persönlichkeiten traf ich einen Freund aus Kindertagen wieder, einen jungen Medizinstudenten, der sich schon einen recht beachtlichen Ruf als Botaniker erworben hatte und mit Buffon die Gärten des Königs bepflanzte. Sein Name war Philibert Commerson.

Als ich eines Morgens zwischen den schneeweißen Brüsten einer Dirne vom Palais Royal aufwachte, verließ mich jegliche Lust, in die Societas Jesu einzutreten. Ich würde schon Mittel und Wege finden, das eintönige Studium der Rechte mit der Geometrie in Einklang zu bringen.

Der Tutor, dem mein Onkel mich unterstellt hatte, war Notar und über die mütterliche Linie weitläufig mit mir verwandt. Bei ihm sollte ich neben dem Studium arbeiten. Aber, ehrlich gesagt, er scherte sich keinen Deut um mich, peinigte ihn doch seine Mätresse, eine überaus talentierte Opernsängerin, die er einem Vicomte auszuspannen sich mühte.

Nach vollendeter Mission fuhr mein Onkel zurück nach Bourg, um seinem älteren Bruder Bericht zu erstatten. Ich war sechzehn Jahre alt, war frei und konnte relativ unbeschwert leben, da mein Vater mich mit einem entsprechenden Wechsel ausgestattet hatte. Ich wohnte in einem jener zahllosen Studentenquartiere, die sich rings ums Hôtel de Cluny scharten. Zum Glück kümmerte sich eine tüchtige Wäscherin mit mütterlicher Sorgfalt um meine häuslichen Belange, hielt sie mich doch für einen armen, in diesem Babylon ausgesetzten Waisenknaben: Meine Physiognomie ließ mich nämlich noch jünger erscheinen, als ich tatsächlich war. Anfangs wurde ich zornig, wenn man mich wie ein Kind behandelte, doch recht bald schon lernte ich, den Kontrast zwischen meinem niedlichen Kindergesicht und meinem Erwachsenengehirn zu meinem Vorteil zu nutzen. Kurz gesagt, ich wäre die ideale Besetzung für den Cherubin gewesen, wäre das Stück jenes talentierten Uhrmachers nicht erst etwa zwanzig Jahre später geschrieben worden.

Anfangs besuchte ich eifrig die Vorlesungen, um meinem Tutor zu zeigen, daß ich bereit war, das Studium zu absolvieren und die mir vorgezeichnete Karriere einzuschlagen.

Es drohten mir ja tatsächlich die Heimkehr nach Bourg und die Aussicht auf einen Posten als Laufbursche und Schreiberling beim dortigen Staatsanwalt.

Doch «die Jurisprudenz verblödet». Als ich gegenüber Commerson diese in meinen Augen höchst geistreiche Formulierung fallenließ, konterte er, das sei doch nur ein geistloser Studentenkalauer. Wie dem auch sei, ich schloß keinerlei Freundschaft mit meinen Kommilitonen, diesen Sorbonnards mit ihrem beschränkten Horizont. Die meisten kannten nicht einmal den Namen Newton, und die ihn kannten, verwechselten ihn mit Bacon, einem Bacon, der ihrer Meinung nach von Torquemada persönlich auf einem Platz in Madrid verbrannt worden war. Ich übertreibe nicht: Die Ignoranz dieser Esel war grenzenlos. Wann immer es nur möglich war, verließ ich das Quartier latin mit seiner stickigen Luft, nicht um in den Gärten des Palais du Luxembourg zu lustwandeln, sondern um allein zu sein und in den wenigen Buchhandlungen beim *Observatoire* zu stöbern. Dort fand ich eine geistige Nahrung, die mir weit mehr behagte als die albernen Kommentare zu den *Beschwerden aus dem Poitou vor dem Vertrag von Brétigny,* die mein täglich Brot waren.

Wie merkwürdig doch die Erinnerung funktioniert! Diese Beschwerdebriefe aus dem Poitou … Ich bin mir auch heute, achtundfünfzig Jahre später, noch absolut sicher, daß so der Titel des Werkes lautete, das ich an jenem Tag durchackern sollte. Es war nämlich genau der Tag, an dem ich zum ersten Mal dem Abbé Jean-Baptiste Chappe d'Auteroche begegnete. Ehrlich gestanden, es war nicht exakt das erste Mal, denn wir waren einander schon mehrmals zwischen Sorbonne und dem Jesuitenkolleg Louis-le-Grand über den Weg gelaufen, aber es erschien mir merkwürdig, ihm hier am Südzipfel des Luxembourg zu begegnen, so weit weg von dem uns zugewiesenen Territorium.

Chappe war ein Bursche von etwa zwanzig Jahren, dem ein rundes und joviales Gesicht mit Genießermund, tiefschwarzem Haar und dunkelblauen Augen unter scharfgezogenen Brauen ein ungemein männliches Aussehen verlieh. Unterstrichen wurde diese Männlichkeit noch durch die Wangen, die, frühmorgens sorgfältig rasiert, sich gegen Mittag bläulich überschatteten. Und erst die Muskeln – bei jeder Bewegung schienen sie das schwarze Abbé-Gewand sprengen zu wollen. Chappe war auffallend groß und stämmig. Mehr als sechs Fuß und ... Verflixt noch mal! Eine der intelligentesten Reformen, die die Revolution uns beschert hat, ist doch wirklich das metrische System, und ich fasele weiterhin von Zoll und Elle! Chappe also war einen Meter, acht Dezimeter und fünf Zentimeter groß ... annähernd. Der dürfte den Frauen gefallen, dachte ich damals.

Als ich ihn so gedankenverloren daherkommen sah, leistete ich mir den Jux, ein «Bonjour, Monsieur l'Abbé» zu schmettern, einfach so, aus Spaß, ich wollte ihn zusammenzucken sehen, da ich wußte, daß in diesem Athletenkörper eher ein zerstreuter Professor steckte. Er zuckte nicht zusammen, aber als Erwiderung auf meinen Gruß schnellte sein Zeigefinger hoch zur priesterlichen Kopfbedeckung. Bei dieser Bewegung hob sich sein Ellenbogen, wodurch die unter den Arm gepreßte Mappe auf den Kies der Allee fiel. In diesen ersten Märztagen – ich war also schon seit sieben Monaten in Paris – pfiff ein recht kühler Wind, der einige lose Blätter aufs Gras hinüberwehte. Ich stürzte ihnen nach. Als ich sie endlich beisammenhatte, riskierte ich einen Blick und trottete lesend zum Abbé zurück. Er streckte die Hand nach ihnen aus, wollte sie wiederhaben, aber ich las interessiert weiter. Nach einer Weile hob ich den Kopf, hielt ihm die Blätter hin und sagte:

«Sie beschäftigen sich also mit Halleys *Tabulae*, Monsieur l'Abbé?»

Als ich das sagte, dürfte ich recht gockelhaft gewirkt haben, aber Chappe pfiff bewundernd durch die Zähne.

«He, mein Junge, wie hätte ich wissen können, daß ein Kind ... Sie sind wohl auch auf dem Weg zum alten Desastre?»

Das war der Spitzname des Buchhändlers neben der Sternwarte, der stolz zu verkünden pflegte, er sei der *«libraire des astres et des planètes»*.

«Erraten, mein Junge», entgegnete ich keck, beleidigt, wie ich war, daß dieser große Tolpatsch mich wie einen Schnösel behandelte. «Und ich wundere mich», fuhr ich fort, «daß ein Kleriker die Mysterien der Göttlichen Vorsehung zu entweihen sucht.»

Der Abbé errötete, entschuldigte sich tausendmal für seine Grobheit und nochmals tausendfach, als ich ihm mein Alter nannte, dem ich allerdings zwei Jahre hinzugefügt hatte. Mir war noch nicht aufgegangen, daß es in meinem Interesse lag, das Wunderkind zu spielen.

«Sie müssen wissen», erklärte er, wie um sich zu rechtfertigen, «daß ich nicht aus Berufung in den Orden eingetreten bin. Aber dieses Habit erlaubt mir ein auskömmliches Leben und die Beschäftigung mit Naturwissenschaft. Ich bin übrigens kein Einzelfall ... Wenn ich erst einmal als Gelehrter Anerkennung gefunden und meinen Lebensunterhalt gesichert habe, dann werde ich den geistlichen Stand verlassen. Und Sie?»

«Das hatte auch mein Lehrer, Pater Béraud in Lyon, mir empfohlen, aber meine Familie war dagegen.»

Als wir da mitten auf der Allee beisammenstanden, war das der Anfang einer lebenslangen Freundschaft. Er schleppte mich in eine nahe Schenke, wo wir ausgiebig miteinander plauderten. Um ihm deutlich zu machen, daß meine Kenntnis der Halleyschen *Tabulae* nicht Protzerei war, schwang ich hymnische Reden über das Dreikörperproblem und seine Berechnung, empörte mich darüber, daß deren Erfinder Clairaut in der Konstellation der französischen Astronomie nicht den verdienten Platz innehatte und daß dabei vermutlich Konspiration und Neid im Spiele seien.

«Eine Konspiration gegen Clairaut?» erwiderte Chappe. «Nun aber mal langsam! Das hat er einzig und allein sich selbst zuzuschreiben: zu viele Dirnen, zuviel Wein und zuwenig Arbeit! Aber wenn Sie Lust haben, kommen Sie doch mit. Ich bin in einem Lokal in der Rue Gît-le-Cœur mit ihm verabredet. Falls er noch nicht betrunken ist, dürfte er sich für Sie interessieren – da bin ich sicher. Sie werden ihn an seine Jugendjahre erinnern.»

«War er nicht in seiner Jugend ein recht brillanter Mathematiker?»

«So brillant wie frühreif. Das sagte zumindest Cassini, mein Lehrer. Zu frühreif vermutlich, alles fiel ihm wohl zu leicht», fügte er mit einem verstohlenen Blick auf mich hinzu. «Allerdings hatte sein Vater, der auch schon Geometer war, ihm die Buchstaben des Alphabets anhand der Figuren aus Euklids *Elementen* beigebracht. Mit zwölf Jahren trug er dann vor der Akademie ein selbstverfaßtes Memorandum über ein paar Kurven vierten Grades vor. Mit achtzehn war er bereits selbst Akademiemitglied, begleitete anschließend Maupertuis nach Lappland ...»

«Worüber er dann nach seiner Rückkehr die *Theorie der Erdgestalt* schrieb und darin Newtons Theorie bestätigte», warf ich ein, um ihm deutlich zu machen, daß ich von Clairaut genausoviel wußte wie er.

«Kennen Sie die Geschichte mit den Mandarinen?» fragte Chappe unvermittelt, leicht pikiert.

«Gibt's da ... steht das etwa in Zusammenhang mit unserem Gespräch?»

Auf Chappes Gesicht trat ein triumphierendes Lächeln.

«Stellen Sie sich vor, mein Lehrer Cassini hatte mit Clairaut gewettet: Unser guter alter Erdenglobus habe die Form einer Zitrone, aufgequollen an den Polen und abgeplattet am Äquator. Clairaut kam aus Lappland zurück und bewies das Gegenteil. Wie Sie wissen, behielt Newton recht, die Erde gleicht eher einer Mandarine ... Cassini mußte zahlen: Für viel Geld ließ er aus Südspanien eine ganze Kiste voll dieser seltenen saftigen Früchte kommen. Clairaut dürfte sich daran den Magen verdorben und es nie ganz verwunden haben.»

«Und seine aufsehenerregende Lösung des Dreikörperproblems? Es ist doch kaum drei Jahre her, daß er die Halleyschen Vorhersagen über den Kometen in Frage zu stellen wagte und der Akademie die Newtonsche Optik aufzwang!»

«Ja, schon, aber danach nichts, jedenfalls so gut wie nichts mehr. Als sei eine Feder in ihm zersprungen.»

«Sie vergessen seine *Elemente der Geometrie* und *der Algebra*, die doch so alt noch nicht sind und etlichen Lärm verursacht haben, bis hin nach Lyon, zu den Jesuiten, und das will doch was heißen!»

Der redselige Chappe fegte meinen Einwand mit dem Handrücken vom Tisch.

«Zwei Werke, die eher Bilanz als Erfindungsgeist bezeugen. Von seinem Ruhm berauscht, hat Clairaut nichts anderes mehr geleistet, als in den Salons, die gerade Mode waren, herumzuscharwenzeln, sämtlichen gelehrten Marquisen von Paris die Röcke zu schürzen und die Weinkeller ihrer Ehegatten zu leeren, wobei er schlagartig seine Mission als Geometer vergaß. Abgesehen von einem Handbuch der elementaren Mathematik, kam nichts Neues mehr. Was für eine Verschwendung von Geistesgaben! Trotz allem ist er ein außergewöhnlicher Mann. Trotz seiner fünfunddreißig Jahre hat er immer noch geniale Einfälle, und für junge

Leute wie uns ist er der ideale Ratgeber. Ehrlich gesagt, ich verehre diesen Mann, ich, der ich doch nur ein Stümper bin …»

Einen Augenblick lang vermutete ich, das von Chappe entworfene Portrait Clairauts sei als Lektion und Warnung für mich gedacht, damit ich mich vor mir selbst hüte, es mir nicht zu leicht mache mit meinen offenkundigen Begabungen. Doch damit unterstellte ich ihm Jesuitendenken, was auf ihn nie zutraf. Aber wie hätte ich damals wissen können, in welch hohem Maße Jean-Baptiste, mein lieber Jean-Baptiste, uns allen überlegen war? Er war der beste von uns allen, der lauterste, von einer Lauterkeit, die an Tölpelhaftigkeit grenzt und häufig Märtyrer hervorbringt. Er starb auch als Märtyrer der Wissenschaft, durchbohrt von den Pfeilen der Sonne oder – was auf dasselbe hinausläuft – der Venus, und das vor nunmehr fünfunddreißig Jahren. Aber ich will nicht vorgreifen.

Damals schnitt ich ihm patzig das Wort ab. «Ich habe Sie belogen, Chappe, ich bin nicht achtzehn, sondern erst sechzehn.»

«Ego te absolvo, mein Sohn», erwiderte mein neuer Freund. «Aber tun Sie mir den Gefallen und nennen Sie mich d'Auteroche. Nicht, daß ich besonderen Wert legte auf den Gebrauch dieses bescheidenen Prädikats …»

«Ohne Sie beleidigen zu wollen – aber nur Geistesadel ist echter Adel!» trumpfte ich auf.

«Völlig richtig, aber für Geister, die leicht zu Spott neigen, klingt Chappe – das müssen Sie doch zugeben – wie Kappe, Klappe, Schlapphut oder so manch andere wenig rühmliche Kopfbedeckung.»

«Aber so eine Kappe tragen Sie doch!» sagte ich lachend.

«Ja, und gerade deswegen bedarf es keiner weiteren!» Jetzt lachte auch er. «Kardinal werde ich niemals sein und nie das Habit mit hermelingefütterter Kapuze tragen!»

Um über seine angeborene Schüchternheit hinwegzutäuschen, ertränkte d'Auteroche, wie man ihn zu nennen hatte, jedes seiner Worte in oft fragwürdigen Witzeleien, womit er sich über sich selbst oder seinen Klerikerstand mokierte. Später erst erfuhr ich, daß der Abbé Chappe d'Auteroche aus der Familie jenes Grafen stammte, der in der Schlacht von Fontenoy den Engländern so kühn «Schießt Ihr als erste!» zugerufen hatte. Doch damit hat sich mein Freund nie gebrüstet.

Diese Begegnung mit dem Abbé war für mich ein Glücksfall. Schon seit Beginn meines Aufenthalts in Paris studierte ich Mathematik und Astronomie nur noch insgeheim, als wäre es ein schändliches Laster. Nach außen hin spielte ich den eifrigen Studiosus der Rechte und fürchtete dennoch jeden Augenblick, mein Tutor könnte meinem Vater meine von juristischen und allgemein üblichen *items* so fernliegenden Eskapaden hinterbringen. Zudem hatte eine selbstauferlegte obskure Zurückhaltung mir bis dato das Betreten des Collège royal untersagt, wo Delisle öffentliche Vorlesungen hielt, obwohl auch er gleichsam mein Nachbar war, denn er hatte seine Sternwarte am Hôtel de Cluny. Und jetzt erzählte dieser Hüne von d'Auteroche mir von ihm, wie auch von Clairaut, von Cassini, Maraldi, Le Monnier und d'Alembert, als hätten sie schon als Kinder zusammen die Schweine gehütet. Anfangs glaubte ich, er wolle mich mundtot machen mit der Aufzählung seiner Beziehungen. Aber das war gar nicht die Art meines überaus bescheidenen Freundes. Einem Lehrling in Astronomie auf dem Weg zum Observatorium zu begegnen war auch nichts Außergewöhnliches. *In fine* war es also völlig normal, daß Chappe diese hochangesehenen Berühmtheiten kannte. In ganz Paris gab es damals bestenfalls fünfzig Personen, die von Beruf Astronomen, Mathematiker oder Geometer waren, und wie viele alte Bärte gab es unter diesen, die nach wie vor dort oben den Beweis für die Existenz Gottes suchten, anstatt hinieden beispielsweise zum Fortschritt der Navigation beizutragen?

Wir unterhielten uns auch noch nach Verlassen des Lokals, als wir die Rue Saint-Jacques hinaufgingen und wieder ins Quartier latin kamen. Wie aus alter Gewohnheit stieß Chappe die Tür zu einem jener Kaffeehäuser auf, von denen es damals dort nur so wimmelte. Ich hatte mich noch nie in eines hineingetraut, aus Furcht, wegen meines kindlichen Aussehens sofort wieder hinauskomplimentiert zu werden. In einer Rauchwolke, von zahllosen Spiegeln vervielfältigt, schoben Schachspieler mit gewichtiger Miene ihre Holzfigürchen übers Brett. An anderen Tischen, als fürchtete man die Spitzel der Gendarmerie, wurde ängstlich geflüstert. All das Getuschel und Gewisper verdichtete sich zu einem wahren Getöse. D'Auteroche nannte mir ein paar Namen:

«Sehen Sie dort drüben Philidor, wie er gerade rochiert. Er ist angeblich der beste Spieler der Welt, und sein armer Partner dürfte zutiefst aufgewühlt sein. Ein hervorragender Musiker, ganz nebenbei. Und dort, Garrick, Sie wissen schon, der englische Schauspieler, ein echtes Schlitzohr. Und der dort …»

Ich hörte schon gar nicht mehr hin, denn ich hatte ja nicht die geringste Ahnung, wer all diese Berühmtheiten waren. Meine damaligen Helden waren ausschließlich Astronomen und Mathematiker. Ein recht simples Pantheon: Leibniz war der Teufel, und Newton war Gott. Die Engel und Dämonen darunter zählten ja nicht. Und bei den Philosophen … von Voltaire hatte ich schon mal gehört, aber noch keine Zeile gelesen. Daher versprach Chappe, mir zwei Bücher zu leihen, die, soeben erschienen, für viel Aufsehen gesorgt hatten, und zwar jedes auf seine Art: *Vom Geist der Gesetze* und *Die indiskreten Kleinode*. Mit dem Finger wies er auf den Verfasser von letzterem, höchst Leichtfertigen, wie er mit Verschwörermiene präzisierte. Ein Athlet mit dem Profil eines Römers, der eher arglos aussah, wie ein einfacher Handwerker gekleidet war und doch über große Zungenfertigkeit zu verfügen schien.

Verwundert angesichts dieser Mischung aus Bürgern, Priestern und Aristokraten, die so zwanglos und offenbar ohne Furcht vor Kerkerstrafen hier Seite an Seite saßen, war ich wie betäubt von schweren, berauschenden Düften, die den Tabakgeruch noch überlagerten.

«Das ist der Kaffee», belehrte mich d'Auteroche.

«Riecht's nicht eher nach knisterndem Reisig, mein lieber Abbé? Unser guter Diderot täte besser daran, sich für einige Zeit in Vergessenheit zu bringen», sagte eine Stimme hinter uns.

Der Mann, der so leichthin gesprochen hatte, dürfte etwas älter gewesen sein als Chappe. Große Höckernase, wassergrüne Augen, rotblonde, platt an die Stirn gekämmte lange Haare – er trug nämlich keine Perücke –, dies alles verlieh ihm das Aussehen eines Barbaren, der aber doch gutmütig, wenn auch reserviert wirkte.

«Gestattet mir, Sire Chevalier, Euch Jérôme-Joseph Lalande vorzustellen», sagte jetzt d'Auteroche. «Dieser junge Mann von gerade sechzehn Jahren besitzt verblüffende Kenntnisse in Mathematik. Ich glaube, da hätten wir guten Nachwuchs.»

Wie ein Tölpel dürfte ich ausgesehen haben, ich, der Sohn des Postmeisters aus der Bresse, als ich mir die Hand schier zerquetschen ließ von dem geborenen Edelmann Guillaume Joseph Hyacinthe Le Gentil de La Galaisière. Dabei schien Le Gentil, wie er sich allgemein nennen ließ, keinerlei Aufhebens zu machen von seiner aristokratischen Herkunft. Er war überaus schlicht gekleidet, redete und lachte lautstark und gab sich manchmal gar grob und derb, wie um sich anzupassen. Er war nicht gerade vermögend, besaß nur einige Morgen Land im Cotentin, unweit seines Geburtsortes Coutances, ein Gehöft mit ein paar Nebengebäuden, die aber mindestens auf den Eroberer gleichen Vornamens zurückzuführen waren. Wie der um drei Jahre jüngere d'Auteroche hatte wohl auch er, um nach Paris zu gelangen, in die Soutane schlüpfen und so tun müssen, als studierte er Theologie, bevor er sich durch die astronomische Wissenschaft seinen Unterhalt verdienen konnte. Getroffen hatten sich die beiden auf den Bänken des Jesuitenkollegs Louis-le-Grand, und dann hatte Chappe ihn zu Delisles Vorlesungen mitgenommen, wo er ein so außergewöhnliches Ungestüm beim Studium von Astronomie und Geometrie an den Tag legte, daß er seine Soutane kurzerhand in die Brennesseln schleuderte.

In seinem Habitus hatte Le Gentil immer etwas leicht Klerikales, das aber niemanden täuschte, anders als Chappe, der seinen Stand eher zur Schau trug. Dennoch verspürte man eine Art Komplizenschaft zwischen beiden, irgend etwas war in ihrer Attitüde, das nicht nur auf ihrer Freundschaft oder dem Beruf beruhte. Ihnen war es vermutlich gar nicht bewußt. Aber ich, der ich nicht ihrer Kaste angehörte, sah es genau.

Welch ein Graben trennt uns von jener Zeit! Selbst mir, der ich doch ein Leben lang gegen Vorurteile und Intoleranz angekämpft habe, fällt es schwer, den Fortschritt, was sage ich, all die Umwälzungen zu ermessen, die in unserem Denken stattgefunden haben. Heutzutage interessiert es mich doch nicht mehr, ob dieser oder jener meiner Gesprächspartner Katholik, Protestant, Jude, Mohammedaner oder Brahmane ist, während ich damals den armen Chappe «verdächtigte», dem Protestantismus zuzuneigen. Und wie viele Adelsprädikate der verstorbene Le Gentil besaß, ist mir doch auch völlig egal! Aber der Sechzehnjährige, der unter den Sohlen etliche servile Generationen mit sich schleppte, konnte sich nur als Vasall des normannischen Edelmanns fühlen. Daher erwies ich an jenem Tag meines ersten Kaffeehausbesuchs diesem Landadeligen, der doch nur sieben Jahre älter war als ich, eine ehrerbietige Reverenz. Er blickte mich prüfend an und sagte:

«Extreme mathematische Frühreife ist ein geheimnisvolles Phänomen, aber summa summarum auch nicht selten. Merkwürdig ist nur, daß es bei den ehemaligen Wunderkindern mit dreißig bergab geht. Sehen Sie nur Clairaut. Seine Geniestreiche liegen allesamt hinter ihm. Schon ab fünfundzwanzig – verpufft, aus, nichts mehr! Mir wurde dieses Glück nicht zuteil. Oder dieses Pech, wie man's nimmt. Ich werde immer nur ein guter Beobachter, ein tüchtiger Geometer sein. Mißtrauen Sie Ihrer Genialität, mein Junge, bemühen Sie sich lieber, Talent zu zeigen.»

«Oui, Monsieur le chevalier», antwortete ich artig.

«Vergessen Sie ruhig den Chevalier, Lalande. Wenn Jean-Baptiste mich so apostrophiert, ist das nur eine seiner ewigen Sticheleien. Er hält sich für geistreich, nicht wahr, Abbé?»

«Machen wir uns dennoch auf», entgegnete der Angesprochene. «Clairaut dürfte schon ungeduldig werden. Und Ihr wißt doch, wie er seine Ungeduld kultiviert.»

«Pah, es ist doch erst Mittag, da wird er doch noch nicht volltrunken sein. Gestatten Sie mir einen Rat, Lalande: Spielen Sie vor Clairaut bloß nicht das scheue Reh! Glänzen Sie, mein Lieber, glänzen Sie, und zeigen Sie ihm, daß Geometrie und Mathematik für Sie kein Amüsement darstellen. Denn ihm liegt durchaus daran, daß diese Naturwissenschaften, in denen die herrschende Meinung bislang nur einen gefälligen Zeitvertreib aufgeklärter Geister sieht, wenn nicht gar schmähliche Zaubertricks oder Hirngespinste von Figuren, die La Fontaine schon karikierte, endlich zu einem echten Beruf mutieren und als nützlich für den Fortschritt der Menschheit anerkannt werden. Zwei Generationen nach Newton – ist Ihnen klar, wieviel Verspätung wir schon haben?»

Einstiegsprüfung

Alexis Clairaut erwartete uns in einem Séparée im ersten Stock.

«Hereinspaziert, setzt euch», rief er uns entgegen. Trotz seiner fünfunddreißig Jahre wirkte der Erfinder der Störungstheorie noch sehr jugendlich, wenn auch Tränensäcke, ein paar geplatzte Äderchen und eine Tendenz zu Fülligkeit recht deutlich bezeugten, daß der hervorragende Geometer nicht gerade das sprichwörtlich karge Leben des Gelehrten führte.

D'Auteroche stellte mich vor, noch hymnischer und überschwenglicher als vorhin gegenüber Le Gentil: Ich hätte mit einem einzigen flüchtigen Blick auf seine losen Blätter die Halleyschen *Tabulae* identifiziert. Mit schalkhaftem Blick reichte mir nun Clairaut ein mit tiefrotem Wein bis zum Rand gefülltes Glas. «Eine Tasse Kaffee wäre mir lieber», sagte ich und fügte, wie ein Dorftrottel, «zum Probieren» hinzu. Chappe prustete ungeniert los, während Clairaut sich unter den Tisch beugte, um, wie er präzisierte, «nachzusehen», ob ich «noch in Holzpantinen steckte». Le Gentil hingegen verlangte empört, man solle aufhören, sich über mich zu mokieren.

Komischerweise ärgerte mich sein Beschützergehabe weit mehr als der Spott der beiden anderen.

Was dann geschah, weiß ich nicht mehr so genau. Der Kaffee, der Wein und die üppige Mahlzeit versetzten mich in einen derartigen Erregungszustand, daß ich mich plötzlich dabei ertappte, wie ich Clairaut das Verfahren zur Berechnung des Dreikörperproblems erklärte, das er sich doch ein paar Jahre zuvor ausgedacht hatte. Dozierend beteuerte ich, daß sich durch Berechnung der Störungen, die Jupiter und Saturn auf die Kraft ausüben, mit der die Sonne den Kometen anzieht, in der Tat beweisen ließe, daß Halleys Vorhersagen nicht stimmten und der Komet erst später zu seinem Rendezvous mit der Erde kommen würde, also nicht – wie der verstorbene englische Gelehrte errechnet hatte – im Jahre 1758. In zehn Jahren …

Plötzlich verstummte ich. Die gewaltige Ausdehnung der unendlichen Räume hatte mich nie sonderlich erschreckt, aber das Verstreichen der Zeit … Zehn Jahre erschienen mir wie ein ganzes Leben oder wie nichts, wie etwas ohne Sinn. In zehn Jahren würde ich älter sein als Le Gentil, der mich vom anderen Ende des Tisches her grimmig musterte, älter als Chappe, der mir verzweifelte Blicke zuwarf und entsetzt zu sein schien über mein waghalsiges Gerede. Clairaut, so glaube ich heute, dürfte meine plötzliche Panik begriffen haben, da er den Engel, der durch den Raum schritt, kurzerhand verscheuchte und, zwar nicht ohne nachsichtige Ironie, erklärte:

«Zehn Jahre dürften nicht zuviel sein, junger Freund, bis Sie die zu dieser Korrektur notwendigen Vorarbeiten geleistet haben. Sie müssen in der Tat sämtliche Grade und für einen Zeitraum von einhundertfünfzig Jahren die Entfernungen und Kräfte von Jupiter und Saturn im Bezug zu besagtem Kometen errechnen. Eher eine Benediktiner- als eine Herkulesaufgabe. Und all das, nur um zu zeigen, daß der bewundernswerte Halley sich um ein paar Monate geirrt hat? Glauben Sie nicht, mein Lieber, daß Sie Ihre jungen Talente, die mir groß zu sein scheinen, besser für andere Berechnungen einsetzen sollten, für andere Beobachtungen, die für den Fortschritt der Menschheit wesentlich nützlicher sein könnten?»

«Aber Newton ...», hub ich protestierend an.

«Ich habe erst kürzlich vor der Akademie den Beweis erbracht, daß das Gravitationsgesetz mit seiner Abhängigkeit von dem Reziproken des Quadrats der Entfernung die Bewegung des Mondes nicht angemessen beschreibt», murmelte er.

Schon wieder wollte ich aufbegehren, jetzt erst recht, doch da schnitt d'Auteroche mir das Wort ab, teils, um mich zu retten, teils um endlich zu seinem Thema zu kommen, das Anlaß für dieses Treffen gewesen war: die Schlußfolgerungen eines Memorandums, das er dem Observatorium zukommen lassen, aber erst noch Clairaut vorlegen wollte. Während er las, unterbrochen nur von Clairauts korrigierenden Einwürfen rein formaler Art und ein paar Fragen von Le Gentil, wurde mir schlagartig bewußt, welch weiten Weg ich noch vor mir hatte, um das Fachwissen von Chappe d'Auteroche zu erreichen, ganz zu schweigen vom Niveau Clairauts. Ich hielt mich zurück, als die drei nach beendeter Lektüre über die beste Art, diese Schrift Jacques Cassini vorzulegen, berieten. Der Direktor der Sternwarte war offensichtlich ein Federfuchser und Formalist, der hohe Ansprüche stellte und gewisse Spleens hatte, über die meine neuen Freunde sich köstlich amüsierten. Die von mir bewunderten Gelehrten waren also nicht nur hehre Geister, sondern Menschen aus Fleisch und Blut, mit irdischen Leidenschaften, voller Ehrgeiz, Gier und Neid. Sie aßen, liebten, schliefen und tranken, manchmal weit über das vernünftige Maß hinaus.

Als die Atmosphäre wieder entspannt schien, wagte ich, Le Gentil zu unterbrechen, der in scherzhaftem Ton über eine Frage palaverte, die meines Erachtens banal, weil rein mechanischer Natur war. Ein knappes Handzeichen von Clairaut bedeutete mir, ich solle den Mund halten. Bis zu den Ohren errötete ich, plötzlich wurde mir klar, daß die drei immer noch arbeiteten. Ich duckte mich in meine Ecke, hörte nicht mehr zu, verfluchte Gott und die Welt, um mich nicht selbst verfluchen zu müssen. Doch als Clairaut in jovialem Ton mir etwas zurief, riß es mich hoch.

«Sie sollten sich ruhig für die Uhrmacherei interessieren, Lalande. Sie ist genauso grundlegend wie die Himmelsbeobachtung oder das Rechnen. Doch jetzt, da unsere Freunde fertig sind, wollen wir uns mit Ihnen befassen. Sie scheinen mir in der Tat hoch begabt, aber Begabung ist nichts weiter als Instinkt. Wir müssen ein wenig Ordnung bringen in Ihre willkürlichen Lesefrüchte und die doch wohl eher stümperhaften Lektionen der Jesuitenpatres von Lyon. Meine Herren, erstellen wir ihm einen Studienkanon, klar und methodisch, der ihm dennoch Zeit läßt, sich ein wenig die Hörner abzustoßen. Für diesen zweiten Teil erlege ich Ihnen, mein lieber Chappe, Abstinenz auf, denn da fehlt Ihnen ja wohl jegliche Kompetenz ...»

Chappe zuckte nur mit den Schultern. Und schon erstellten sie für mich einen, gelinde gesagt, überaus dichten Zeitplan: Meine Tage und einen Teil meiner Nächte hatte ich zwischen dem Observatorium mit Cassini, dem Collège royal mit Le Monniers Vorlesungen sowie dem Hôtel de Cluny mit Arbeiten für Delisle zuzubringen. Den Rest meiner Zeit – denn es verblieb tatsächlich ein Rest – dürfte ich mit Clairaut in den Wirtshäusern, mit Le Gentil in den mondänen Salons und mit Chappe bei den Philosophen verbummeln.

«Aber wenn mein Vater erfährt, daß ich das Studium der Rechte aufgegeben habe, wird er mich unter Zwang heimholen», protestierte ich.

«Der Junge ist in der Tat noch minderjährig», ermahnte Le Gentil. «Und leider ist es ihm nicht vergönnt, wie Jean-Baptiste sein Teleskop unter einer Soutane zu verbergen.»

«Jetzt werdet Ihr ausfallend, Le Gentil», protestierte

Chappe lachend. «Erinnert Euch, daß auch Ihr bis zur Volljährigkeit für einen überaus frommen Seminaristen gehalten wurdet.»

«... der mit dem Himmel gewisse Arrangements getroffen hatte», ergänzte Clairaut. «Es war wohl der Kriegsgott, der ihm eines schönen Tages befahl, mir im Handstreich die quirlige kleine Vicomtesse auszuspannen ...»

«Keinen Namen, Clairaut, bloß keinen Namen!» rief Le Gentil. «Ihr hattet außerdem schon hinreichend profitiert vom feurigen Temperament besagter Demoiselle.»

Ich kicherte, war entsetzt über diesen Schlagabtausch, der mir blasphemisch schien, vor allem angesichts der empörten Miene von Chappe d'Auteroche.

«Was Ihren Vater betrifft, Lalande», sagte Clairaut jetzt wieder ernsthaft, «da machen Sie sich mal keine Sorgen. Ich habe ein paar Freunde an der Universität, die ich bitten kann, in Bourg-en-Bresse zu verbreiten, Sie seien der eifrigste Student, den die Sorbonne je gesehen. Ihre finanzielle Lage?»

«Da ist mein Vater, wie ich glaube, sehr großzügig.»

«Wunderbar! Morgen werde ich Sie einkleiden. Warum sollte ein angehender Gelehrter in sichtbar abgelegter Kleidung herumlaufen?»

«Oje», seufzte Le Gentil.

«Der Chevalier Don Quichotte de La Galaisière und so weiter und so fort kann es sich erlauben, mit Tabakkrümeln auf zerknittertem Wams herumzulaufen, nicht aber der Sohn des Postmeisters Lalande.»

«Sie haben ja recht», sagte Le Gentil einlenkend. «Wie immer.»

Am nächsten Morgen erwachte ich sehr früh mit entsetzlichen Kopfschmerzen. Die Exzesse des Vortags waren mir überhaupt nicht bekommen. Als ich mich gerade schlecht gelaunt zur Vorlesung über Römisches Recht aufmachen wollte, klopfte es – und Clairaut trat ein. Obwohl ich aus echter Schüchternheit protestierte, schleifte er mich zur Wohnung und Sternwarte von Delisle am Hôtel de Cluny, nur einen Sprung von meiner Garçonniere entfernt.

Der hochangesehene Professor ließ uns ein Weilchen antichambrieren. Clairaut bemerkte meine Ungeduld und mahnte:

«Wie Sie wissen dürften, hat Delisle zweiundzwanzig Jahre in Sankt Petersburg verbracht. Peter der Große hatte ihn gerufen, er sollte dort die Astronomie organisieren und ein großes Observatorium gründen. Er kam erst vor wenigen Monaten zurück. Seitdem versucht er, der französischen Regierung die umfangreiche Bibliothek, die er dort preiswert erwerben konnte, zu verkaufen, und damit ist er hinreichend ausgelastet ...»

Während er noch sprach, stolperte ein mausgrauer Schreiber, ein Bündel Dokumente unter den Arm geklemmt, aus Delisles Räumen. Endlich empfing uns der große Mann. Auf den ersten Blick dachte ich, wir störten ihn bei harter Arbeit, weil er so mürrisch wirkte. Doch als er dann mit Clairaut über Gott und die Welt und seine Bibliothek plauderte, fiel mir auf, daß auf seinem Arbeitstisch nur ein einziges, und zwar unbeschriebenes Blatt Papier lag. Vor dem saß er. Die Feder in seiner Hand tropfte, er hatte sie wohl gerade erst ins Tintenfaß getaucht. Seine Wangen waren überschattet von grauem Bartwuchs, seine Perücke saß schief, und seine Kniehosen schlotterten über plattgetretenen Pantoffeln. Irgendwie roch er nach Wildkatze ... Der verehrungswürdige Gelehrte saß eindeutig nicht, wie er glauben machen wollte, seit dem Morgengrauen hier an seinem Schreibtisch. Ganz im Gegenteil, unser Besuch hatte ihn aus dem Bett gescheucht. Diese Feststellung entzückte mich.

«Wie ich hörte», sagte Clairaut zu Delisle, «hat dein Sekretär dich verlassen.»

«Verlassen? Soso! Ich habe ihn mit Fußtritten hinauskomplimentiert, diesen Hornochsen! Anstatt meine Beobachtungen zu Papier zu bringen, stellte er doch glatt metaphysische Betrachtungen über diesen angeblichen Großen Uhrmacher an, ohne den das Universum nur Chaos wäre. Du weißt, was ich meine? Sein einziges Plus war seine besonders schöne Handschrift. Doch da deklamierte er eines Tages, ich würde zu höchsten Weihen gelangen, wenn ich den Planeten und Sternen ihre heidnischen Namen abspräche und sie umtaufte in Apostel, Erzengel, Propheten und Heilige. Du kennst meine Geduld, Alexis. Daher wies ich ihm höchst verbindlich die Tür. Lachen Sie nicht, Monsieur Lalande, das ist absolut nicht komisch. Denn mit derlei Schwachsinn befaßt man sich in Frankreich, während es in London oder Berlin einzig und allein um Wissenschaft und Wahrheit geht. Wenn ich recht verstanden habe, Alexis, dann willst du mir dieses Kind als Sekretär vorschlagen. Hat er wenigstens eine schöne Handschrift?»

«Das, Meister, kann ich Ihnen sofort beweisen», antwortete ich und streckte meine Hand nach der schon wieder trocknenden Feder aus.

«Schon gut, schon gut», brummte Delisle. «Aber sag, Alexis, hat dein Schützling auch ein wenig Ahnung von Mathematik?»

«Das garantiere ich dir», erwiderte Clairaut. «Dieser Knabe scheint eher ein Rechner zu sein wie ich, weniger ein Beobachter oder Geograph wie du. Lalande ist aus tiefster Seele Geometer.»

«Das wird vergehen», konterte Delisle. «Prüfen wir ihn ein bißchen. Zum Beispiel ... Wissen Sie, was man unter Parallaxe versteht?»

«Ich wäre doch wohl kaum würdig, Ihnen vorgestellt zu

werden, Monsieur, wenn ich nicht wüßte, daß die Parallaxe ein Entfernungsmaß ist, das auf Winkelmessungen beruht …»

«Nur weiter …»

«Wenn ich mir ein einfaches Bild gestatten darf …», stammelte ich, weil ich nicht recht wußte, welchen Ton ich anschlagen durfte in dieser improvisierten Prüfung.

«Tun Sie's, tun Sie's. Nehmen wir an, ich wäre Ihr Schüler.»

Clairaut, der es sich in einem Armstuhl bequem gemacht und die Augen geschlossen hatte, um uns zuzuhören, deutete ein belustigtes Lächeln an.

«Nun», fuhr ich fort, «nehmen wir einmal folgendes an: Ich beobachte die Flamme einer zehn Fuß von mir entfernt stehenden Kerze, zuerst nur mit meinem rechten Auge, dann nur mit dem linken. Ich bekäme den Eindruck, als bewegte sich die Flamme in bezug auf den Hintergrund. Schiebe ich nun die Kerze etwa fünfzig Fuß weit weg und schließe von neuem abwechselnd das linke und dann das rechte Auge, dann kommt mir die scheinbare Bewegung der Flamme fünfmal geringer vor. Die Parallaxe ist nämlich umgekehrt proportional zur Entfernung.»

«Sehr gut, aber was noch?»

«Die Parallaxe», fuhr ich nun mit gefestigter Stimme fort, «ist also der Winkel, unter dem mein Augenabstand von der Kerze aus erscheint. Ist dieser Winkel bekannt und der Abstand meiner Augen gemessen, kann ich die Entfernung der Kerze ableiten. Ersetzen wir nun die Kerze durch die Sonne, den Hintergrund durch die Fixsterne, meine Augen durch zwei Beobachtungsposten auf der Erdoberfläche – und schon erhalten wir die Entfernung der Sonne!»

«Sie scheinen tatsächlich begabt, in einfachen Worten die Geometrie zu erklären, junger Freund. Sollte es zum Astronomen nicht reichen, könnte vielleicht ein tüchtiger Lehrer aus Ihnen werden …»

Der leise Spott im Ton des Meisters entging mir nicht. Vielleicht hatte ich zu selbstsicher geredet, daher gab ich mich abermals bescheiden.

«Ich danke Ihnen, Monsieur, aber ehrlich gestanden habe ich nur wie ein Papagei die Erklärungen meines tüchtigen Lehrers Béraud nachgeplappert.»

«He! Keine falsche Bescheidenheit! In der ganzen Geschichte der Astronomie, für die ich mich doch stark interessiere, gibt es keine tiefgründigere Gralssuche als die, von der Sie gerade erzählten. Die Entfernung der Erde von Mond, Sonne und Sternen zu messen haben doch die größten Astronomen der Geschichte bisher vergeblich versucht.

Erathostenes von Alexandria hat den Erddurchmesser korrekt bestimmt, aber Aristarch, Hipparch und Ptolemäus haben die Sonnenparallaxe grob unterschätzt. Selbst Tycho, der große Tycho hat sich erheblich geirrt.»

«Der Peilwinkel ist ja auch sehr klein», murmelte ich.

«Und die Längengrade, was sagen Sie dazu?»

«Ich glaube, daß man zur exakten Bestimmung der Sonnenparallaxe sehr genau wissen muß, auf welchen Längengraden sich die Beobachtungsstationen befinden, und zwar bezogen auf ein und denselben Meridian, den von Paris zum Beispiel.»

«Und das schaffen wir eben immer noch nicht!» posaunte Delisle. «Seit meiner Rückkehr aus Sankt Petersburg rede ich auf das Ministerium ein: Uhrmacherei, Mechanik, Geometrie, Astronomie und Schiffahrt müssen kombiniert werden! Doch diese Idioten ...»

«Aber, Delisle ...», rief jetzt Clairaut, als sei er gerade aufgewacht, «dieser junge Mann kann doch nichts dafür, daß der Hof sich momentan für unsere Fächer so gar nicht interessiert. Sie verschrecken ihn nur mit Ihren Wutausbrüchen!»

«Sie haben ja recht», sagte Delisle nun wieder sanfter. «Aber» – die Stimme schwoll schon wieder an – «die Deklination der Magnetnadel hängt doch, wie jeder weiß, vom Ort und von der Zeit ab, und deshalb sind Karten der magnetischen Inklination immer unzuverlässig. Weder Kompaß noch Log geben an, ob das Schiff beschleunigt oder langsamer fährt, ob es durch Seitenwind oder aufgrund einer Strömung vom Kurs abweicht. Hat er nur diese Instrumente zur Hand, benötigt der Steuermann die Astronomie, wohingegen die Astronomie auf derlei verzichten kann. Die Entdeckung der Jupiter-Satelliten und die dadurch ermöglichte Verbesserung der Seekarten hat in den Köpfen sowie in den Handels- und diplomatischen Beziehungen doch eine echte Revolution ausgelöst.»

Er schwieg eine Weile, schien nachzudenken. Ich wußte nicht recht, wie ich mich verhalten sollte. Aber mein Prüfer war bald wieder ganz bei der Sache:

«Gut, gut! Nun habe ich mich doch schon wieder aufgeregt! Machen wir lieber weiter mit unserem kleinen Examen: Könnten Sie ausrechnen, welcher Entfernung eine Ungenauigkeit von einem halben Längengrad auf der Erdoberfläche oder auf dem Meer entspricht? Das ist nämlich noch immer unser Problem, wie Sie vielleicht wissen ...»

Er verwies auf die Feder und das einzige Blatt Papier auf seinem Schreibtisch. Hastig kritzelte ich ein paar Zahlen. Mein Herz klopfte gewaltig, fürchtete ich doch, einen Fehler zu machen, der allerdings eher der Aufregung als meinem Nichtwissen zuzuschreiben gewesen wäre. Nach zwei Minuten erklärte ich:

«Ein halber Grad entspricht auf dem Äquator zehn Meilen, auf dem dreißigsten Breitengrad acht und zwei Drittel Meilen und auf dem fünfundvierzigsten Breitengrad sieben Meilen.»

Delisle wirkte überrascht.

«Wie lautet Ihr Vorname?»

«Jérôme-Joseph, Monsieur.»

«Ach, wie ich. Gut, gut ... Also, Monsieur Joseph oder Jérôme Alleswisser, vielleicht fällt Ihnen ja auch etwas ein, wie man es anstellen könnte, um das Universum besser auszumessen als unsere Meister der Vergangenheit.»

«Da muß ich passen, Monsieur. Ich bin doch noch Anfänger, ein bescheidener Lehrling.»

«Dann will ich es Ihnen verraten: Die unteren Planeten muß man betrachten. Die unteren, haben Sie verstanden?»

«Sie meinen vermutlich Merkur ...»

Delisle zuckte mit den Schultern.

«Pah, vor mehr als fünfundzwanzig Jahren habe ich den Vorübergang des Merkur vor der Sonne beobachtet, aber seine Parallaxe nicht zu bestimmen vermocht.»

«Dieser Planet bewegt sich vielleicht zu schnell ...», warf ich vorlaut ein.

«Gut beobachtet, junger Mann. Ich bin eigens nach London gereist, um es mit Halley zu besprechen. Dieser Edelmann empfing mich auch sehr freundlich und gab mir eine Abschrift seiner noch unveröffentlichten *Tabulae astronomicae*. Die gleichen, die ich voriges Jahr publizierte und die, wie ich hörte, auch Sie vor kurzem irritierten ...»

«Ich bin voller Bewunderung für Sir Halleys Vorhersagen bezüglich der Wiederkehr des Kometen. Aber mehr noch für Sir Newtons Gravitationstheorie, ohne die diese Vorhersage nicht möglich gewesen wäre.»

«Ich muß sagen, daß auch Newton mich sehr liebenswürdig empfing», sagte Delisle irgendwie süffisant. «Der alte Löwe war schon in hohem Maße von sich überzeugt. Wollen Sie wissen, was er mir als Andenken an unsere Begegnung schenkte? Ein Portrait von sich! Genauer gesagt, eine Kopie, denn geizig war er auch in höchstem Maße. Dort drüben steht es!»

Ich schreckte zusammen, als müßte jetzt gleich wie ein Phantom der gewaltige Schatten des von mir vergötterten Gelehrten hier auftauchen. Doch Delisle wies nur auf ein hübsch gerahmtes Portrait, das auf dem Kaminsims stand.

«Ja, so ist es nun einmal, unsere beiden Großen sind tot, und wir werden das ganze Jahrhundert lang ihre Theorien überprüfen. Wenn möglich, ohne uns tödlich zu langweilen!»

Er lachte lauthals und warf Clairaut einen vielsagenden Blick zu.

Der Mathematiker zuckte mit den Schultern, schien irgendwie gereizt. Im ersten Moment glaubte ich, er zeige damit, daß er noch zögerte, die Theorien des Engländers voll und ganz zu akzeptieren. Erst später, als ich Chappe d'Auteroche dieses Gespräch Wort für Wort wiedergab, verstand ich, was Delisle mit dieser Anspielung gemeint hatte. Voltaire, bereits mit Maupertuis verfeindet, hatte Clairaut nach dessen Rückkehr von der Lappland-Expedition ein paar perfide Verse geschickt:

Ihr zogt aus, in ein Land, wo die Zeit tödlich lang,
wolltet prüfen, was Newton daheim sich ersann.

«Doch kehren wir zu unserem Planeten zurück. Exit Merkur! Was bleibt noch?»

«Venus», antwortete ich.

«Richtig, Venus. Von der träume ich, an sie denke auch ich Tag und Nacht. Aber darüber werden wir ein andermal sprechen.»

«Nun, wie lautet dein Verdikt?» fragte Clairaut ungeduldig.

«Ich nehme Sie, Lalande. Und zweifle nicht im geringsten daran, daß Sie aus meinem Unterricht Nutzen ziehen werden. Möge es Ihnen eines Tages vergönnt sein, am Fortschritt von Wissenschaft und Vernunft mitzuwirken.»

Paris – Berlin – Paris

Ich hatte eine Anstellung! Jetzt konnte mein Vater mir ruhig den Wechsel streichen, ich bekam Kost und Logis bei Delisle und außerdem noch Lohn. Der erste Lohn wurde allerdings von einem Festmahl verschlungen, das ich für die beiden ausrichtete, die ich auf ewige Zeiten als meine Freunde bestimmte: Le Gentil und d'Auteroche. Clairaut hatte meine Einladung ausgeschlagen. Da mich diese Ablehnung besorgt stimmte, erklärten mir meine Tischgenossen, trotz Clairauts offenkundig kameradschaftlicher Herzlichkeit dürfe ich nicht vergessen, daß zwischen ihm und uns die Distanz von Lehrer und Schüler gewahrt werden müsse. Auch die wöchentlichen Treffen im Kaffeehaus, wo oft noch andere Studenten hinkamen, seien einer Vorlesung im Collège royal gleichzusetzen und keineswegs als belanglose Plauderstündchen zu werten.

Clairaut scheute die Öffentlichkeit. Er zog es vor, im verborgenen als Mentor zu wirken, und wenn einer seiner Schüler zu Ruhm gelangte, freute er sich, als gelte das Lob ihm. Er blieb im Hintergrund, und das erlaubte ihm, sich als einziger oder fast einziger der Gleichaltrigen oder Älteren ausschließlich mit seinem Lieblingsfach und den angrenzenden Wissenschaften zu befassen, wohingegen die anderen mal hier, mal da herumschwirrten: Botanik, Chemie, Zoologie, wenn nicht gar Musik, Poesie, Philosophie. Sie sammelten Pflanzen oder gingen auf Schmetterlingsjagd beim Petit Trianon und hofften dort gleichzeitig die Zuneigung einer Favoritin zu gewinnen. Schon als junger Mann mied Clairaut die mondäne Welt; für ihn zählte nur seine Arbeit, und da er sich davon nicht ablenken lassen wollte, handelte er sich Feindseligkeit ein: Er sei vom Ehrgeiz besessen! Neid schäumte hoch. Er verweigerte sich der Behauptung, auch Wissenschaft sei permanenter Kampf um Macht. Als er sein Memorandum zur Dreikörperberechnung publizierte, blies man zum Halali. Mit welchem Recht wagte dieser Pedant, Halley zu widersprechen? Ein absurder Streit, denn Clairauts Theorie bestätigte ja nicht nur die Anziehungskraft im Universum, sie führte weiter, war subtiler und alles andere als abwertend. Der Mond, verkündete er, wird stark angezogen von zwei Himmelskörpern, von Erde und Sonne, die Planeten aber nur von der Sonne. Die Berechnung seiner Umlaufbahn ist also ein Dreikörper- und nicht nur ein Zweikörperproblem!

Der Angriff kam von dort, wo er es nicht erwartet hatte: Jean Le Rond d'Alembert verstand es schon damals meisterlich, die großen Entdeckungen unseres Jahrhunderts allen Interessierten schmackhaft zu machen. Clairaut hatte diesen Tausendsassa in Newtons Denken eingeführt, woraufhin d'Alembert den alten Tyrannen der Royal Society sofort auf den Sockel hob und – was in jener Zeit der Anglomanie ein leichtes war – den Heros der Naturwissenschaft zum Gott erklärte. Bis auf seine alten Tage sah d'Alembert in Newton nicht den Beginn, sondern das Ende der Naturwissenschaft. Newton war der Erlöser, dessen Propheten Aristarch, Kopernikus, Galilei und Kepler hießen, doch nach ihm konnte nur noch ein Markus, Lukas, Johannes oder Matthäus auftauchen. Vermutlich hielt er Clairaut für einen von Newtons Evangelisten, bis zu dem Tag, da mein Lehrer zu behaupten wagte, der höchste Gott der Astronomie und sein Täufer Halley hätten, von der Anziehungskraft der Sonne geblendet, offenbar vergessen, die der Planeten zu berücksichtigen. Da überhäufte d'Alembert

Clairaut mit Schmähungen, hatte er doch am *ver sacrum* gezweifelt! D'Alembert, der der Vorreiter des Fortschritts sein wollte, griff zurück auf die Gestik des Inquisitors. Clairaut wunderte sich über die Heftigkeit dessen, den er für einen Freund gehalten hatte, und versuchte, ihn mit ein paar Zahlen aus dem Feld zu schlagen. Umsonst – die Meute war losgelassen und schnappte nach seinen Waden. Er hielt inne und ließ sich fressen, denn im Gegensatz zu manch anderer Person war Polemik nicht seine Stärke, vielleicht war ihm das Ganze aber auch nur zu dumm und zu lästig. Als d'Alembert endlich begriff, daß er in die Irre lief, machte er kehrt und beschuldigte nun Clairaut des Plagiats: Er, d'Alembert, habe das alles schon viel früher erkannt! Er verschickte einen Brief an Kollegen, behauptete, nur seine übergroße Furcht vor Aussagen zu einem so heiklen Thema habe ihn von voreiliger Publikation abgehalten, und außerdem verursache es ihm Gewissensbisse, Newton vom Podest zu stürzen! Kurzum: Dieser Vielschreiber verlor den Verstand und hielt sich schließlich für die Reinkarnation des Engländers. Er imitierte ihn bis hin zur Übernahme seiner Schwächen: Clairaut wurde sein Leibniz, sein Hooke!

Wenn ich zurückblicke auf all die vergangenen Jahre, könnte man meinen, ich hätte einen Großteil meines Lebens darauf verwendet, Clairaut zu rächen. Habe letztlich nicht ich glanzvoll bewiesen, daß er recht gehabt hatte? Habe nicht ich sämtliche naturwissenschaftlichen Artikel d'Alemberts bei der Erstellung der zweiten Auflage der *Encyclopédie* in den Papierkorb geschmissen und sie durch weitaus bessere – da von meiner Hand – ersetzt? Ich wurde für d'Alembert zum Alptraum!

Mir gegenüber hielt Clairaut all seine Versprechungen ein. Nie versuchte er, wie Chappe befürchtete, mich zu seinem «Lotterleben» zu bekehren. Ganz im Gegenteil: Eiserne Disziplin zwang er mir auf, öffnete mir, wie ich schon sagte, die Pforten zu Delisle, aber auch zu Pierre-Charles Le Monnier, der mich außerhalb der Vorlesungen in die mathematische Physik einführte, und sogar zum betagten Cassini, dem Doyen der Astronomen, der mich mit unendlichem Wohlwollen aufnahm. Vermutlich kamen mir dabei meine schnelle Auffassungsgabe und meine Fähigkeit, das Gelernte durch waghalsige Ideen auf die Spitze zu treiben, irgendwie zu Hilfe.

Auf ihre Art halfen mir auch Chappe d'Auteroche und Le Gentil auf die Sprünge. Der eine spornte mich an, zeitweise ein wenig Abstand zu nehmen von der trockenen Materie der mathematischen Physik, indem er mich vertraut machte mit Philosophen und Dichtern, die entweder *en vogue*, verboten oder beides zugleich waren. Der andere schleifte mich ins Theater, das ich eigentlich verabscheute – abgesehen von den Grazien auf der Bühne –, oder in literarische Salons, wo ich meine Rolle aufpolierte, indem ich schamlos meine Jugend und Begabung ausspielte, damit man mir meine Frechheiten und meine Exaltiertheit verzieh.

Aber all das waren nur banale Hygienemaßnahmen, zu denen Clairaut hinter meinem Rücken geraten haben dürfte. Über ein Jahr lang besuchten Le Gentil, Chappe und ich die gleichen Vorlesungen und gingen die gleichen Wege an der Seine entlang bis zum Palais du Luxembourg. Dabei traten, ohne daß wir uns dessen bewußt geworden wären, in unserem nach außen hin so perfekt eingespielten Trio allmählich Dissonanzen auf. Der freundschaftliche Wettstreit der ersten Monate verwandelte sich, sobald meine beiden Freunde mir nichts mehr beizubringen hatten, in verhohlenes Konkurrenzdenken. Le Gentil, der mit der Verachtung des Aristokraten auf meine bürgerlich-bäuerlichen Ambitionen herabsah, auf meine Gier nach Ehrung und Anerkennung, hatte sich von Delisle distanziert und verbrachte die meiste Zeit im Observatorium im Clan des alten Cassini oder, besser gesagt, in dessen Familie, da der Doyen inzwischen seinen Sohn de Thury und seinen Neffen Maraldi als Mitarbeiter gewonnen hatte. Bald schon bezog Le Gentil dort auch eine Wohnung und veröffentlichte – als erste Stufe hinauf zu den Höhen der Akademie – eine Schrift über einen erst kürzlich entdeckten nebelartigen Stern neben dem oberhalb des Gürtels der Andromeda. Der Artikel erfuhr einen gewissen Widerhall, worüber ich mich insgeheim zwar ärgerte, dem Verfasser aber lautstark gratulierte.

Dennoch machte ich ihm so mancherlei Vorhaltungen, er bevorzuge das spektakuläre Beobachten, vernachlässige das Rechnen, was ein ungerechtfertigter Seitenhieb meinerseits war, ließe Optik und Uhrmacherkunst außer acht, was schon eher gerechtfertigt war. Doch gleichzeitig fragte ich mich, ohne es jemandem zu verraten, ob Clairaut mich nicht vielleicht in die Irre geführt hatte, als er mich zu Delisle und Le Monnier schickte, die, vor allem letzterer, die Tendenz zeigten, in mir eher einen Dienstboten als einen Assistenten zu sehen. Ich ließ mich seltener blicken bei den wöchentlichen Kaffeehaustreffen und lockerte meine Beziehung zu Le Gentil, was Chappe, für den Freundschaft das Höchste war, zutiefst betrübte. Aber letztlich gehörte ja auch er zum engen Kreis der Astronomenclique des *Observatoire*, hatte nicht er Le Gentil zu Cassini gebracht? Wieso nicht auch mich? Warum sollte ich namenlos bleiben in der Masse der Studenten? Ich mußte von mir aus einen Eklat inszenieren!

Seit Wochen schon befaßte sich der Abbé La Caille mit den Vorbereitungen für eine große Reise ins südliche Afrika, genauer gesagt, ans Kap der Guten Hoffnung, wo er zahlreiche Beobachtungen durchführen sollte. Es gelang mir, als Sekretär an den Besprechungen zwischen ihm, Delisle und Le Monnier teilzunehmen. Mein Eifer und meine wiederholten Einwürfe ließen die drei angesehenen Gelehrten – La

Caille war erst achtunddreißig Jahre alt – eine Zeitlang vermuten, ich wollte mit auf diese langwierige Seereise. Wie groß war ihr Erstaunen, als ich bescheiden erklärte, mir genüge ein Platz in Berlin, dies liege auf dem gleichen Meridian wie das künftige südliche Observatorium La Cailles, und dort könne ich zur gleichen Zeit wie der reiselustige Abbé die Mondparallaxe berechnen. Daß ein junger Mann lieber eine Reise nach Preußen antrat, anstatt das Abenteuer zur See mit all seinen berauschenden Düften zu suchen, fanden die drei sehr klug. Nur Le Monnier sträubte sich ein Weilchen, als ich mit Unterstützung von Delisle, der Berlin gut kannte, um seinen berühmten Quadranten bat, den besten, den es in Frankreich gab, ein Geschenk Ludwigs XV. Die erst kürzlich gegründete Preußische Akademie verfügte über erschreckend wenig verläßliche Instrumente! Ich bekam ihn. Und so verkündete ich gleich am Mittwoch darauf stolzgeschwellt die Neuigkeit im Kaffeehaus.

Berlin, Potsdam, Schloß Sanssouci ... Die Anglomanie der früheren Jahre wurde allmählich, zumindest bei den Pariser Wissenschaftlern und Philosophen, von einem neuen, durch Voltaire lancierten Spleen überdeckt: Man sprach nur noch von Friedrich dem Großen, dem aufgeklärten Despoten, dem Philosophenkönig, dem Freund der Wissenschaften und Künste. Ich verriet meinen Freunden natürlich nicht, daß dieses Exil in Preußen mir nur deswegen so lieb war, weil ich dort meine Beobachtungen und Berechnungen auf eigene Faust würde durchführen können, fern von Le Monniers Mäkeleien und fern von Delisles bedächtiger Langsamkeit. Damals war ich erst seit zwei Jahren in Paris, aber ich hatte es wahnsinnig eilig.

Als Le Gentil erfuhr, daß ich Berlin den Meeren des Südens vorgezogen hatte, wurde er wirklich wütend, es sei doch absolut töricht, mit achtzehn Jahren die einmalige Chance, ferne Länder kennenzulernen, auszuschlagen und sich der albernen Sanssouci-Mode anzupassen! Damals hielt ich seine Empörung schlichtweg für Neid, daher erwiderte ich schroff, ich müsse auf meine Gesundheit Rücksicht nehmen, Le Monnier habe mir verboten, mich so weit zu entfernen, und außerdem … außerdem würde ich leicht seekrank.

«Sie sind also schon einmal zur See gefahren?» fragte Chappe gutgläubig.

«Nein, aber ich leide an Schwindel, ein untrügliches Symptom für Seekrankheit, wie mir ein Mediziner, mein Freund Commerson, erklärt hat. Er behandelt meine Rükkenprobleme und rät mir von langen Reisen ab.»

«Seien Sie dennoch auf der Hut, Lalande», kicherte Clairaut, «es heißt, Seine Majestät Friedrich zeige an jungen Gelehrten, an deren Kinn noch kein Flaum sprießt, großen Gefallen.»

«Aber, aber», erwiderte ich, «Sie, Meister, wollen sich doch wohl nicht verbürgen für die häßlichen Gerüchte, die doch nur auf die Sittsamkeit eines Voltaire oder Maupertuis Schatten werfen sollen.»

«Voltaire würde es also darauf anlegen, sich selbst zu schaden?» murmelte Clairaut voller Sarkasmus. «Er hat mir doch selber die schrecklichen Eifersuchtsszenen beschrieben, die der König von Preußen ihm immer wieder machte. Rein platonische Eifersucht, versteht sich, aber …»

«Friedrich der Große», protestierte nun Chappe, «ist ein durchaus hoch zu schätzender Gelehrter.»

«Das ist nicht unvereinbar», resümierte Clairaut.

«Und er ist, wie man sagt, ein begnadeter Musiker, ein Virtuose auf der Flöte …»

«Sie sagen es», wieherte Le Gentil.

Chappes unfreiwilliger Witz ließ uns die Gewitterstimmung, die zwischen uns herrschte, vergessen.

In den wenigen Monaten vor meiner Abreise verzichtete ich aufs mondäne Leben und arbeitete wie ein Berserker. Ich hatte keine Ahnung, wie lange ich in Berlin bleiben würde. Doch dort wäre ich nicht länger der unterwürfige Student, der bewundernde Schüler, sondern der Rivale, wenn nicht gar der Gleiche unter Gleichen im Geheimbund der Wissenschaftler und Philosophen, die um Maupertuis, den Präsidenten der Preußischen Akademie der Wissenschaften, kreisten. Den Pagen der Astronomie würde ich nicht länger spielen! Ich warf all den Plunder ab, der einen kleinen Marquis vortäuschen sollte, und schlüpfte in das strenge Habit des Gelehrten. Als es dann endlich ans Abschiednehmen ging, war meine Metamorphose vollzogen. Clairaut amüsierte sich, Le Gentil fand es albern, d'Auteroche applaudierte.

Über ein Jahr lang blieb ich in Berlin, doch vom Kurtisanenklüngel in Sanssouci hielt ich mich fern. Meine geringe Welterfahrung ließ mich damals noch nicht ermessen, auf welch niedrigem Niveau die französischen Philosophen und Gelehrten, die in den Salons von Potsdam herumschwirrten, ihre Streitereien ausfochten. Erst viel später erzählte mir Voltaire, dem es hoch anzurechnen ist, daß er seine früheren Fehler einzugestehen vermochte, welchen Hofintrigen er ausgesetzt gewesen war, besonders durch Maupertuis, der ihn vom Sockel stürzen und des Königs Gunst berauben wollte. Wie jeder Machtmensch fand auch Friedrich Gefallen daran, seine Mannen wie Schachfiguren gegeneinander auszuspielen, er schürte Eifersucht, schmollte mit dem einen, um den anderen leichter zu Fall zu bringen. Tatsächlich, und das wunderte mich, ließen sich auch Geistesgrößen wie Euler, Argens und sogar der Gigant Voltaire – die ich alle dort traf – zu solch schäbigem Tun verleiten, anstatt aus dem Glücksfall, den der König von Preußen ihnen bot, nämlich unbeschwert ihre Kunst auszuüben, größtmöglichen Nutzen zu ziehen. Instinktiv entschied ich mich für absolute Neutralität. Wann immer man meine Meinung hören wollte zu Fragen, die nicht in mein Fachgebiet gehörten, erklärte ich mich für nicht zuständig, was Maupertuis zutiefst bedauerte. Er rügte mich, ich solle doch endlich von meinen Sternen herabsteigen und aus meinen mathematischen Labyrinthen hervorkommen, schließlich schwärmten doch sämtliche aufgeklärten Köpfe Frankreichs – und folglich Europas – von dem gigantischen Unterfangen der *Encyclopédie*! Innerlich kochte ich, nicht in Paris zu sein, aber was hätte ich dort gesollt? D'Alembert war doch einer der Gründerväter, und somit waren Clairaut und seine Schützlinge von vorneherein ins Abseits verbannt.

Damals wußte ich noch nicht, daß die wissenschaftlichen Wortgefechte der beiden niemals auf die anderen Lebensbereiche übergriffen. Als es beispielsweise im Jahr zuvor darum gegangen war, Diderot aus dem Gefängnis von Vincennes herauszuholen, hatten d'Alembert und Clairaut wie auch Monsieur de Bombarde, Voltaire und Madame du Châtelet, Fontenelle, Madame du Deffand, Buffon, Daubenton und Helvétius, die wegen eines Kommas oder einer winzigen Gleichung übereinander herzufallen pflegten, sich einmütig zusammengeschlossen, damit der, den man noch nicht *le philosophe* nannte, begnadigt wurde.

Mein Exil wurde mir zur Last. Ich vervollkommnete das mit Clairauts Ratschlägen von mir selbst entdeckte Verfahren zur Berichtigung der Mondparallaxenberechnung: Man mußte die Erdabplattung berücksichtigen! Meine Gewißheit wuchs, daß es Gehör finden und mir zumindest die Anerkennung meines Lehrers Le Monnier einbringen würde. Schriftlichen Zuspruch, meine Arbeit fortzusetzen, erhielt ich von Clairaut, den man damals in Paris den «Spezialisten für Mondbewegungen» nannte. Er machte mir bewußt, daß ich teilnahm an der ersten wirklich internationalen wissenschaftlichen Zusammenarbeit: La Caille am Kap, ich in Berlin, Cassini de Thury in Paris, Zanotti in Bologna, Bradley in Greenwich, Wargentin in Stockholm. Das Stadium einer lockeren Zusammenarbeit von Astronomen verschiedener Länder, die es seit eh und je gegeben hatte, war überschritten. Und schon träumte ich von so manch anderen Unternehmungen gleicher Art, überzeugt, wie ich war, daß es morgen oder – was wahrscheinlicher war – in fünfzig oder hundert Jahren zu großen Zusammenkünften von Wissenschaftsverbänden kommen würde. Dann träfen sich alljährlich die Astronomen aus aller Welt, um über die den Sternen eigene Bewegung zu diskutieren, über die Grenzen, von denen das All umschlossen ist, sofern es Grenzen gibt, oder – warum nicht? – über diese kuriosen Nebelflecken, die Charles Messier, auch ein überaus scharfsichtiger Schützling Delisles, vor kurzem erst entdeckt hatte.

Diese großartigen Perspektiven vor Augen, veröffentlichte ich nach endlich vollendeter Mission mit großer Begeisterung in Berlin meine eigenen Beobachtungen in *Acta editorum* und *Historia*. Ich signierte Lefrançois de Lalande und nannte als Vorwand die Gefahr einer Namensverwechslung. Außerdem klang es, wie ich fand, recht gut.

Unverzüglich ließ Maupertuis mich in die Berliner Akademie aufnehmen. Artikel und Vorankündigung dieser Ernennung schickte ich an Clairaut, damit er beides in Frankreich publiziere. Das war ungeschickt von mir, denn ich hätte Le Monnier das Vorrecht einräumen müssen. Aber dieser Fauxpas erwies sich als fruchtbringend. Wenige Wochen später erreichten mich vier Briefe aus Paris. Der erste war von Clairaut, der mir mitteilte, meine Beobachtungen würden in den *Memoranden* der Akademie abgedruckt. Der zweite kam von Le Gentil, der mich zu meiner Leistung beglückwünschte, mich aber gleichzeitig vor Kabalen warnte: Ich solle schleunigst heimkehren, um mich zu wehren! Der dritte trug die Unterschrift von Chappe, der mich ganz im Gegenteil beschwor, so lange in Preußen zu bleiben, bis die Angelegenheit vergessen sei. Und der vierte kam von Le Monnier. Der Ton war heftig, fast beleidigend: Ich hätte, ohne ihn zu befragen, extravagante Initiativen ergriffen! Er befahl mir, ihm so schnell wie möglich seinen Quadranten zurückzubringen, der sich offensichtlich in bedrohlichen und ungeschickten Händen befinde. Er ging sogar so weit, meine Berechnungen als falsch und meine Beobachtungen als dumm zu brandmarken. Im ersten Aufwallen von Zorn verfaßte ich einen geharnischten Brief an meinen ehemaligen Lehrer: Er habe mir nichts zu befehlen, ich bliebe, solange wie ich wollte, in Berlin, sein kostbares Gerät würde ihm von einem reitenden Boten Seiner Majestät Friedrichs des Großen überbracht, meine Pflichten als neues Akademiemitglied erlaubten es mir nicht … Doch bevor ich dieses leidenschaftliche Elaborat auf die Post gab, konsultierte ich noch schnell Maupertuis, der, wie ich wußte, in derlei Affären äußerst gewieft war – wohl das einzige, in dem er relative Kompetenz besaß. Ich übertreibe mal wieder … Aber es weiß doch schließlich jeder, daß bei der Lapplandreise, wo die Bogenlänge des Meridians gemessen werden sollte, Clairaut die Arbeit machte und Maupertuis den Ruhm einstrich. Er verstand es immer, die Entdeckungen anderer für sich zu verbuchen, und vergaß dann in seiner Gier nach Ehrung, was er ihnen schuldete. Doch mich mochte er sehr.

«Schicken Sie diesen Brief nicht ab, kehren Sie nach Paris zurück, und kämpfen Sie», riet er. «Das ist Ihr Durchbruch! Ich weiß, daß Ihre Berechnungen unanfechtbar sind, Euler hat es mir bestätigt. Diese Kontroverse wird Ihr Triumph sein. Die von Ihrem Freund erwähnte Kabale hat natürlich Le Monnier angezettelt. Aber Vorsicht, der Mann ist gewitzt und in Versailles hoch im Kurs, denn sein Bruder ist Leibarzt des Königs. Ich persönlich verspreche Ihnen, daß die gesamte Berliner Akademie hinter Ihnen stehen und Ihnen helfen wird, Ihre Angelegenheit auszufechten.»

«Bloß nicht!» platzte ich heraus. «Mir wäre es lieber, Sie bewahrten Stillschweigen. Sie wissen doch, wie empfindlich man in Paris reagiert. Es wäre für Le Monnier ein leichtes, mich zu beschuldigen, ich spielte dem König von Preußen in die Hände, im wörtlichen wie im übertragenen Sinne.»

«Bravo, Lalande! Wie ich sehe, haben Sie für die Zwänge des Lebens nicht nur Verachtung übrig, wie Sie gern glauben machen möchten.»

Zwei Wochen später bezog ich wieder meine Zimmer bei Delisle, der mich wie einen Sohn aufnahm. Er gratulierte mir, ich hätte den Thron des Tyrannen Le Monnier ins Wanken gebracht. Dabei hatte ich die beiden für dicke Freunde gehalten! Dann verkündete er mir, die Stunde meines Ruhms sei gekommen, ganz Paris spreche von mir.

Noch heute wundere ich mich, daß ein so trockenes Thema, nämlich die beste Art, die Entfernung der Erde vom Mond zu berechnen, in der Stadt und bei Hofe so viel Wirbel erzeugen konnte, vor allem bei Leuten, die nichts von derlei Fragen verstanden. Ich gebe allerdings zu, daß ich auch nichts unternahm, um die Wogen zu glätten. Le Monnier, verblendet von seinem durch mich verletzten Stolz, posaunte so böswillig meine angeblichen Irrtümer in die Welt, daß er meinen Bekanntheitsgrad nur noch steigerte, vor allem bei den gelehrten Damen. Und diese ergriffen naturgemäß lieber Partei für den appetitlichen jungen Mann als für einen, den sie sich als alten Knaben mit gelben Zähnen und abgewetzter Kleidung vorstellten. Dabei war Le Monnier sehr auf sein Äußeres bedacht, doch wie es hieß, hatte er die Gunst der Pompadour verspielt. Und ich war dank Le Gentil ein gerngesehener Gast in sämtlichen Salons, in denen man für Naturwissenschaft und Philosophie schwärmte. Mein

Gesicht war längst nicht mehr niedlich, ich kleidete mich gut, zeigte stets ein blendendes Lächeln und gab mich gefällig. Der alte Cassini, der immer noch unser aller Meister am Observatorium war, unterstützte mich. Er kannte sich aus und wußte zu unterscheiden zwischen wissenschaftlicher Polemik und persönlichen Hahnenkämpfen. Und während Chappe sich jetzt noch hymnischer über mich und meine Begabung äußerte, war von Clairaut kein Wort zu hören – von seinem Feind d'Alembert aber auch nicht.

Viel, viel später erklärte mir letzterer, die Spannung zwischen mir und Le Monnier, die ganz Paris damals in Aufruhr versetzt hatte, sei im Grunde nur eine Episode gewesen im Krieg zwischen der Akademie der Wissenschaften und den Enzyklopädisten. Tatsächlich beschuldige die Akademie Diderot und d'Alembert des dreisten Diebstahls von Druckplatten, die ein halbes Jahrhundert zuvor von Colbert in Auftrag gegeben worden waren für ein hypothetisches Wörterbuch über die Künste und Wissenschaften, zu dem aber noch nicht einmal ein Vorwort geschrieben war. Ein sehr böser Krieg – wenn es denn je gute Kriege gibt. Denn bei ihrem Vormarsch gegen Diderot und seinen Komplizen d'Alembert machte sich die Akademie zum Alliierten der Dame Zensur, der Jesuiten und der Sorbonne. Und noch etwas hatte man mir tunlichst verschwiegen: D'Alembert hatte sich ein Gutteil Inspiration für seine Enzyklopädie-Artikel aus Le Monniers *Institutions astronomiques* geholt, und zwar mit dessen Einverständnis, aber auch, was die Lösung der Probleme zur Präzession der Tagundnachtgleichen anbetraf, bei Clairaut entlehnt, der davon allerdings zunächst nichts wußte. Diderot hätte den Streit leicht schlichten können, aber er begeisterte sich für Mathematik und verachtete zutiefst die Astronomie, eine aus seiner Sicht für die Menschheit nutzlose Wissenschaft. Mir – und nicht Madame Volland – schleuderte er zum ersten Mal den berühmten Satz entgegen: «Seit mehr als hundert Jahren sind die Kometen bedeutungslos.»

Kurzum, das Ganze ähnelte stark einer sterilen scholastischen Kontroverse, wie wir sie aus dem Mittelalter kennen. Und dennoch befand ich mich bei meinem Streit mit Le Monnier auf der falschen Seite: im Lager der Alten, der Leute der Vergangenheit, die dank meiner Person einen kleinen Sieg davongetragen hatten gegenüber den Aposteln der Aufklärung und des Fortschritts.

In Weißglut versetzt, polemisierte ich eifrig mit. Ich pochte auf mein Recht, im Vertrauen auf dessen Kraft. Wie mir das gefiel! Mit welchem Feuer, mit welcher Rage ich mich einsetzte, nicht um meine Causa durchzupauken – die konnte sich selbst verteidigen! Ich lauerte auf den geringsten Fehler Le Monniers, ihn wollte ich vom Sockel stürzen! Und er stürzte. Eine von der Akademie eingesetzte Kommission entschied zu meinen Gunsten. Nun trampelte ich genüßlich auf meinem am Boden liegenden Widersacher herum und erniedrigte ihn immer mehr. Wollte ich mich rächen für mein Assistenten- oder Domestikendasein, wollte ich vergessen, daß ich es letztlich ihm zu verdanken hatte, daß ich nach Berlin hatte reisen können und in die dortige Akademie aufgenommen worden war? Da tauchte Clairaut wieder auf, bestellte mich in unser Stammcafé und bat mich, von Chappe und Le Gentil assistiert, meine Angriffslust zu bezähmen. Ich gehorchte um so bereitwilliger, als ich im Februar 1753 im Alter von einundzwanzig Jahren zum beigeordneten Astronomen der Akademie der Wissenschaften ernannt wurde. Ein Triumph, vervollkommnet noch durch die hinterhältige Befriedigung darüber, daß ich damit dem Chevalier Guillaume-Joseph-Hyacinthe Le Gentil de La Galaisière, der mein Freund und älter als ich war, den Rang abgelaufen hatte – wenn auch nur mit ein paar Wochen Vorsprung.

Die Frau des Uhrmachers

Ich war einundzwanzig Jahre alt, jetzt mußte die Liebe zu ihrem Recht kommen. In dieser Hinsicht war mein Aufenthalt in Preußen nicht gerade ersprießlich gewesen. Kein Techtelmechtel mit einer schönen Berlinerin. Maupertuis, dieser große Weise, hatte mich allerdings gleich zu Anfang gewarnt:

«Die Preußin versteht so wenig Französisch, daß sie sich gleich hinlegt, wenn man sie bittet, Platz zu nehmen.»

Ich wollte vor allem meine Arbeit und meinen Wettlauf um Ruhm nicht durch die Liebe behindert sehen. Denn mit dem Ruhm ist es wie mit der Schokolade, hat man erst einmal davon gekostet, will man gleich ein zweites, ein drittes Stück, bis man genug davon hat. Mit einem Unterschied: Vom Ruhm hat man nie genug.

Auch bei der Liebe also träumte ich von einer, die eine hochgestellte und hochgelehrte Beschützerin mir entgegenbringen müßte, eine Comtesse d'Epinay oder eine Madame du Châtelet. Liebend gern hätte ich Voltaires oder so manch anderer Nachfolge bei letzterer angetreten, galt sie doch als eine talentierte Mathematikerin. Aber leider war sie schon ein paar Jahre früher verstorben, im Kindbett, an den Früchten eines «Unbekannten»! Die Damen jener Zeit, ermutigt vom Beispiel der Pompadour, eröffneten «Salons», die mit den von Molière bespöttelten keinerlei Ähnlichkeit mehr hatten. Ohne diese Damen – und das möchte ich betonen – wäre der große Umsturz im Denken, der durch die Veröffentlichung der *Encyclopédie* ausgelöst wurde, niemals erfolgt.

Die junge Schauspielerin, der Le Gentil mich in die Arme geworfen hatte, spielte auf der Bühne die Soubrette, schärfte an meinen Sinnen allerdings ihre Lust an der Rolle der Salondame oder der Naiven. Eine geheime Affäre hatte ich noch mit der Tochter meiner Wäscherin, und daher waren meine Kragen stets makellos. Im Austausch versprach ich ihr die Heirat, aber nicht vor meinem fünfundzwanzigsten Geburtstag, da mein Vater, wenn er Wind davon bekäme, mich todsicher nach Bourg-en-Bresse zurückbeordern würde! Eine schamlose Lüge, denn dem auf seine Herkunft stolzen Postmeister wäre eine tüchtige Haushälterin ohne Mitgift als Schwiegertochter weit lieber gewesen als jede nur denkbare Marquise von Hochadel, Geldadel oder Bühne. Lieber vor allem als mein Junggesellenstand, der ihn bis zu seinem Tode zutiefst bekümmerte.

Ich hatte mich zum Libertin gewandelt. Wie sollte es anders kommen mit diesem Bekanntheitsgrad, der mir zugefallen war? Ich naschte an jeder Blüte, aber das war nur eine Maske, ich spielte den Pollentrunkenen, absolvierte aber nach wie vor das selbstauferlegte Arbeitspensum, nur merken sollte das niemand, wie ich mir einredete.

In der Kuppel über dem Haupteingang des Palais du Luxembourg hatte ich meine Sternwarte. Ehrlich gesagt, es war die, die Delisle einst beziehen durfte, aus der ihn der Régent d'Orléans aber hinausgeworfen hatte, um seine Schwester, die Duchesse de Berry, dort einzuquartieren. Trotz seiner Empörung hatte Delisle sich vorübergehend im Privatobservatorium des Chevalier de Lionville im Hôtel de Taranne einrichten müssen. Im privaten Kreis pflegte er zu sagen, die Herrscher bezeugten der Wissenschaft nicht den mindesten Respekt, dabei sei sie doch die einzige wirkliche Fackel der Menschheit. Aber es gibt eben doch Gerechtigkeit: Die Herrscher vergehen, unsere Theoreme bleiben bestehen. So auch die Duchesse de Berry: Diese zügellose

Person verging und verblich, und so trug das Palais du Luxembourg bald wieder das Banner der Akademie.

Also: Guillaume Le Gentil war mein Nachbar, und auch Clairaut war nicht weit. Jean-Baptiste Chappe allerdings mußte trotz seiner Meriten noch ein paar Jährchen warten, bis die Akademie ihm ein Dach über dem Kopf und einen Ausguck in den offenen Himmel zugestand. Guillaume und ich verabredeten uns regelmäßig nach getaner Arbeit zu bestimmter Stunde mit ihm in der Buchhandlung des alten Desastre, und dann schlenderten wir fröhlich die Rue Saint-Jacques hinunter bis zur Seine, bedachten die Sorbonnards mit dummen Sprüchen, überquerten den Fluß und hockten uns ins *Panier Fleuri,* wo wir sicher waren, Clairaut bestimmt nicht anzutreffen. Er kam nie auf die rechte Seite der Seine, es sei denn, um in den Bordellen des Faubourg Saint-Denis herumzustreifen.

In unserem Lokal imitierte d'Alembert mit seiner Fistelstimme meisterhaft die Großen dieser Welt. Ab und zu, auf dem Sprung zwischen Preußen und der Schweiz, schaute auch mal Voltaire kurz herein und machte uns mit komischen Grimassen auf den Spion aufmerksam, den der Polizeileutnant ihm an die Fersen geheftet hatte und der, in eine Ecke geduckt, hinter einem Glas Rotwein saß, das Condillac immer wieder vollgoß, um ihn betrunken zu machen. Jean-Jacques Rousseau kam aus Versailles zurück und prophezeite, als hätte er den Verstand verloren, er würde bald dieses abscheuliche, wollüstige Babylon verlassen und sich wie Alkestis in eine Wüste zurückziehen. Was er ein paar Jahre später tatsächlich tat, nur daß es in besagter Wüste eine Fülle hübscher Frauen und Schöngeister gab, die, wie er sagte, sich gegen ihn verschworen hatten. Wer tat das nicht, nebenbei gesagt, vor allem die, die ihm wohlgesinnt waren?

Genialer und elender Narr, der du warst! Du wunderbarer Schreibkünstler! Wie hätten wir alle dich geliebt, wenn du nicht so heftig um Haß gebuhlt hättest! Diderot versuchte ihn zu beruhigen, Chappe, der Athlet, wollte ihn nach Kräften verteidigen.

Gegen Ende jenes Jahres 1753 trug die Akademie mir auf, eine Pendeluhr mit nur einem Rad zu inspizieren, die Monsieur Lepaute der Ältere, durch seine hervorragende erste Horizontaluhr in Paris bereits zu Ansehen gelangt, erfunden und hergestellt hatte. Weit war es nicht von mir zu ihm, denn Lepaute logierte genau wie ich im Palais du Luxembourg. Es war unter anderem die Aufgabe der Akademie, bei Erfindungen solcher Art zu prüfen, ob sie auch nicht dem Hirn eines Irren oder den Berechnungen eines Gauners entsprungen waren. Wie sollte man sonst unterscheiden zwischen der philanthropischen Erfindung eines Monsieur Appert zur Haltbarmachung von Lebensmitteln und was weiß ich welchem Gaunertrick eines Mesmer oder Balsamo?

Lepaute war also mein Nachbar, aber ich kannte eigentlich nur seinen Namen. Stolzgeschwellt ob meiner offiziellen Mission, betrat ich seine Werkstatt, obgleich Cassini mich darauf hingewiesen hatte, diese Überprüfung sei eine reine Formsache, da Lepaute sein Können ja hinreichend bewiesen habe. Es gab auch nichts zu beanstanden, selbst wenn ich ein paar Verbesserungen im Detail zur leichteren Handhabung vorschlug. Lepaute hätte diese Impertinenz des zwölf Jahre jüngeren, frischgebackenen Akademiemitglieds übelnehmen können, aber dieser bescheidene Mann befand meine Vorschläge durchaus für schlüssig. Als ich zur Feder griff, um diese Uhr zu beschreiben, sagte er in seiner sprichwörtlichen Schüchternheit: «Wenn Sie gestatten, Monsieur, werde ich meine Gemahlin hinzurufen, damit sie teilnimmt an unserem Tun. Bei der Beschreibung meiner Objekte beweist sie stets großes Talent. Es war übrigens auch sie, die alle von mir an die Akademie gesandten Berichte schrieb. Finden Sie nicht auch, daß ihr Stil klar und präzise ist? Verzeihen Sie mir ein solches Ansinnen, aber Sie scheinen mir nicht jemand zu sein, der einen kleinen Verstoß gegen die Etikette verübelt.»

Ich konnte es nicht ablehnen, obgleich ich an jenem Tag eher weiberfeindlich eingestellt war, denn seit längerem schon war meine Schauspielerin in die Rolle der Célimène geschlüpft. Lepaute erhob sich und schlurfte in Hauspantinen übers Parkett seiner Werkstatt auf die Tür des Nebenraumes zu.

«Reine, meine Liebe, komm herüber, damit ich dir Monsieur Lefrançois de Lalande vorstellen kann.»

Das haben die doch vorher abgesprochen, diese beiden! dachte ich bei mir und grollte schon insgeheim.

Doch als sie dann eintrat, war ich wie geblendet und warf mich in die Brust ... Ehrlich gesagt, inzwischen glaube ich nicht mehr, daß Reines erstes Erscheinen in meinem Leben mich derart beeindruckte. Sie sah doch eher alltäglich aus, hatte doch keinen Kirschmund, der einem heißblütigen jungen Mann gleich Appetit macht. Ich schaue immer als erstes auf die Lippen ... Reine hingegen ... Ihre Schönheit entdeckte man erst im Laufe der Zeit; das sanfte Leuchten ihrer ungeheuren Gelehrsamkeit offenbarte sich erst nach und nach.

Madame Lepaute war alles andere als unansehnlich, aber selbst wäre sie es gewesen, hätte ich es bei jener ersten Begegnung auch nicht gemerkt, da sie die Männer auf Distanz zu halten wußte. Distanziertheit strahlte sie aus, nicht aber Kälte. Durch ihr Äußeres, von Eleganz und Zurückhaltung, von Liebreiz und Noblesse gleichermaßen geprägt, schien sie uns sagen zu wollen: «Liebt mich wie einen Kameraden, nicht wie ein Objekt eurer Begierde.» Als ich mich über ihre ausgestreckte Hand beugte, fiel mir jedoch sofort auf, daß sie weiß und schmal war, kräftig und zerbrechlich zugleich. Ja, sie hatte die schönste Hand der Welt, so schön, daß sogar Voiriot, der Maler des Königs, der auch sie portraitierte, diese Hand auf so manch anderem Bild verewigte. Vermutlich verliebte ich mich als erstes in ihre Hand.

Dann machten wir uns an die Arbeit. Sie verblüffte mich. Gewiß, wie jedes männliche Wesen war auch ich in meinen Vorurteilen gegenüber dem schönen Geschlecht befangen, in jenen Vorurteilen, die ich, und darauf bin ich stolz, seitdem abgelegt habe. Ich hatte keine Frau, sondern einen Gelehrten vor mir, einen nicht zu unterschätzenden Gelehrten! Sie beschrieb, sie rechnete, sie handhabte alles so geschickt und virtuos, daß ich mich fragte, ob nicht vielleicht sie der wahre Meister Lepaute war, der Erfinder der ersten Horizontaluhr, die Paris je gesehen und die vor kurzem im Palais du Luxembourg ihren Platz bekommen hatte. Jahre später bekannte sie mir, wie angenehm überrascht sie gewesen sei an jenem Tag, überrascht über meine Diskretion, denn ich war tatsächlich das erste Akademiemitglied aus ihrem Bekanntenkreis, das sich die Bemerkung verkniffen hatte: «Für eine Frau kennen Sie sich erstaunlich gut aus.»

Beim Abschied erklärten beide Lepautes und auch ich, es sei uns ein Vergnügen gewesen und wir sollten einander doch häufiger treffen.

Insgeheim hatte ich gehofft, Lepaute würde mich ausdrücklich zum Essen einladen, aber nichts dergleichen war erfolgt. Als ich heimging, seufzte ich: Wie beneidenswert ist doch das Los eines Uhrmachers! Nach einem langen Arbeitstag, mit oder ohne traute Gemahlin, ging er in die Wohnung hinüber, fand den Tisch gedeckt, die Wäsche sauber und gebügelt, die Geschäftsbücher auf dem neuesten Stand und – als krönenden Abschluß – die verdiente Ruhe des Kriegers. Der Uhrmacher und seine Frau lebten recht sorglos und hatten gar ein paar Dienstboten. Wieso ich eigentlich nicht? An jenem Jahresende 1753 ahnte ich bereits, auch um mich würde sich bis zum Ende meiner Tage ein Domestikenuniversum scharen. Ein von Astronomen, Geometern, Uhrmachern bevölkertes Universum, umschlossen von den Mauern des Palais du Luxembourg und seinen Nebengebäuden. Während des Gehens hatte ich schon entschieden, meine Theatereskapaden einzustellen, in Kürze mein Wäschermädel zu ehelichen, um mich nicht länger mit dem häuslichen Alltag befassen zu müssen. Letztlich hatte ich mir seit meiner Aufnahme in die Akademie die Hörner gehörig und hinreichend abgestoßen. Jetzt würde ich mich mit einer Frau begnügen, die kaum lesen und schreiben konnte, sich aber um mich und meinen Haushalt kümmern würde. Ich ließ mich an meinem Arbeitstisch nieder, las das von Madame Lepaute Geschriebene nochmals nach und nagte dabei an einem Kanten Brot und einem Schinkenknochen, an dem noch ein paar Fleischfasern hingen.

Tags darauf, nachdem ich meinen – natürlich positiven – Bericht über Lepautes Uhr abgeschickt hatte, wollte ich mit meinen beiden Unzertrennlichen, Le Gentil und Chappe, meinen Abschied vom Junggesellendasein feiern. Véron, einen Neuen, den Clairaut entdeckt hatte, ein Kind noch, da knapp ein Jahr jünger als ich, lud ich auch dazu ein. Natürlich erzählte ich ihnen von meinem ersten Auftrag als Kommissar der Akademie und meiner Begegnung mit Lepaute.

«Haben Sie auch die schöne Reine gesehen?» fragte Le Gentil mit anzüglichem Blick.

«Schöner als schön, strahlend!» seufzte Chappe, wobei seine wollüstigen Lippen obszön anschwollen.

«Wer ist denn diese Reine, diese Königin Eurer Herzen

und Eurer Nächte?» fragte mit Satyrmiene der kleine Véron.

«Leider nur unserer Herzen», erwiderte Chappe, «denn ihre tugendreichen Nächte reserviert sie für ihren Einzigen, ihren Gemahl.»

«Sie sagen es, Abbé», seufzte Le Gentil, und zu mir gewandt: «Sie kennen doch die Art, wie Chappe mit den Frauen verfährt, mein lieber Jérôme. Er glaubt immer noch, Ehrlichkeit sei die beste Methode, sie gefügig zu stimmen. Als er Madame Lepaute den Hof machte, erklärte er sich fast schon bereit, den Ehemann umzubringen! Natürlich unter Berufung auf die Lauterkeit und Keuschheit seiner Absichten! Euer cholerisches Temperament, Jean-Baptiste, sticht im übrigen derart ab von Euren Worten, daß selbst die Abgebrühteste um Hilfe schreien könnte, wenn Ihr ihr die Hand küßt! Um die Wahrheit zu sagen, Abbé: Ihr habt keine Ahnung von Frauen, und Ihr liebt sie auch nicht.»

«Und Ihr», konterte Chappe, «liebt an ihnen vor allem ihre adelige Herkunft. Ist Reine etwa nicht eine geborene Étable de La Brière?»

«Meiner Treu!» witzelte nun Véron. «Wenn besagter Stall eine solche Europa beherbergt, wie Ihr behauptet, dann würde ich gerne in die Jupiterrolle schlüpfen! Was halten denn Sie, Lalande, von dieser Reine? Sie haben noch gar nichts gesagt, und das paßt nicht zu Ihnen.»

«Ehrlich gesagt», antwortete ich, «Madame Lepaute schien mir äußerst kompetent in Mechanik» (als ich das aussprach, hatte ich plötzlich wieder ihre schmale, kräftige Hand vor Augen, die sich meinen Lippen darbot), «und sie ist sicherlich auch eine Rechenkünstlerin» (um ihre Augen liegt, so dachte ich, der Schatten einer Götterdämmerung), «und sie scheint mir eine große Stütze für Monsieur Lepaute zu sein, der doch sicherlich zu unseren großen Uhrmachern zählt» (durfte dieser mausgraue Mechaniker jeden Abend diese so fröhlich in der Korsage wippenden Brüste streicheln?). «Doch als Frau, na ja, als Frau ist sie nichts Besonderes, in mir zumindest hat sie nicht das geringste Begehren geweckt.»

Als ich diese Worte sprach, schoß mir die Hitze in den Unterleib. Wieso wäre ich am liebsten gleich losgelaufen, um Unterschlupf zu finden bei einer Vorstadthure?

Doch ich sagte zu d'Auteroche und Le Gentil gewandt: «Ich wußte gar nicht, daß Ihr beide die Lepautes kennt.»

«Da warst du in Berlin und beobachtetest den Mond und die Preußinnen», feixte Le Gentil. «Oder den Mond der Preußinnen, wie man's nimmt. Clairaut hat uns vorgestellt. Er war Reines Geliebter.»

«Verleumdung!» schrie Jean-Baptiste.

«Ihr habt recht, Abbé, man hat nie erfahren, ob etwas vorgefallen ist zwischen Clairaut und ihr. Ich weiß nur aus sicherer Quelle, daß er einer ihrer glühendsten Verehrer war, bevor Reine den Uhrmacher ehelichte. Sie hatte die Wahl zwischen dem brillanten Clairaut und dem blassen Lepaute – und entschied sich für letzteren. Reine hatte schon immer ihren eigenen Kopf. Mit sechzehn wollte sie einen Gelehrten heiraten, dessen Namen ich nicht verraten werde, der aber dreißig Jahre älter als sie war. Ihr wißt, wen ich meine? Er aber lehnte ab, die Frucht war ihm noch zu grün. Vielleicht erschreckte ihn aber auch des jungen Mädchens erstaunliche Begabung für Mathematik ... Sie hätte womöglich einen Schatten geworfen auf den, der doch damals schon als Großmeister der Astronomie und Kartographie in Frankreich galt.»

Als ich begriff, daß dieser Tölpel von Chappe jeden Moment den Namen des zitierten Astronomen aussprechen würde, schaltete ich mich ein. Wir saßen schließlich im *Café de la Régence*, wo Monsieur d'Argenson, der Polizeigeneralleutnant, immer ein paar Lauscher herumschwirren ließ. Wir verrieten zwar keine Staatsgeheimnisse, aber für diese Spione war alles ein gefundenes Fressen.

«Besagte Dame hat mich in der Tat erstaunt durch ihre schwindelerregende Schnelligkeit im Rechnen», sagte ich. «Verzeiht, Le Gentil, ich habe Euch unterbrochen. Was sagtet Ihr gerade?»

«Nicole Reine Étable de La Brière lebte schon immer im Palais du Luxembourg, ich glaube, sie ist dort geboren, denn ihr Vater war damals der verstorbenen Königin von Spanien, Elisabeth d'Orléans, eng verbunden. Damit will ich sagen, daß die Demoiselle seit frühester Kindheit mit Naturwissenschaft und Kunst vertraut ist. Ihre Verehrer, darunter Clairaut und d'Alembert, waren daher auch sämtlich Gelehrte. Aber wie die schöne Helena wählte sie im Alter von fünfundzwanzig Jahren den bescheidensten von allen, Ménélas Lepaute.»

«Und Sie sind ihr Paris?» fragte Véron lachend.

«Das, mein Lieber, sind Fragen, die man nicht stellt», erwiderte Le Gentil blasiert.

Gleich am nächsten Morgen lief ich unter dem Vorwand, noch ein paar Detailfragen bezüglich der Uhr klären zu müssen, zu den Lepautes. Mir selbst redete ich ein, es sei nützlich für mich, einen Mechaniker wie ihn näher kennenzulernen, denn wir drei, sie, die Rechnerin, er, der Uhrmacher, und ich, der Beobachter, könnten doch durchaus ein Astronomie-Wörterbuch verfassen, zumal für die Enzyklopädisten diese Wissenschaft mit Newton ihr Ende erreicht hatte.

Auf dem Weg dorthin war ich noch überzeugt, keinerlei Neigung für die Frau des Uhrmachers zu hegen. Zumal sie mit ihren dreißig Jahren ja viel zu alt für mich war.

Ehrlich gesagt, war ich an jenem Tag nicht so ganz bei der Sache. Ich betrachtete ihre Hand, wie sie da übers Papier huschte wie ein Hermelin durch den Schnee, heftete meinen Blick an die graziösen Bewegungen ihrer Lippen und löste mich nur schwer von den Atemzügen dieser Brüste, eng eingeschnürt in ein diskret ausgeschnittenes Mieder. Um die Mittagszeit baten sie mich zu Tisch. Mit gewissem Neid stellte ich fest, daß das Haus Lepaute, ohne jeglichen Prunk und Protz, sehr gepflegt war. Die Köchin bediente uns persönlich, während Lepaute sich für die bescheidene Mahlzeit entschuldigte, die ich für ebenso üppig wie delikat erachtete. Wie ein junger Hahn, dem der Kamm schwillt, schwadronierte ich plötzlich von meinen großen Plänen: die vollständige Ergänzung der Sterntafeln, ein Astronomielexikon von den alten Griechen bis heute und so manch anderes, das ich im Laufe meines langen Lebens noch auf die Beine zu stellen gedachte. Er zollte mir schüchtern Beifall, sie schwieg. Als ich fertig war, sagte sie mit warmherziger Stimme:

«Seien Sie nicht so gierig, Monsieur Lalande. Oder nicht so hastig. Ich finde die Idee, zu dritt zu arbeiten, jeder mit seiner Fachkompetenz, schön und gut, aber wir sollten mit Umsicht zu Werke gehen. Was Sie vorhaben, gleicht einer Kriegserklärung an die Adresse der *Encyclopédie*. Ich glaube, Sie irren sich im Feind. Sehen Sie die anderen doch lieber als Wegbereiter für uns.»

Und nun erklärte sie mir in ein paar klaren Sätzen, daß sie erst einmal beabsichtige, etwas Neues zur Uhrmacherei zu schreiben und zu veröffentlichen. Diese im Aufschwung befindliche Wissenschaft müßte, wie sie sagte, ins rechte Licht gerückt werden. Und auf diesem Umweg wolle sie auch die Nützlichkeit der Sternenkunde darlegen. Im ersten Moment glaubte ich, sie wolle damit nur das Renommee ihres Mannes fördern. Mittlerweile bin ich mir sicher, daß sie, nicht er und nicht die Brüder Lepaute, der absolut einzige Lepaute war. Sie, und nicht ihr Mann, war der Erfinder der Pendeluhren, auf deren Zifferblatt man mittels eines einzigen Zeigers die wahre und die mittlere Sonnenzeit an entsprechend bezifferten Kurven ablesen kann. Und sie war es, und nicht ihr Schwager, die 1786 die auf fast hunderttausend Francs geschätzte prachtvolle Uhr fürs Pariser Rathaus ersann. Das gab sie zwar nie zu, aber ich bin fest davon überzeugt.

«Meine Liebe», sagte ihr Mann bei diesem Essen, «du solltest einen Salon gründen, nur für Gelehrte, die sich hauptsächlich mit Fragen aus den Bereichen Astronomie, Geometrie und Geographie befassen. Was halten Sie davon, Monsieur Lalande?»

Was ich davon hielt? ... Dank Le Gentil hatte ich meines Erachtens bereits sämtliche Salons von Paris frequentiert, war mit unzähligen illustren Männern und großartigen Frauen zusammengekommen, die mir Welten eröffnet hatten, die so ganz anders geartet waren als mein trockenes Fachgebiet: Philosophie, Poesie, Theater, Medizin, Tier- und Pflanzenkunde, aber auch – und das roch schon arg nach Schwefel – Politik und Religion. Schließlich waren wir ja mitten in der Aufklärung. Die Astronomie hingegen war mein und meinesgleichen Beruf! Ich sah mich schwerlich über Ausschlagstabellen für Pendel verschiedener Längen reden, während spritzige Bemerkungen über Monsieur de Malesherbes Meriten und Madame d'Epinays Geistesblitze gemacht wurden. Zwischen Observatorium und Akademie und Palais du Luxembourg hatten wir Arbeitsstätten genug, um uns zu treffen und zu debattieren. Und wenn einer von uns ein neues Sternbild entdeckte, dann führte das schon seit Newton, wenn nicht gar seit Galilei nicht mehr zu Polemiken über die Existenz Gottes. Darüber sollten Philosophen und Theologen streiten! Vorsicht war geboten, wenn nicht gar Heuchelei. Vergessen wir nicht, daß dem achtzehnjährigen Chevalier de la Barre, weil er sich vor einer

Prozession nicht verneigte, vor dem Verbrennen des Körpers die Zunge abgeschnitten und der Kopf abgehauen wurden.

Nach meinem Sieg über Le Monnier, der nun schon zehn Monate zurücklag und auch ein Sieg Clairauts gewesen war, fühlte ich mich wie einer von ihnen. Es kam nicht selten vor, daß man mich den Nachfolger von Delisle nannte. La Caille war nach vier bewundernswerten Jahren am Kap der Guten Hoffnung ruhmbekränzt, aber von Krankheiten gelähmt zurückgekehrt. Cassini hätschelte mich wie ein eigenes Kind, sein Sohn Thury behandelte mich wie einen jüngeren Bruder, und alle anderen sahen in mir einen Kollegen, mit Ausnahme meiner Freunde Le Gentil, Chappe und Véron, dem neuen Jünger Clairauts. Daher meine übergroße Freude, als Alexandre-Gui Pingré, regulierter Chorherr und Bibliothekar von Sainte-Geneviève und eifriges Akademiemitglied, mich eines Tages beiseite nahm und bat, mich mit Le Monnier auszusöhnen. Ich war entzückt von diesem Mann, den Energie, Phantasie und Skepsis auszeichneten, der sich rühmte, Opfer von römischer Intoleranz und, wie er sagte, von «fünf Königlichen Geheimbefehlen» zu sein. Als Theologieprofessor in Senlis war Pingré in der Tat glühender Jansenist gewesen. Im Jahre 1737 dann hatte Monseigneur de Salignac, Bischof von Pamiers und verbissener Anti-Jansenist, von ihm verlangt, sich loszusagen von den fünf Vorschlägen «aus Herz und Geist», die er in seinen *Kirchen-Nachrichten* zu veröffentlichen gewagt hatte. Seitdem hatte Pingré sich vom Theologenschlachtfeld zurückgezogen und war übergewechselt in das weniger sterile von Naturwissenschaft und Vernunft.

Großmütig geworden durch meinen Triumph über Le Monnier, gab ich den diplomatischen Bemühungen des Bibliothekars bereitwillig nach. Und Pingré, der damals mit meinem Feind am Nautik-Almanach *L'Etat du ciel* für *La Connaissance des temps* arbeitete, ging als Friedensstifter von dannen. Völlig geknickt kam er zurück: Le Monnier wolle nichts mehr hören von dem, den er «die kleine Canaille» nannte. Diese kleine Canaille war ich. Zum Ausgleich machte der über seinen Mißerfolg betrübte brave Chorherr mich dann zum Freimaurer.

Reine Lepautes Salon

Ich war ihr Favorit, daran bestand für mich kein Zweifel. Ob bei den Empfängen in ihrem Salon am Luxembourg oder in ihrem hübschen Haus in Saint-Cloud, immer zeigte Reine ganz deutlich, daß ich zu ihr gehörte, wenn sie mich beiseite nahm zu langen Vieraugengesprächen. Nicht anders hätte sie sich verhalten können, wenn sie die Welt hätte glauben machen wollen, ich sei ihr Liebhaber. Ich war es aber nicht. Und in der ersten Zeit brachte mich das schier zur Verzweiflung. Während des ganzen ersten Jahres, als wir bei ihr an unserem Artikel über die Uhrmacherei arbeiteten und ihr Mann in Saint-Cloud an der Mechanik tüftelte, unternahm ich natürlich ein paar Versuche: zunächst verbaler Art, aber das brachte mir anstelle von Rüffeln nur liebenswürdigen Spott über unseren Altersunterschied ein. Dann wagte ich ihr zu schreiben, aber das ergab nur Briefe ohne Antwort. Und wenn in der Abgeschiedenheit unserer Arbeitsklause mein Knie wie unabsichtlich unter dem Tisch sich dem ihren zu nähern versuchte oder meine Finger auf dem Papier die ihren streiften, dann rückte sie von mir ab, ohne Hast, auch nicht ruckartig, ohne ein erkennbares Zeichen von Irritation. Was blieb mir anderes übrig, als mich abzufinden mit einer Situation, die ich absurd fand und die vor allem meinen Stolz ganz erheblich verletzte?

Im Grunde hätten mir diese rein freundschaftlichen Bande und von kolossaler Arbeit bestimmten ersten Jahre mit Reine vollauf genügen können. Sie war mir in allem überlegen, aber das beleidigte mich nicht, weil sie es so diskret anstellte, um meinen Stolz nicht zu verletzen. Ihre angeborene Begabung fürs Rechnen, ihr fabelhaftes Gedächtnis, ihr glasklares Denken, ihre Arbeitskraft und ihre Begeisterung für alles, was sie tat, hätten sie zum größten Gelehrten der Zeit machen können – aber sie war eben nur eine Frau. Ich habe ein gutes Werk vollbracht, indem ich als erster versuchte, die Pforten des Pantheons für die Damen aufzustoßen. Condorcet ging zugegebenermaßen noch weiter, aber den Anstoß für ihn gab, wie ich glaube, doch ich.

Reine formte mich, einem weiblichen Pygmalion gleich, hielt mich in der Bahn, an deren Ende der Ruhm meiner harrte. Ich gehorchte und wartete bei allem übrigen passiv ab, ob nicht doch eines Tages bei ihr das Begehren wie ein Blitz einschlagen würde. Da sie mich so behutsam lenkte und meine Ungeduld zügelte, verspürte ich nach ein paar Monaten gemeinsamer Arbeit schon keinerlei Begehren mehr in mir. Ich malte mir aus, wie wir nach einem plötzlichen Anfall von Leidenschaft – vielleicht auf dem Teppich im Bureau, inmitten von verstreuten Papieren mit Gleichungen und verworfenen graphischen Darstellungen – uns angstvoll angeblickt und dann dumm gefragt hätten: «Und was jetzt?»

Manchmal juckte es mich schon, aber nur wie ein momentanes Kribbeln, wie wenn einem im allzu bequemen Sessel die Beine einschlafen und Ameisen durch den Körper zu laufen scheinen. Viel unangenehmer war mir die Haltung, die ich den Freunden gegenüber einnehmen mußte. Nie stellten sie direkte Fragen, wie es denn inzwischen bestellt sei um meine Beziehung zu ihr. Anfangs schien es ihnen nur irgendwie peinlich zu sein, wenn ich ganz betont von der Arbeit «mit Monsieur und Madame Lepaute» sprach, wenngleich der Ehemann auch tatsächlich nur selten teilnahm. War ich mit ihr allein, kam ich mit der keuschen Zweisamkeit recht gut zurecht, doch ganz anders war es, wenn ich Le Gentil, d'Auteroche und Véron gegenübersaß. Letzterer hatte sich schon ab und zu ein paar anzügliche Bemerkungen gestattet, woraufhin die beiden anderen ihn aber gleich zur Ordnung riefen. Als Mann gegenüber anderen Männern hätte mich meine Eitelkeit eigentlich anstacheln müssen, mit der wenn auch nur eingebildeten Eroberung der schönen Rechenkünstlerin zu prahlen. Doch das versagte ich mir. Ganz im Gegenteil, ich übertrieb und betonte ausdrücklich, für uns gebe es nur kollegiales Arbeiten. Ich fürchtete aber vor allem eine Indiskretion Le Gentils oder Clairauts, da ich keine Ahnung hatte, wie die Beziehung beider zu meiner Muse waren oder gewesen sein mochten. Nach anfänglichem Geplänkel schwiegen sich beide aus und zeigten nicht die geringste Neugier.

Die meine allerdings wuchs, wie auch meine uneingestandene und von Eifersucht geprägte Leidenschaft. Ich wollte alles wissen und dann wieder doch lieber nichts. So subtil wie möglich versuchte ich Reine zu sondieren, doch über meine eventuellen Rivalen war außer streng wissenschaftlicher Beurteilung nichts aus ihr herauszubekommen. Je hartnäckiger ich mich verbiß ins vor- oder außereheliche Leben Nicole Reine Lepautes, desto mysteriöser wurde alles. So zog ich manchmal den vernünftigen Schluß, da, wo ich wilde Geheimnisse vermutet hatte, sei in Wirklichkeit nichts gewesen. Und zum Trost für mein persönliches Mißgeschick redete ich mir ein, Reine habe sicher niemals einen Mann und das Vergnügen mit ihm begehrt. Sollte ihr leidenschaftlicher Arbeitseifer nicht vielleicht darüber hinwegtäuschen, daß sie unfähig war, sich an handfesteren Genüssen zu entflammen und Lust zu empfinden?

Hätte man mir verraten, sie sei ohne vernünftigen Grund bis zum heutigen Tag Jungfrau geblieben – mich hätte es nicht gewundert. Kurzum, ich zwang mich zu glauben, sie sei irgendwie verkrüppelt, bar jenes sechsten Sinns, den Buffon den Fortpflanzungstrieb nannte. Genügte nicht schon die Tatsache, daß nach siebenjähriger Ehe noch kein Kind da war, als Beweis? Doch laut Commerson, dem ich mich als einzigem offenbarte, bestand keinerlei Zusammenhang zwischen diesen beiden weiblichen Phänomenen; er selbst habe eine Frau gekannt, die zwar unfruchtbar, aber dennoch eine leidenschaftliche Geliebte gewesen sei.

Nach langen Monaten erschien endlich meine Abhandlung zum Uhrmacherhandwerk und fand auch ein gewisses Echo. Selbstverständlich erwies ich darin Monsieur Lepaute dem Älteren alle Ehre, aber auch seiner Gemahlin, obwohl sie sich gegen die Nennung ihres Namens weidlich gesträubt hatte. Ihre Mitarbeit durfte ich nur bei der Berechnung einer Tabelle erwähnen, die zu jeder vorgegebenen Schwingungszahl die Oszillation oder Länge angibt, von achtzehn Linien mit achtzehntausend Schwingungen in der Stunde, bis hin zu dreitausend Meilen.

Derartige Berechnungen waren für sie ein Spiel, an dem sie höchstes Vergnügen fand. Sie lachte, gluckste vor Befriedigung, jubilierte und seufzte genüßlich, machte beharrlich weiter, hatte immer noch nicht genug, saß da bis tief in die Nacht, während ich, völlig ausgelaugt, nur noch einen Gedanken hatte – nichts wie heim und ins Bett.

Nachdem der Artikel erschienen war, entschloß Reine Lepaute sich endlich, ihren Salon zu eröffnen. Wie lange hatten wir nicht schon darauf hingearbeitet, ihr Mann und ich, er, weil diese Gelehrtenrunden seine Erfindungen unters Volk brächten, ich, weil ich darin eine Stufe sah, vom Sockel des Bekanntheitsgrades hinauf zum Postament des Ruhms. Bei Reine wurde niemand vorgelassen, der nicht Mathematiker, Geometer, Astronom oder Geograph war. Ich rügte sie für diesen Fanatismus und machte ihr klar, daß Naturwissenschaften, Künste und Literatur sich aneinander reiben müßten, wenn Funken sprühen sollten. Doch herrisch, wie es manchmal ihre Art war, antwortete sie nur:

«Wenn Ihr den Schürzenjäger und Schöngeist spielen wollt, Jérôme, dann habt Ihr dafür genügend Plätze in Paris. Die Adressen brauche ich Euch wohl nicht zu nennen. Bei mir wird nur über das, was uns interessiert, debattiert – und gearbeitet wird auch. Unsere Wissenschaften erfordern Ernst, Sachkenntnis, Erforschung und Gegenüberstellung von Hypothesen, nicht aber poetisches oder metaphysisches Geschwafel über die unendlichen Tiefen des Äthers oder die hellenische Schönheit einer Gleichung. Und was Euren Freund Commerson anbetrifft, da zweifle ich keine Sekunde an seinen Talenten, doch keines davon wäre nützlich für uns. Ich würde mich geehrt fühlen, seine Bekanntschaft zu machen, das könnt Ihr mir glauben, doch unter anderen Umständen, nicht hier bei unseren wöchentlichen Arbeitstreffen. Unser Fach bedarf mehr als jedes andere der Strenge, zumal hier in Frankreich, und Weissagungen von Schöngeistern haben da nichts zu suchen. Die Astronomie muß endlich ernst genommen werden, wie es in England seit Newton zu beobachten ist. Und auf einer geraden und gepflasterten Straße kommt man eben besser voran als auf Feldwegen, selbst wenn sie gesäumt sind von Heckenrosen.»

Wenn sie mir, was manchmal geschah, derartige Gardinenpredigten hielt, als wäre sie meine Mutter, geriet ich unweigerlich in Rage. Doch diese Lektion blieb mir lebenslang im Gedächtnis, an ihr orientierte ich mich, als ich 1771, also Jahre später, mit Helvétius und anderen Brüdern die Großloge *Le Grand Orient de France* gründete: Unsere Schwesterloge *Les Neuf Sœurs* würde «enzyklopädisch» sein, nur offen für diejenigen – Schriftsteller, Wissenschaftler, Künstler und Politiker –, die in ihrem Fach ein herausragendes Talent besaßen und dies öffentlich bewiesen hatten. Voltaires Aufnahme im Jahre 1778 kam einer Krönung gleich. Aber das ist eine andere Geschichte.

In jenen Jahren sprach man in Paris viel über Nicole Reine Lepautes Salon, gerade weil ihm der Nimbus des Geheimnisvollen anhaftete. Da kam nicht hin, wer wollte. Es war noch die Zeit, wo in den Gehirnen Sternkunde und Tierkreisphantasien, Mathematik und die Suche nach dem Goldenen Schnitt, Geographie und das Auffinden der drei Paradiesflüsse wahllos vermischt wurden. Was für eine Veränderung in den Köpfen innerhalb eines halben Jahrhunderts! Uns ist es zu danken, wie ich meine, daß Aberglaube und Obskurantismus nie mehr werden Fuß fassen können.

Jeden Sonntagnachmittag also öffnete Reine ihren Salon. Zu meinem großen Erstaunen erschien eines Tages Clairaut in Begleitung einer jungen Dame. Mademoiselle de Lespinasse war auffallend schön, von jener fragilen Schönheit, die vom Tod belauert scheint. Ich, eifersüchtig wie immer, belauerte aus dem Augenwinkel Reines Reaktion. Ob ihr das nicht mißfiel? Inzwischen hatte ich mich davon überzeugt, daß mein Lehrmeister für die, die wohl nie meine Mätresse werden würde, mehr gewesen war als ein abgewiesener Bewerber.

Die beiden Frauen faßten sich bei der Hand und säuselten «meine liebe Reine» und «meine süße Julie». In diesem Freundschaft demonstrierenden Gehabe sah ich natürlich nur weibliche Heuchelei, um tiefgründigen Haß zu kaschieren. Noch größer wurde mein Ärger, als Le Gentil sich in ihr Gespräch einmischte und dann gleich noch einer, ebenfalls Aristokrat, ein junger schwarzer Mousquetaire, inzwischen Marineoffizier und angesehener Geometer. Da war ich also wieder einmal ins Lager der Bürgerlichen verbannt, während in einer anderen Ecke des Salons sich ein Grüppchen mehr oder minder abtrünniger Abbés wie Chappe und Pingré zusammenscharte.

Diese Gruppierung nach Stand und Status war nicht demonstrativ oder gewollt, sie ergab sich von selbst, instinktiv, denn im Bewußtsein aller war fest verankert, daß wir derartige Vorurteile ablehnten, ja Brücken schlugen zwischen Kasten, in den Freimaurerlogen, den Salons und Akademien. Dennoch wiederholte sich dieses Phänomen gegenseitiger Anziehung bei jeder unserer Zusammenkünfte. Ich war wohl der einzige, der es so deutlich und schmerzlich spürte, denn meine heimliche Liebe zu Reine wurde immer stärker. Wie ich Le Gentil verfluchte, wenn er einer Schönen den Hof machte! Albernes Gehabe bei diesem doch eher knorrigen Mann! Da spickte er seine Reden doch glatt mit honigsüßen Witzchen, dämlichen Anspielungen und in der Schwebe belassenen Andeutungen! Sprechweise, Gestik und Mienenspiel schienen mir genauso esoterisch wie in jenen Geheimbünden, die damals wie Pilze aus dem Boden schossen. Das schlimmste aber war, daß Reine bereitwillig mitmachte bei diesem Spiel, dessen Regeln ich nicht kannte.

Versuchte ich ab und zu, die unsichtbaren Mauern, die ihr Gespräch umzingelten, zu durchbrechen, nahmen sie mich zwar auf in ihren Kreis, ließen mich aber dennoch eine gewisse Herablassung spüren. Dabei hätten sie sich über alle Maßen gewundert, wenn ich ihnen vorgeworfen hätte, sie drängten uns, die Nichtadeligen, hinaus vor die Mauern ihrer mit Händen nicht zu greifenden Zitadelle. Das hätte ich außerdem niemals gewagt, wäre doch dadurch meine Eifersucht, nicht nur in Liebesdingen, offenkundig geworden.

Diese Momente waren von kurzer Dauer, zehn Minuten, nie mehr, nie weniger. Reine war nicht umsonst die Frau eines Uhrmachers! Nach diesem belanglosen Geplänkel, wobei niemand auch nur ein Wort über sein Fachgebiet verlieren durfte, klatschte Reine graziös in die Hände, und sofort herrschte Schweigen. Sie wies jedem einen Platz zu: Den Sessel bekam der, über dessen Thematik debattiert werden sollte, und gegenüber – mein Lieblingsplatz – saß dann der Herausforderer.

An diesem Tag versagte Reine mir diesen Stuhl. Sie wies auf das Canapé für die Statisten, neben dem neuen Gast, neben Mademoiselle de Lespinasse. Meine gequälte Seele argwöhnte gleich, sie werfe mich der bezaubernden Demoiselle nur in die Arme, um sie Clairaut zu entreißen. Clairaut, dem sie den Sessel «Thema des Tages» angeboten hatte! Und auf dem Platz des *advocatus diaboli* saß d'Alembert! Jeder begriff, daß Reine, die um Waffenstillstand zwischen den beiden Mathematikern gerungen hatte, jetzt den Streit wieder aufflammen lassen wollte: Wir schrieben den Februar 1757, und in achtzehn Monaten, wenn Halleys Jahrhundertvoraussagen stimmten, würde der Komet an uns vorbeiziehen. Käme er nicht, wäre der ganze Newton und wir in seinem Gefolge in Frage gestellt. Es sei denn, Clairauts Berechnungen von Störungen würden beweisen, daß der so lang ersehnte schöne Flüchtling sich ein wenig Verspätung gestattet hätte, hier verdeckt von Saturn, dort angezogen von Jupiter. Gut zehn Jahre war es schon her, daß Clairaut diese geniale Intuition gekommen war, aber er hatte noch nichts unternommen, um seine Theorie in die Praxis umzusetzen, seine Vorhersage zu machen, ein genaues, von seinen Ergebnissen gestütztes Datum zu nennen und besagten Tag zum Tag seines Ruhms oder seiner Niederlage werden zu lassen!

Als Reine ihn fragte, ob er sich wieder an die Arbeit gemacht habe und nun endlich Tag und Stunde des Vorübergangs nennen könne, setzte er seine skeptische und blasierte Miene auf, die er für betörend hielt und die doch jämmerlich war – zumindest aus männlicher Perspektive. Und dann sagte er:

«Warten wir doch ab, bis er an Halleys Datum nicht erscheint. Danach ist noch Zeit genug.»

Mittlerweile glaube ich, daß Clairaut von Grund auf bescheiden war und deshalb den großen Schattengestalten der Vergangenheit – Newton oder Halley – nicht die Stirn bieten wollte. Wie ein Sohn, der zögert, seinem Vater eine Last abzunehmen, weil dies ein Hinweis wäre auf dessen Alter. Doch damals war ich eher geneigt, mich d'Alemberts Meinung anzuschließen, der mit der für ihn typischen Fistelstimme erklärte:

«Sie fürchten vor allem den Spott, lieber Freund. In doppelter Hinsicht, denn der Komet wird vorüberziehen, und über Sie wird man spotten. Und abermals spotten in zwei oder zehn oder was ich wieviel Jahren, an dem Tag, den Sie bestimmt und hinausposaunt haben werden.»

Clairaut biß sich auf die Lippen. Man hatte ihn der Feigheit bezichtigt. Ich bekam Mitleid und beschloß, ihn zu verteidigen. Zumal diejenige, die er uns als seine Mätresse vorgeführt hatte, diese Mademoiselle de Lespinasse, ihren zarten Fuß zu meinem Schuh hingleiten ließ. Ich brauchte nicht lange, um zu erkennen, daß das nicht unbeabsichtigt geschah.

Wir alle wußten, daß d'Alembert aufgrund seines unseligen Artikels *Genève* bereits seinen Rückzug aus der *Encyclopédie* vorbereitete, die sich damals auf sieben Bände belief. Ein komischer Kauz, dieser d'Alembert! Ein Freidenker, dessen Gier nach Anerkennung ihn eitel erscheinen ließ. Ohne ihn, so ließ er durchblicken, würde alles zusammenbrechen – was nicht gerade schmeichelhaft war für Diderot. Mit vierzig war er der renommierteste Gelehrte Europas. Auch einer der wichtigsten Mathematiker des vorigen Jahrzehnts war er gewesen, nicht aber des letzten, wie er zu verstehen gab. Es war nicht pure Eitelkeit, wenn er sagte, diese Wissenschaft habe keine Zukunft mehr und in ihr sei nichts mehr zu entdecken. Vielleicht aber war das nur Verweigerung, um nicht zuzugeben, daß er sein Pulver verschossen hatte. Seit er das Problem mit dem Vorrücken des Frühlingspunkts gelöst hatte, war ihm nichts Bemerkenswertes mehr gelungen. Aus Verzweiflung über diese verfrühte Impotenz, die jedoch unser aller Los ist in diesem Fach, beharrte er stur auf dem Dogma eines mechanischen Universums, das der von Voltaire propagierte Große Uhrmacher zu festgesetzten Zeiten mit Öl aus einem göttlichen Kännchen am Laufen hält. Daher war es ihm unerträglich zu akzeptieren, daß die geradlinige Bahn des von Halley ersonnenen und von Newton bewiesenen Kometen in irgendeiner Weise gestört werden könnte durch die Anziehungskraft zweier vulgärer Planeten. Ich übertreibe ..., zumindest aber beschreibe ich d'Alembert auf dem Gipfel seines Ruhms, am Rand seines Abstiegs.

Und ich zeigte zum ersten Mal dem alten Rudelführer die Zähne, aufmerksam beäugt von gewissen Damen. Ein altes, schmächtiges Alphatier mit einem weibisch hübschen Gesicht und funkelnd vor wacher Intelligenz, dem ich aber um Haupteslänge und Schulterbreite überlegen war. Doch es war ein Ideenwettkampf. Meine Stärke lag in meinem tollkühnen Enthusiasmus und prallte auf seine Erfahrung und sein Renommee, das ihn zur Statue werden ließ. Er entzog sich oder, besser gesagt, ignorierte mich, um nach einem flüchtigen Blick auf mich erneut Clairaut anzugreifen, der nur mit harmlosem Esprit reagierte, mit geistreichen Worten, auf die ich mich stützte, um eine neue Attacke zu führen.

Einen Freund in Not zu verteidigen, welch edles Tun! Vor allem, wenn die Mätresse besagten Freundes mit der großen Zehe dazu anspornt. Unterstützung kam auch von Le Gentil in gewohnter Schärfe und von Chappe in fast schon unflätiger Manier. Die Debatte wurde zum Prozeß. Im Grundsätzlichen hatten wir, die Ankläger, ja recht, wenn wir d'Alembert beschuldigten, er neige dazu, Mathematik und Astronomie ins Museum zu verbannen und sie auszuschließen aus der Reihe der für den Fortschritt der Menschheit nützlichen Wissenschaften. Nur die Form scheint aus heutiger Sicht verfehlt, erinnert sie doch unweigerlich an jene Wilden, die angeblich ihren alten Häuptling auf die Bäume jagen und dann so lange am Stamm rütteln, bis der, der zu lange regierte, herunterfällt. Der aus dem Kanadakrieg zurückgekehrte schwarze Mousquetaire erledigte d'Alembert mit einem gezielten Hieb, der nicht unbedingt hätte treffen müssen: «Nur die Astronomen sind die wahren Geographen.»

Wahrlich, ein kühner Satz! Und es war auch nicht die Behauptung als solche, die d'Alembert zu Boden streckte, sondern vielmehr die Tatsache, daß dieser junge gelehrte Krieger sein Schüler, sein Schützling gewesen war. Der Begründer der *Encyclopédie* schoß aus seinem Sessel hoch, verlor jegliche Selbstkontrolle, beschuldigte uns, ihn in einen Hinterhalt gelockt zu haben, mit den Jesuiten unter einer Decke zu stecken – und dann ging er.

Reine unternahm nichts, um ihn zurückzuhalten, ganz im Gegenteil. Sie hatte ihr Ziel erreicht und triumphierte, ich aber wußte nicht, warum. Hatte sie einen Streit ausgefochten mit dem geistsprühenden Enzyklopädisten? Doch das kümmerte mich wenig: In mir glühte noch die Hitze der Schlacht, an meinen Lefzen hing noch Blut.

Unsere Gastgeberin ließ das Essen auftragen und verbot uns mit jener Autorität, die keinen Widerspruch duldet, jemals wieder auf diesen Zwischenfall zurückzukommen. Wir durften uns setzen, ganz zwanglos, ohne Tischordnung. Nicht ohne Mühe gelang es mir, zur Rechten von Mademoiselle de Lespinasse den kleinen Véron zu vertreiben, während zur Linken der Mousquetaire die Stellung hielt.

Da Reine am anderen Ende des Tisches Clairaut und Le Gentil angewiesen hatte, sie einzurahmen, setzte ich massiv zur Eroberung meiner Nachbarin an, nachdem ich den Soldaten auf der anderen Flanke, der sich nicht sehr kampfeslustig zeigte, aus dem Feld geschlagen hatte. Doch bei all meinem Schmachten ließ ich Reine und Le Gentil nicht aus den Augen. Sie schien jetzt Clairaut die Leviten zu lesen.

Als wir uns verabschiedeten, verkündete Reine ohne weitere Erklärung, sie werde ihren Salon nicht fortführen und Mademoiselle de Lespinasse möge doch ihre Nachfolge antreten. Als ich in jener Nacht allein in meiner Bude lag, nur einen Katzensprung von den Lepautes entfernt, brauchte ich eine Flasche Madeirawein, um Schlaf zu finden.

Gleich am nächsten Tag, am späten Vormittag, stattete ich Mademoiselle de Lespinasse einen Besuch ab. Aber sie war nicht allein, Clairaut war schon bei ihr und empfing mich, als sei er der Hausherr, mit demonstrativer Freundlichkeit und ironischem Lächeln. Wir kamen auf d'Alemberts Schlappe zu sprechen. Ich jubilierte und versetzte dem besiegten Feind gleich noch ein paar Fußtritte. Doch Clairaut gebot mir Einhalt:

«Der nach außen hin oberflächlich und mondän wirkende d'Alembert lebt in elenden Verhältnissen. Wissen Sie eigentlich, daß er noch immer in der beengten Wohnung seiner Amme, der Frau eines Glasers namens Rousseau, haust und nicht selten ganze Nächte mit ihr im selben Bett verbringen muß, um die beklagenswerte, kindisch gewordene alte Frau von ihren Ängsten zu befreien? Vermutlich wissen Sie auch nicht, daß diese Frau niederer Herkunft in ihrer Senilität keinerlei Ahnung hat vom Renommee ihres Ziehsohnes, den ein aristokratisches Paar ausgesetzt hatte. Ihretwegen, um ihr zu danken, vielleicht auch um sie zu adeln, hat er jahrelang so verbissen und zielstrebig um Ruhm und Anerkennung gerungen.»

«Das wußte ich nicht», erwiderte ich ungerührt, «hätte ich deswegen schweigend mit ansehen sollen, wie man Sie so böswillig ans Kreuz nageln wollte?»

«Sie sind noch jung, Jérôme. Eines Tages wird Ihnen klarwerden, daß Mitgefühl nicht so leicht und so schnell zu erlernen ist wie Geometrie.»

Verärgert zuckte ich mit den Schultern und hakte fast instinktiv noch einmal nach: «Und ... weiß Madame Lepaute genausogut Bescheid wie Sie über Monsieur d'Alemberts Privatleben?»

«Ja», antwortete an seiner Statt Mademoiselle de Lespinasse, die doch genauso jung war wie ich und folglich das Mitgefühl auch noch nicht kennen konnte.

Den Rest des Tages und auch den nächsten Tag hockte ich verbarrikadiert in meiner Sternwarte und brachte rein gar nichts zustande. Wie jeden Dienstag erschien das Hausmädchen der Lepautes, um bei mir sauberzumachen. Sie wurde Opfer meiner schlechten Laune und lief schluchzend davon. Auch meine Gedanken ließen sich nicht ordnen: Die Anziehungskraft der Planeten konnte ich berechnen, aber die zwischen Menschen ...? Was trieb mich denn jetzt zu Julie de Lespinasse, der offiziellen Geliebten von Clairaut, und entfernte mich von Reine, um die derselbe Clairaut doch zumindest einstmals geworben hatte? Wieso tauchte in meinem Gedankenwirrwarr immer mal wieder Le Gentil auf? Am Abend verschlang ich den Hecht in Krebssauce und den getrüffelten Kapaun aus der Bresse, bestellt beim Feinkosthändler in der Rue Saint-Sulpice, und schlürfte, um dieses triste, einsame Mahl zu begießen, mein rituelles Glas Wein von den Hängen um Lyon. Sehnsucht nach meiner Heimat überfiel mich! Abgemacht: Gleich morgen würde ich nach Bourg fahren, unter dem Vorwand, nochmals den 1644 von Vauzelard erfundenen Azimutalquadranten zu überprüfen, den ich zwei Jahre zuvor in den Memoranden der Akademie bereits beschrieben hatte. Danach würde ich einfach dort bleiben, bei meinem alten Vater. Ich würde mit meinem lieben Commerson eine *Gesellschaft zum Wiederaufschwung des Ackerbaus* gründen, mit ihm durch seinen Garten schlendern, ihm von den Sternen erzählen, seinen Blumenmärchen lauschen, und dann würden wir die beiden Töchter des Notars heiraten, mit denen wir schon als Kinder die befremdlichen Spiele unserer Kinderparadiese gespielt hatten.

Am nächsten Morgen, als ich noch in meiner Behausung herumschlurfte, tauchte wie eine Furie Reine bei mir auf: Widerwärtig hätte ich ihr Dienstmädchen behandelt, schleunigst sollte ich mich bei dem armen Ding entschuldigen, das in seiner Dachkammer vor Kummer schier umkam. «Aber lassen Sie es sich bloß nicht einfallen, sie zum Trost zu schwängern!» präzisierte sie mit einer für eine Dame ungewöhnlichen Vulgarität. Dann warf sie mir noch mein Verhalten gegenüber Mademoiselle de Lespinasse vor, insbesondere meinen unangekündigten Morgenbesuch, wobei ich Clairaut noch fast im Bett erwischt hätte.

«Wissen Sie eigentlich, daß ich den alten Streit zwischen ihm und d'Alembert absichtlich neu angefacht habe, und zwar nur, damit Clairaut sich endlich wieder ermannt und aus seiner Benommenheit aufwacht, damit wir uns endlich an die Arbeit machen können und die Kometentabellen erstellen?»

«Wir?»

«Ja, wir, denn für eine solche Masse von Rechenaufgaben können wir gar nicht zahlreich genug sein. Diese Salon-Mode habe ich nur mitgemacht, um unter der Stabführung des Erfinders der Störungstheorie eine Arbeitsgemeinschaft zusammenzustellen, denn ohne Clairaut wären wir hilflos. Und diese Kokotte von Lespinasse habe ich in unserem Gelehrtenzirkel, wo sie nichts zu suchen hat, auch nur zugelassen, weil ich den Burschen kenne, besser, als Sie glauben. Gerät er in die Fänge einer Frau, weiß er nicht mehr, was er will. Sie sahen ja selbst, Mademoiselle de Lespinasse ist jung, schön und geistreich. Sollten Sie vorhaben, ihm seine Eroberung zu rauben, ist Clairaut für uns verloren. Übrigens finde ich es nicht gerade ehrbar, im Revier eines Mannes zu jagen, der Sie wie ein Vater liebt. Aber das ist Ihre Sache, ich bin nicht dazu da, mit Ihnen Gewissenserforschung zu betreiben. Hingegen ist es für mich äußerst wichtig, daß Clairaut nicht schon bevor wir die große Aufgabe, die vor uns liegt, unter seiner Anleitung bewältigt haben, ein gebrochener Mann ist. Sollten Sie sich – danach, wohlgemerkt! – dann noch immer am Feuer der schönen Julie die Flügel versengen wollen, können Sie es ja tun. Dann nämlich geht es nur Sie allein etwas an. Doch bis dahin brauche ich Sie, denn Sie sind der einzige, der Clairaut anstacheln könnte, bei uns die Leitung zu übernehmen. Ich kann das nicht. Zu vieles hindert mich daran.»

Von Reue zerknirscht, aber auch angesichts so vieler geheimnisvoller Andeutungen von Eifersucht beflügelt, rief ich aus:

«Sie haben recht, gleich morgen werde ich Clairaut schreiben und ihm nahelegen, sich sofort mit uns ans Werk zu machen. Und mich bei ihm für mein Verhalten seiner Mätresse gegenüber entschuldigen.»

«Nichts dergleichen werden Sie tun! Wir werden erst beginnen, wenn der von Halley errechnete Termin verstrichen ist und seine Berechnung sich für alle sichtbar als falsch erweist. Da der Komet nicht zum angekündigten Datum Mitte 1758 auftauchen wird, bedeutet das zwar, daß Halley und Newton sich geirrt haben – aber um wieviel?

Wenn wir das herauskriegen, wird Clairaut seinen zweiten Sieg davontragen. Und den dritten, wenn der Komet dann tatsächlich vorbeiziehen wird – auf den Tag und die Stunde genau.

Die Wiederkehr des Kometen

Ich schrieb einen langen Brief an Clairaut, um ihn zu bewegen, sich erneut ans Werk zu machen, und besuchte, ohne Reines Wissen, Julie de Lespinasse, damit sie ihrerseits den Geliebten überrede, die Leitung unserer Arbeitsgruppe zu übernehmen. Vermutlich hatte eher sie als ich mit meinem Drängen Clairauts Einverständnis erwirkt. Doch bei ihm zu Hause, wie ich aus Höflichkeit vorgeschlagen hatte, sollten wir uns nicht versammeln. Man entschied sich für mein Observatorium, wodurch gewissermaßen mir der Vorsitz zufiel.

Das Ganze dauerte sechs Monate – sechs Monate mühseliger, eintöniger, nervenaufreibender Rechnerei. Halleys Sterntafeln mußten auf den neuesten Stand gebracht werden, für hundertundfünfzig Jahre waren die Störungskräfte zu berechnen, die Jupiter und Saturn auf den Kometen ausübten, und damit mußten die Bahnkorrektur und schließlich die Position des Kometen in Abhängigkeit von der Zeit bestimmt werden. Reine zwang uns zu streng methodischem Arbeiten, nicht unsere Stunden zählten, sondern die täglich zu bewältigende Menge. Und kam es aus dem einen oder anderen Grund zu Verzögerungen, mußten wir eben beim Abendessen oder bis spät in die Nacht hinein weiterrechnen. Ich sage bewußt «wir», denn Chappe und Le Gentil waren mit von der Partie.

Anfangs kam Julie de Lespinasse als Begleiterin von Clairaut, obwohl sie alles andere als nützlich für uns war. Sie übertünchte ihre totale Unkenntnis mit kokettem Gezwitscher, plapperte über Pariser Klatsch und Tratsch, spielte die Vergeßliche, rügte sich lachend, wann immer ihr ein Fehler unterlief – und das war weiß Gott nicht selten! Ich glaube, sie hielt das Ganze für ein possierliches Gesellschaftsspiel, in das sie auch Reine einbeziehen wollte, zwar nicht auf mathematischem Terrain, auf dem sie nicht mithalten konnte, aber in puncto Spaß und Scherz. Reine aber scherzte nie, verletzte Julie aber auch nie mit einer jener Spitzen, auf die sie sich doch meisterlich verstand. Ständig befürchtete ich einen Eklat, aber Reine bezähmte sich. Vermutlich aus Angst, Clairaut zu verlieren, der seiner bildhübschen Mätresse völlig hörig war. Doch letzten Endes, nach einem äußerst anstrengenden Monat, kam Julie nicht mehr mit. Sie hatte wohl gespürt und begriffen, daß ihre uns alle belastende Anwesenheit sich für sie nicht positiv auswirkte.

Wohlweislich ließen wir gegenüber Clairaut unsere Erleichterung nicht durchblicken. Seit er allein kam, hatte er sein törichtes Gehabe als liebestoller alter Knabe, das so gar nicht zu ihm paßte, abgelegt. Er fand vielmehr zu seinem alten Elan und zu der Autorität zurück, die er in seiner großen Zeit besessen und deren letztes Feuer ich in meinen ersten Pariser Jahren ja noch selbst miterlebt hatte. Reine hatte zu dieser Metamorphose reichlich beigetragen, denn ihr Arbeitseifer stimulierte unsere männlichen Energien.

Clairaut kam nur zweimal pro Woche, um ein Problem zu lösen, über das wir gestolpert waren, und die Früchte unserer Arbeit einzusammeln, um sie in der Stille seines Arbeitszimmers nachzuprüfen, denn nur das Auge des Erfinders dieser Rechenmethode vermochte Fehler zu entdecken, die sich in Momenten der Ermüdung womöglich eingeschlichen hatten. Er fand auch den kleinsten Patzer.

Während seiner Abwesenheit setzte ich meine tägliche Korrespondenz mit ihm fort, und unweigerlich fand sich in jedem Antwortbrief ein bewundernder Satz für «die gelehrte Rechenkünstlerin», die ihn immer wieder in Staunen versetze. Manchmal glaubte ich hinter diesen Lobeshymnen einen Hauch von Ironie oder Bitterkeit zu entdecken. Ich war mir damals ziemlich sicher, daß in früheren Jahren zwischen ihr und ihm, wie man so sagt, «etwas gewesen» war, aber da ich nicht indiskret erscheinen und auch selbst in Deckung bleiben wollte, forschte ich nicht weiter nach. Außerdem hatten wir alle bei diesem frenetischen Eifer und diesem Zeitdruck nur noch höchst selten Gedanken sexueller Art: Platon hatte den Vorsitz beim Gastmahl des Dreikörperproblems inne!

Ab und zu durften wir uns dennoch entspannen. Wenn Reine es für richtig befand und unser Tagespensum erledigt war, durften wir unser gemeinsames Thema nicht einmal mehr anschneiden oder mußten, wie zu Zeiten der Salons, den Fauxpas wiedergutmachen. Am häufigsten passierte ein solcher Fehltritt mal wieder Chappe. Dann zogen wir als fröhliches Trio von meiner Sternwarte hinüber zu den Lepautes, entlang der Gärten, im schönen Sommerabendlicht, kreisten um Reine und spielten drei liebestolle Galane. Auch am reichlich gedeckten Tisch ging das Spiel weiter. Wir improvisierten Balladen und Madrigale, eigens komponiert zum Ruhme unserer Herrin. Der begabteste für derlei Possen war Le Gentil, doch seine Scherze waren manchmal so schlüpfrig, daß sie mein mir aus Jesuitenzeiten noch verbliebenes Schamgefühl verletzten, während Reine sich königlich darüber zu amüsieren schien. Chappe hingegen legte in seine Verse ätherische und wohl auch ehrliche Leidenschaft, er vagabundierte durch ein Paradies der Liebe, aus dem jegliche Sinnlichkeit verbannt war. Dabei wurde es Reine unbehaglich, denn er war der einzige, der nicht heuchelte. Wir hingegen taten so, als heuchelten wir. Ich vor allem mit meinen Kalauern, die sämtlich auf ihre Gelehrsamkeit und ihren Sachverstand abzielten. So machte ich aus unserer Muse «den Sinus der Anmut und die Tangente unserer Herzen». Le Gentil versuchte ihre Sinne als Evastochter zu reizen, Chappe erschreckte sie mit seinen allzu durchsichtigen Gefühlsäußerungen, und ich – ich brachte sie zum Lachen. Welcher der drei Verehrer war der geschickteste?

Wir mußten uns alle drei dem Abbé Pingré geschlagen geben, er war der geistreichste Astronom der Welt, ein wahrer Dichter und der einzige, der diese gereimten Albernheiten nicht höher einschätzte, als was sie waren: simpler Zeitvertreib. Wir drei hingegen ... Natürlich wußten auch wir, daß wir über die Stränge schlugen gegenüber derjenigen, die uns den ganzen Tag lang mit eiserner Hand geführt hatte. Sie war unser Opfer, ein entzücktes und geschmeicheltes Opfer.

Clairaut – wenn er denn mal dabei war – machte keine Verse, er spielte drollig – sehr drollig – den alten, abgeklärten Professor, der mit der Liebe nichts mehr im Sinn hat. Er übernahm die Richterrolle und entschied nach rein literarischen Kriterien. Auch andere beteiligten sich an unseren galanten Spielchen. Einige veröffentlichten gar aus lauter Eitelkeit derlei Sottisen in *Le Mercure*!

Gegen Ende Juli, als wir mit unserer Arbeit schon recht weit vorangekommen waren, veranlaßte die große Hitze uns zur Flucht aus Paris. Le Gentil flüchtete zu seiner Mutter ins Cotentin, Clairaut auf den Landsitz von Julie de Lespinasse, wo er angeblich d'Alembert über den Weg lief, und dem guten Chappe riet ich, nochmals nach Lothringen zu fahren, um eine Reihe von Beobachtungen durchzuführen: Wären sie erst einmal veröffentlicht, käme er bestimmt auch endlich als beigeordneter Astronom an die Akademie! Das hätte schon fünf Jahre früher geschehen können, gleichzeitig mit uns, im Anschluß an seinen bemerkenswerten Bericht über den Vorübergang des Merkur, aber

Jean-Baptiste hatte ein zu starkes Rückgrat in seinem fülligen Körper, um sich irgendwelchen wie auch immer gearteten Konventionen zu beugen.

Zu Beginn des Monats August war ich also plötzlich allein mit Reine in meiner Sternwarte. Commersons Einladung, mich in seinem nur eine Stunde Fußmarsch von meinem Elternhaus entfernten Botanischen Garten in Châtillon-les-Dombes zu erholen, hatte ich abgelehnt. Einer mußte sich ja schließlich um den Kometen kümmern, nachdem alle desertiert waren! So wurde ich zum Märtyrer. Einem Märtyrer, der schon von trauten Spaziergängen in der abendlichen Kühle der Luxembourg-Gärten träumte, von *Dîners en tête-à-tête* und ...

«Morgen ziehen wir um nach Saint-Cloud», erklärte Reine. «Dort auf den Höhen haben wir bessere Luft. Mein Mann und mein Schwager können uns vielleicht behilflich sein.»

Das wurden die gräßlichsten Monate meines Lebens. Im Familienkreis Lepaute! Wie besorgt sie alle um mich waren! Es fehlte mir an nichts, die Wäsche wurde gebügelt, die Kleidung gebürstet, das Essen war gut, die Gespräche artig, der Anstand bürgerlich. Man hätschelte mich wie einen zwar ruhmbekränzten, aber auch leichtfertigen Anverwandten. Ein solches Leben hätte ein oder zwei Wochen lang durchaus reizvoll sein können, hätte Reine mir nicht soldatische Disziplin auferlegt. Wir begannen zu arbeiten, sobald Aurora erschien, und abends mußte ich mit den Hühnern zu Bett, während die anderen sich ins eheliche Schlafgemach zurückzogen. Ich hoffte, dieser Kreuzweg wäre im Herbst zu Ende, daher wagte ich in der letzten Septemberwoche einen Vorstoß: Ich hätte ihre Gastfreundschaft nun lange genug in Anspruch genommen, und jetzt sei es an der Zeit, nach Paris zurückzukehren. Wenn wir in diesem Rhythmus weitermachten, würden wir unsere Gesundheit ruinieren, und wir wären ja auch schon weit genug, um bereits jetzt zu wissen, daß der Komet uns noch Zeit lassen würde ... womöglich noch ein Jahr ... Nach diesem schüchternen Plädoyer nahmen mich die Brüder Lepaute mitsamt Ehefrauen ins Kreuzfeuer treffsicherer Argumente. Das Hauptargument war, wir würden den Schwung verlieren, aus dem Takt geraten, jetzt sei doch alles nur noch Routine, bestens eingestellte Mechanik, und guten Gewissens könnten wir uns doch erst mit anderen Dingen befassen, wenn wir das genaue Datum des Kometenvorübergangs bestimmt hätten! So leicht ließ ich mich nicht erschüttern. Ich kannte meine Schnelligkeit und Reines Hartnäckigkeit. Ich wußte, daß wir es schaffen würden, selbst bei verlangsamtem Tempo.

«Wir schon, aber Clairaut?» entgegnete sie. «Sein schwacher Charakter hat sich dem aufgezwungenen Rhythmus unterworfen: Montags bekommt er die Tabellen, während der Woche überprüft er sie, und am nächsten Montag schickt er sie zurück. Wird dieser gewohnte Rhythmus auch nur irgendwie gestört, dürfte unser Freund – und das befürchte ich ernsthaft – wieder in seine alte Trägheit zurückfallen, nach Kräften unterstützt von der lieben Julie, die – ich weiß nicht, warum – allmählich hemmungslosen Haß gegen mich entwickelt.»

«Es kommt doch häufig vor», erklärte Lepaute der Ältere, «daß unbedarfte Frauen die gescheiteren herabwürdigen.»

Am empfindlichsten traf mich, als Reine mir mitteilte – wie sie das wohl erfahren hatte hier oben in der Einöde von Saint-Cloud? –, dieser Esel von Le Monnier interpretiere meine Abwesenheit von Paris als Eingeständnis meiner Niederlage. Von d'Alembert angestachelt, der andere Motive hatte, posaunte er überall herum, die von uns angewendete Rechenmethode sei falsch, und ich sei in die

Irre gelaufen: Nie mehr würde ich es wagen, so beteuerte er, mich in der Akademie zu zeigen. Er war so nachtragend und verblendet, daß er mich kurzerhand zum alten Eisen warf, mitsamt Bernoulli, Euler, Maupertuis, Fontaine, Lagrange und natürlich Clairaut. Warum nicht gleich auch Euklid? D'Alembert schwieg, er war zu intelligent und hatte im Grunde längst begriffen, daß er sich da in einen üblen Streit verstrickt hatte. Nach seinem absurden Artikel über Genf hatte er der *Encyclopédie* schleunigst den Rücken gekehrt, um im Dunstkreis der *Académie française* den Saum einer Soutane zu lecken. Seit seinem jämmerlichen Abgang aus Reines Salon spornte er nun Le Monnier zu törichtem Gefuchtel an, hielt sich aber selbst bedeckt. Le Monnier? Den hatte ich schon zu Fall gebracht. D'Alembert vom Thron zu kippen? Sein Sturz würde weit mehr Lärm verursachen.

Reine hatte also wieder einmal recht, wir mußten so schnell wie möglich fertig werden und dann geduldig abwarten. Unsere vom Haß verblendeten Freunde würden sich inzwischen nur noch tiefer in Irrtümer verrennen. Also gut, ich werde in Saint-Cloud bleiben, seufzte ich wie ein Gefangener, der nach hochnotpeinlicher Befragung alle Verfehlungen zugibt.

Innerlich tröstete ich mich hinweg über diese vergoldete Galeere, indem ich mir sagte, meine gefährlichsten Nebenbuhler würden zumindest diese lange Zeit über auf Abstand gehalten vom Objekt unserer gemeinsamen Sehnsüchte. Le Gentil und Chappe erschienen nämlich nie in Saint-Cloud. Ersterer glaubte vielleicht an meinen Triumph und gab von sich aus klein bei. Chappe wiederum war auf diesem Terrain ohnehin kein Kämpfer, und seine Liebe zu Reine glich eher der Huldigung, die man einer Göttin oder einer Idee entgegenbringt, nicht aber einer Frau.

Ich muß allerdings zugeben, daß wir auf beider Unterstützung stets zählen konnten, selbst wenn sie nicht mehr aktiv mitmachten. Sie kämpften an der Front in Paris, während Reine und ich in der Etappe die Waffe polierten, die unsere Gegner niederstrecken würde. Wir benötigten auch keinerlei Hilfe mehr und schickten aus reiner Höflichkeit unsere Ergebnisse nach wie vor an Clairaut. Seine Kommentare waren ohnehin nur noch Lobeshymnen.

Erst Anfang November 1757, als die Akademie wieder zusammentrat, fuhr ich nach Paris, blieb aber nur so lange, bis man mich gesehen hatte neben Clairaut und Le Gentil. Dann fuhr ich gleich zurück nach Saint-Cloud. Am Ende der ersten Dezemberwoche waren wir unserer Sache absolut sicher: Halley hatte sich bei seiner Vorhersage um zweihundert Tage geirrt, und am Himmel über Europa würde der Komet folglich erst in den ersten Tagen des Jahres 1759 sichtbar werden. Also noch ein Jahr Geduld bis zum absoluten Triumph!

Dieses Jahr verging im Flug, aber die Sträflingsarbeit hatte meiner Gesundheit erheblich geschadet. Wenn ich darüber klagte, spöttelte Reine und schalt mich einen Hypochonder. Wie dem auch sei, meine frühere Kraft habe ich seitdem endgültig eingebüßt.

Gegen Ende des Jahres lud Reine alle, die am Gelingen des Werks mehr oder minder intensiv mitgewirkt oder Unterstützung geliefert hatten, zu einem Festmahl ein. Wir waren zwölf bei Tisch. Clairaut überließ mir die ehrenvolle Aufgabe, die Gäste zu informieren. Chappe sprang auf vor Freude und rief: «Ihr müßt euer Ergebnis so schnell wie möglich mitteilen!»

«Gleich am 13. April nächsten Jahres», ergänzte Le Gentil, zu Clairaut gewandt. «Ich höre schon jetzt, wie das klingen wird: ‹In einem Jahr, auf den Tag genau …›»

Ich wartete einen Augenblick, bis die Begeisterung abgeflaut war, und erklärte dann:

«Nein, meine Herren! Aus strategischen Gründen und auch aus Vorsicht wird unser aller Meister Clairaut das Ergebnis seiner Arbeiten erst im November 1758, wenn die Akademie wieder zusammentritt, verkünden. Zum einen, weil dieser feierliche Anlaß dazu beitragen wird, unserer Entdeckung noch mehr Gewicht zu verleihen. Der Komet wird zwar am 13. April 1759, mit einer maximalen Abweichung von einem Monat, sein Perihel erreichen, aber schon von den ersten Januartagen an über Paris zu sehen sein. Bei verfrühter Ankündigung würde das Interesse der Öffentlichkeit wieder erlahmen, und wenn der Komet dann da ist, wird schon keiner mehr wissen, wer diese Vorhersage gemacht hatte ... Und daß unsere Gegenspieler die Verwirrung noch anheizen werden, ist ja auch sonnenklar. Wenn Clairaut es aber erst im November mitteilt, wird sich noch jeder daran erinnern.»

«Und vor allem werden Le Monnier und d'Alembert in all den Monaten des Stillschweigens weiter im Sumpf waten und dann endgültig in Lächerlichkeit versinken», sagte Véron gedankenlos.

«So hätte ich mich nicht ausgedrückt», erwiderte ich ein wenig verärgert, denn damit hatte mein Kollege einen meiner geheimen Beweggründe preisgegeben.

Ganz bewußt sagte ich also nochmals: «Ich bitte euch ausdrücklich, während dieser elf Monate größte Diskretion zu wahren, allein schon aus Anstand gegenüber Monsieur Clairaut.»

«Ihr alle solltet dieses Wissen wie ein Geheimnis hüten», rief jetzt Reine mit vielsagendem Seitenblick auf Julie de Lespinasse.

Sie war noch doppelzüngiger als ich, denn indem sie die junge Frau aufs Korn nahm, stellte sie sicher, daß der Hof und Tout Paris bald schon Bescheid wußten. Es dauerte auch nicht mehr lange, bis Julie de Lespinasse ihren eigenen Salon eröffnete. Einer der eifrigsten Besucher war Jean Le Rond d'Alembert, aber auch Clairaut.

Meine Gesundheit war derartig zerrüttet, daß Commerson sich Sorgen machte und mich im Januar fast gewaltsam in unsere gemeinsame Heimat entführte. Doch jener Januar war so kalt, daß der ehemalige Medizinstudent mich nach einem Kurzbesuch in seinen Treibhäusern und bei meinem Vater gleich weiterbeförderte in sonnigere Gefilde, damit der Winter mir nicht den Garaus machte. Von Lyon aus fuhren wir mit einem Marktschiff die Rhône hinab. Wenn es anhielt, verordnete er mir die deftige Kost der jeweiligen Gegend, und ich mästete mich ohne Murren. Mit Commerson zu reisen war ein Vergnügen. Was er auch tat, er tat es mit Ungestüm: spielen, essen, lieben ... Wir waren Komplizen seit Kindertagen, daran war nicht zu rütteln. Wir verbrachten zwei Wochen in Montpellier, wo Commerson studiert hatte und wo einer seiner alten Professoren in meiner Blase Steine entdeckte, die weit schwerer aufzulösen waren als das Dreikörperproblem. Anschließend waren wir Gäste der bescheidenen, aber verdienstvollen Akademie der Wissenschaften von Béziers, wo man mir ein nicht uninteressantes Chronometer zur Begutachtung vorlegte, das ich später im *Journal des savants* beschrieb. Doch wichtiger war etwas anderes: Nach Befragung der alten Gelehrten und der von Feuereifer beseelten jungen Leute dieser Akademie kam ich zu dem Schluß, daß ihre Sternwarte in dieser von Sonneneinstrahlung begünstigten Gegend der ideale Standort zur Beobachtung des Kometen sein müßte. In der wolkenlosen Nacht des 21. Januar 1758 stand ich allein dort oben, und bestimmt würde ich, auf den Tag genau, im nächsten Jahr wiederkommen, um auf den zu warten, der angeblich einst über Bethlehem hinzog.

Clairauts Mitteilung Anfang November 1758 löste in der Versammlung Tumult aus: «Der von Jupiter und Saturn um etwa zweihundert Tage aufgehaltene Komet wird Mitte Januar 1759 über Paris auftauchen und am 13. April sein Perihel erreichen, mit einer maximalen Abweichung von drei Wochen. Diese Unsicherheit beruht auf unserer noch mangelhaften Kenntnis von den Massen dieser Störungsplaneten.» Viele unterbrachen ihn mit Bravo- und Jubelrufen. Andere, die nichts begriffen hatten, protestierten lautstark. Clairaut beglückwünschte ausdrücklich und herzlich Reine Lepaute und mich.

Die Würfel waren gefallen. Aber von diesem Moment an und bis zum Schluß quälten mich nun Zweifel. Und wenn Clairaut sich geirrt hätte? Und unsere Monatsberechnung nicht stimmte? ... Niemandem wagte ich davon zu erzählen, nicht einmal Pingré, Le Gentil oder Chappe, bei denen ich doch ähnliche Zweifel spürte. Nur Reine Lepaute stand wie ein Fels in der Brandung, sie war sich ihrer Sache sicher. Clairaut war gleich nach seiner fulminanten Mitteilung nach Berlin abgereist: Im Himmel über Preußen würde man den Kometen zuerst sehen können.

War diese übereilte Abreise nicht vielleicht gar Flucht?

Der Komet war zum einzigen Gesprächsthema geworden. An jeder Straßenecke kündeten die unvermeidlichen Spinner das Ende der Zeiten, das Reich des Antichristen und so manch andere eschatologische Eselei an. Und wie zur Untermauerung ihrer Hirngespinste war erneut Krieg ausgebrochen in Europa. Er sollte sieben Jahre dauern.

Ich habe wirklich eine kuriose Zeitspanne erlebt. Wir, die verschwindende Minderheit, glaubten, unsere Epoche sei nun endgültig auf Fortschritt und Vernunft hin orientiert, auf das eiserne Zeitalter, wie Voltaire sagte. Aber wir täuschten uns, denn die anderen, alle anderen, gefielen sich in abergläubischen Verrenkungen. Was hatte man nicht schon an Prophezeiungen gehört in all den Jahren des Wartens auf den Halleyschen Kometen! Epidemien würden sich ausbreiten, Regierungen würden stürzen, Fürsten sterben, Teutonenhorden erneut über das gute alte Frankreich herfallen. Doch es kam anders. Der Große Uhrmacher hatte vergessen, Seine Uhr aufzuziehen, und die vier Reiter der Apokalypse mußten ihre Pferde zurück in die göttlichen Stallungen bringen und sie noch zweihundert Tage lang striegeln. Die von Clairaut und uns errechneten zweihundert Tage. Diese magische Zahl! Fiebrig suchten die einen in Bibel und Kabbala nach der tieferen Bedeutung. Die ergötzlichste war die mit gelehrten Worten untermauerte These eines Exzentrikers, der erklärte, Gott habe die Welt nicht in sechs, sondern in zweihundert Tagen erschaffen, woraufhin Chappe blasphemisch jubilierte, dies sei ja auch «wahrscheinlicher in Anbetracht des gewaltigen vollendeten Werks». Das alles erscheint komisch und lächerlich. Aber noch vor knapp vierzig Jahren glaubten viele Menschen daran. Sogar und vor allem in Versailles, die Minister, die Herzöge, die Fürsten – und auch der König.

Im *Panier Fleuri* schwang Diderot das große Wort. Um seinen Kopf schwebte die Aureole des Erfolgs seines *Hausvaters*. Er war ein unverbesserlicher Schwätzer, daran war jeder hier gewöhnt. Aber war das bloßes Geschwätz? Doch wohl eher ein Vulkanausbruch, häufig mit glutsprühendem Ideenfluß, manchmal auch mit Aschewolken. Diesmal schleuderte er mir entgegen: «Na, Lalande, was haben Sie sich denn da wieder einfallen lassen mit diesem Gefecht um einen Kometen? Seit Bayle sind die Kometen doch bedeutungslos.»

«Verzeihen Sie, cher maître, aber Sie scheinen Astrologie und Wissenschaft zu verwechseln! Die Abergläubischen halten in der Tat noch immer daran fest, daß die Kometen die Erde erschrecken sollen. Und wenn wir uns ansehen, wie astrologische Hirngespinste das Schicksal von Nationen beeinflußt haben, dann müssen wir den Philosophen Dank sagen, daß sie keine Mühe gescheut haben, um die Menschheit von derartigen Geisteskrankheiten zu heilen.»

«Ich hätte es nicht besser ausdrücken können. Aber heutzutage, da die Gesellschaft doch dank unserer Hilfe den Kinderschuhen entwachsen ist, kann ich mir nur schwer vorstellen, welchen Einfluß Ihre streng rationale Astronomie haben könnte.»

«Und wenn ich Ihnen wissenschaftlich beweisen würde, daß einer dieser Kometen aufgrund des Gesetzes der universellen Anziehungskraft unseren Planeten durchaus rammen und jedes Leben auf ihm zerstören könnte?»

Diderot wirkte beleidigt, sprach aber gutmütig weiter. Er verwies auf *Pantagruel*, den ich nicht gelesen hatte, und beteuerte, wenn ich solche Berechnungen anstellte und publizierte, wenn ich die Möglichkeit einer solchen Katastrophe beweisen könnte, dann wäre das ein echtes Verbrechen gegenüber dem Fortschritt, der Aufklärung und der Vernunft. Damit machte ich mich zum Komplizen der Apokalypsenbeschwörer des Mittelalters, die das Volk zu passiver und abwartender Haltung aufgerufen hatten. Er nahm also einen moralischen Standpunkt ein, dem ich damals in meinem Feuereifer noch keinen Vorrang eingeräumt hatte. Und während ich ihn seinem Redefluß überließ, keimte in mir ein eher amüsanter Gedanke, der ein paar Jahrzehnte später in Paris für Aufsehen sorgen sollte: die brutale Begegnung unseres Planeten mit einer Schwester von Halleys Kometen.

Ich beschloß also, nach Béziers aufzubrechen, um dort den Vorübergang des Kometen zu beobachten. Der Himmel dürfte klarer sein als über Paris, meine neuen katalanischen

Freunde flehten mich in geradezu schmeichelhafter Weise an, doch ihre Sternwarte mit meiner Person zu beehren, aber der wirkliche Grund war, daß meine Ängste und Zweifel wuchsen, je näher der Termin kam. Da wäre es doch besser, so weit wie möglich von Paris entfernt zu sein, falls … Ich teilte den Lepautes meinen Entschluß mit. Der Uhrmacher war begeistert: «Nicole und ich kommen mit!»

Der Unglückswurm nannte seine Frau noch immer hartnäckig Nicole.

Es wurde beschlossen, bereits Weihnachten im Süden zu verbringen. Doch am Tag vor der Abreise wurde Lepaute an den Hof beordert, wo es mit irgendeiner Uhr Probleme gab. Er war betrübt, uns im Stich zu lassen, aber eigentlich, so erklärte er, benötigten wir ihn ja nicht. Und so verfrachtete er uns eigenhändig in den Postwagen – Reine und mich.

Genau am Tag unserer Abreise zeigte sich der Komet über Berlin. Ein Landmann bemerkte als erster dieses gespenstische Leuchten und rannte ganz aufgeregt los, um seine Herrschaft zu informieren. Clairaut war in Ekstase und schrieb mir einen Jubelbrief. Doch dieser erreichte mich erst einen Monat später, nach Umrundung etlicher Schlachtfelder. Wir waren ja mitten im Krieg. Wir? Stimmt das? Die Wissenschaftler jedenfalls nicht, wir beharrten darauf, einander unsere dem Wohle der Menschheit dienenden Entdeckungen mitzuteilen, die Schlachten schlugen Könige, Tyrannen, die Soldateska.

Béziers war vom Krieg weit entfernt und dem Kometen nahe. Die ehemalige Katharer Hochburg hatte in ihrer Geschichte so viel Leid erlebt, daß sie besser als jede andere um die Prinzipien der Toleranz wußte. In dieser bescheidenen Akademie ging man liebenswürdig miteinander um: Da gab es Katholiken, Protestanten, Juden, Philosophen, Agnostiker – ja sogar Frauen, denn bald schon wurde Reine aufgenommen. Der Respekt, den man uns entgegenbrachte, beruhte keineswegs auf einem unbestimmbaren Minderwertigkeitsgefühl von Provinzlern gegenüber uns Parisern, sondern auf der Anerkennung unserer Talente und Leistungen. Der Sekretär, ein reizender alter Herr, stellte uns seine Sternwarte und die angrenzenden Wohnräume zur Verfügung und verhielt sich während unseres ganzen Aufenthalts äußerst diskret.

Endlich war sie da, die schöne Nacht des 21. Januar 1759. Der Komet kam pünktlich. Strahlend war er, der geschweifte Stern, der triumphierend auf sein Perihel zuging, das wir errechnet hatten. Noch nie hatte ich bei all meinen Himmelsbeobachtungen eine solche Erschütterung verspürt. Nicht, weil damit unser Erfolg besiegelt war, mich überkam ein Gefühl von etwas Heiligem oder, besser gesagt, von Kunst, was ja irgendwie ähnlich ist. Reine befand sich mit mir und dem Kometen in völligem Einklang. Eng aneinandergedrängt, standen wir am Fernrohr. Ihre Brust preßte sich an meinen Rücken, unser Atem vermischte sich, unsere Haare ebenfalls. Fast bis Tagesanbruch, als der Himmel allmählich verblaßte, standen wir so. Dann aber streckte sie sich mir entgegen, weitete die Arme, drückte mich an sich und preßte heftig ihren Mund auf den meinen. Wie eine Liane ringelte sie sich um meinen Körper und zog mich mit in ihr Zimmer. Unsere Vereinigung war vollkommen. Es war schon später Vormittag, als wir endlich zur Ruhe kamen. Als ich aufwachte, erblickte ich direkt über mir ihr leicht gealtertes Gesicht mit einem völlig neuen Blick. Anstatt mir Liebesworte ins Ohr zu murmeln, erklärte sie mit dem unmißverständlichen und knappen Ton, auf den sie sich ja leider gut verstand:

«Und jetzt müssen wir uns mit Venus befassen.»

Schlachtplan

Edmond Halley hatte sein Jahrhundert mit zwei astronomischen Vorhersagen von beispielloser intellektueller Kühnheit erhellt, obgleich er aufgrund seines Alters wohl kaum hoffen durfte, die von ihm berechneten Ereignisse noch zu erleben.

Die erste betraf die Wiederkehr des Kometen, den er in jungen Jahren beobachtet hatte. Trotz der Verspätung von zweihundert Tagen, mit der der Komet im April 1759 vorüberzog, war dies als posthumer Triumph Halleys zu werten. Daher beschlossen wir, der himmlische Vagabund solle von nun an seinen Namen tragen. Diesen Wunsch hatte Halley vor seinem Tode – also siebzehn Jahre zuvor – noch geäußert.

Halleys zweite Vorhersage betraf den Transit der Venus vor der Sonnenscheibe am 6. Juni 1761 und damit die außergewöhnliche Gelegenheit, mit Hilfe dieser Konjunktion ein für allemal die Entfernung der Sonne zu messen.

Als Verfahren schlug er vor, die Positionen des Planeten relativ zur Sonnenscheibe gleichzeitig von verschiedenen Stationen auf der Erde aus akribisch genau zu bestimmen. Von erheblichem Vorteil wäre dabei, daß Venus sich auf der Sonnenscheibe als schwarzer Punkt abzeichne. Aus dieser genauen zeitlichen Bestimmung von Ein- und Austritt des Planeten müßten sich dann die Sonnenparallaxe und damit auch die Ausmaße des Sonnensystems bestimmen lassen.

Ein halbes Jahrhundert war verstrichen zwischen Halleys Vorhersagen und der bevorstehenden Erfüllung. Allein schon unter rein organisatorischen Aspekten war der Vorübergang der Venus vor der Sonne eine Art Staatsaktion. Der alte Stratege Delisle kämpfte schon seit mehr als zehn Jahren um die Generalmobilmachung sämtlicher Astronomen der Welt. Als generalbevollmächtigter Botschafter der Republik der Wissenschaften war er von Paris nach London und von Wien nach Sankt Petersburg gereist und hatte auch in Berlin seine Aufwartung gemacht. Unterstützung leistete ihm in Paris die Stentorstimme seines Herolds La Caille, damit auch wir sprungbereit standen, um dieses Rendezvous von Venus und Phöbus nicht zu verpassen. Er empfahl, die Methode zu ändern, mit der man 1753 erfolglos experimentiert hatte, als Merkur vor der Sonne vorüberzog. Chappe und Le Gentil standen Seite an Seite neben Delisle, wie schon bei der damaligen Finsternis. Ich war zu jenem Zeitpunkt in Berlin. Diesmal zog Delisle mich hinzu, er benötige mich unbedingt zur Vorbereitung seiner neuen Aktion. Reine, die Mitstreiterin, hatte sich für ein paar Wochen nach Saint-Cloud zu ihrem kranken Mann zurückgezogen. Zur Ausarbeitung des Schlachtplans mit seinen Offizieren hatte Delisle, der umsichtige Admiral, uns drei zu sich nach Hause bestellt. Dies war im Juli 1759, kurz nach dem Triumph des Halleyschen Kometen. Im Laufe dieser denkwürdigen Arbeitssitzung erklärte uns Delisle, die Dauer des Venustransits verändere sich mit dem Beobachtungsort auf der Erde, mit der Länge des Bogens, der die Bewegung des Planeten auf der Sonnenscheibe markiert. Allein diese Dauer genüge zur Berechnung der Parallaxe. Je weiter die Beobachtungsposten voneinander entfernt seien, desto präziser seien die Messungen. Kurz gesagt, man müsse Schiffe aussenden in alle Himmelsrichtungen, ob die Gegenden nun zivilisiert seien oder nicht. Gewiß, Krieg und sonstige politische Wirren könnten behindernd wirken. Aber wir würden zumindest die Anzahl der Beobachtungsposten vergrößern und, wenn nötig, in acht Jahren nochmals beginnen. Die immer gleiche Wiederholung der Planetenbewegung führe zwar zu einem zweimaligen Transit im Abstand von acht Jahren, aber doch nur alle einhundertzehn Jahre. Daher dürfe man sich solche Gelegenheiten nicht entgehen lassen.

«Meine Herren, der 6. Juni 1761 wird ein großer Tag für die Wissenschaft sein», erklärte Delisle abschließend.

Wir nickten und träumten insgeheim bereits von den großartigen Perspektiven, die sich uns da eröffneten, von den brillanten Karrieren, die Venus uns verhieß. Doch Delisle unterbrach unsere Meditation:

«Ihre Aufgabe wird es nun sein, die Orte mit der idealen Sicht und die jeweiligen genauen Zeitpunkte zu berechnen. Aber bei der Auswahl der Beobachtungsposten sind auch die politischen und militärischen Gegebenheiten zu berücksichtigen. Diese schmählichen Kriege zwingen uns leider Beschränkungen auf, die für den Kosmopolitismus der Wissenschaft entehrend sind ... Bei den mühsamen und eintönigen Berechnungen dürfen Sie sich selbstverständlich assistieren lassen. Da haben Sie freie Wahl. Ich weiß, welche Pein die Kometenberechnungen für Sie waren, Lalande.»

Die Röte stieg mir ins Gesicht, und natürlich konnte Chappe sich wieder einmal nicht zurückhalten und trompetete:

«Reine Lepaute! Unsere schöne Rechenkünstlerin!»

«Zum Beispiel», sagte Delisle knapp. «Meine Herren, die Sitzung ist geschlossen. An die Arbeit!»

Er riet uns, jeder solle für sich allein und nach eigener Methode vorgehen, damit *in fine* die Unterschiede in unseren Ergebnissen leichter auszumachen und auszumerzen seien. Das gemeinsame Ziel war, jene Orte zu bestimmen, die sich am besten zur Beobachtung des ersten der beiden Vorübergänge eigneten. Nach ein paar Wochen waren wir fertig mit unseren Berechnungen. Alle oder fast alle unsere Ergebnisse stimmten überein. Wir bereiteten uns darauf vor, die Resultate zunächst der Akademie mitzuteilen und dann zu publizieren: Als Delisles *Weltkarte* ging unser Gemeinschaftswerk dann ja auch in die Geschichte ein …

Aber bis es soweit war, tauchte als Stolperstein ein gewisser Trébuchet, Amateurastronom und ehemaliger Assistent von Delisle, aus dem Dunkel auf. Er pflegte seine Schriftstücke mit *ancien officier de la Reine* zu unterzeichnen, als verliehe ihm dies wissenschaftliche Autorität. So heftig wie dumm attackierte er Delisles *Weltkarte*. Zunächst – aber das ist bei derlei Streitigkeiten ja üblich – schmeichelte er sich selbst: Er habe als erster auf Halleys Irrtümer hingewiesen. Das war natürlich lächerlich, da schon der junge Delisle mit dem alten englischen Gelehrten kurz vor dessen Lebensende darüber debattiert hatte – und das lag etwa ein halbes Jahrhundert zurück. Doch das schlimmste war, daß besagter *ancien officier de la Reine* überall herumposaunte, die von uns als ideale Beobachtungsposten bestimmten Standorte seien schlecht gewählt und man solle sich lieber an die Westküste Neu-Hollands anstatt nach Westafrika begeben, lieber nach Kalkutta anstatt nach Pondichéry, lieber nach Peking anstatt nach Sibirien, nach Finnland anstatt nach Kanada …

Der Zeitpunkt für diese absurde Polemik konnte nicht ungünstiger gewählt sein, denn einige von uns katzbuckelten gerade mal wieder in Versailles und bei den Ministerien, um vom König und seiner Entourage Beglaubigungsschreiben, Passierscheine und vor allem die für Expeditionen in so ferne Länder notwendigen Geldsummen zu erwirken. Ich habe mich immer wieder gefragt, ob unser so überraschend aufgetauchter Widersacher nicht vielleicht ein

Hampelmann in den Händen einer Clique bei Hofe war, die grundsätzlich gegen derartige Reisen stimmte. Ein grausames Schicksal wollte es, daß unsere zukünftigen Sternwarten allesamt mitten in Kriegsgebieten lagen. Wer von unseren Fachleuten nach Sibirien sollte, mußte durch die Schlachtfelder ziehen, wo Preußen, Russen und Österreicher sich die Bäuche aufschlitzten, während unsere Reisenden zu den Antipoden Opfer der englischen und französischen Habgier in bezug auf Indien werden konnten. Und erst der arme Teufel, der sich in Richtung Québec oder auf die Hudsonbai vorwagte! Trébuchet mit seinen angeblichen Berechnungen hatte leichtes Spiel, indem er geltend machte, die Orte, an die er uns schicken wolle, seien weit entfernt von jeglicher kriegerischen Handlung. Und wie durch Zufall waren sie auch weit entfernt von jeglicher Annehmlichkeit der Zivilisation. Wir erachteten das alles nur als Hirngespinste eines Dummkopfs, aber in Wirklichkeit ging es um Hofintrigen und Kriegskomplotte.

Delisle bat mich und La Caille, der mit ebenso spitzer Feder zu schreiben pflegte wie ich, diesem Trébuchet in *Le Journal des savants*, in *L'Avant-Coureur* und in *Le Mercure de France* zu antworten. Wir nutzten sämtliche Kommunikationsmittel – Artikel, Vorträge, Pamphlete –, um die Aufmerksamkeit der Öffentlichkeit auf die Bedeutung des Venustransits und die Lächerlichkeit von Trébuchets Einwendungen zu lenken. Systematisch appellierten wir an den Patriotismus und das Ideal der Aufklärung. Ich konnte einen gewissen Erfolg verbuchen, als ich betonte, diese von einem höchst seltenen Phänomen gebotene Gelegenheit sei eine Kostbarkeit, die, wenn wir sie uns entgehen ließen, nie mehr ersetzt werden könne, weder durch Geniestreiche noch durch königlichen Glanz.

Die öffentliche Meinung begann zu schwärmen vom Rendezvous mit Venus. Gewiß, man interessierte sich weniger für die Hahnenkämpfe unter Gelehrten, dafür um so mehr für die verheißene Finsternis. Auf den ersten Blick scheint es rätselhaft, wieso die mehr oder minder große Entfernung von etlichen tausend Meilen zwischen Erde und Sonne die Gemüter von Hof und Stadt derartig in Wallung versetzte. Doch ehrlich gesagt, es waren eher die Astrologenelaborate als die Parallaxendistanz, die sie erhitzten. Als der Halleysche Komet verschwunden war, um sich im unauslotbaren Kosmos der Gedächtnisse zu verlieren, hatten sie flugs mit ihren Prophezeiungen über die bevorstehenden Venusdurchgänge begonnen. Wie es hieß, hatten Wahrsager – mit Hilfe einer dümmlichen Gestirnsnamenskunde – die göttliche Botschaft entschlüsselt: Venus schickte sich an, gleich zweimal in acht Jahren und in so kurzer Frist dem Tagesgestirn seine Kraft zu rauben. Dabei huldigte der Monarch jener Zeit, der Urenkel des Sonnenkönigs, der gleichnamigen Göttin doch mit schier grenzenlosem Kult, vergaß dabei aber die Ehrung, die er Mars schuldete, und das mußte den zwar einzigen Gott, der da oben auf seiner kleinen Wolke saß, notgedrungen verdrießen!

Ich scherte mich keinen Deut um diese Irrlehren und war höchst zufrieden, daß mein Name an Ansehen gewann. Dabei profitierte ich vor allem von meinem letzten Triumph mit dem Kometen, auf dem ich, bis sich ein neues Steckenpferd fand, weiter herumritt. Aber für den wachsenden Rausch, der Paris befiel, gab es noch andere Motive: Nach der Demütigung in Rosbach und den Schikanen in Kanada hoffte Versailles nun inbrünstig, die Gelehrten würden die durch die Generäle verlorene Ehre Frankreichs zurückgewinnen. Man würde die Welt beherrschen! Wo die Gewalt versagt hatte, würde der Geist triumphieren!

Le Gentil, der zwar über Adelsprädikate, aber als Provinzaristokrat nur über geringes Vermögen verfügte, wußte sehr wohl, daß die hohen Herren verächtlich auf ihn herabsehen würden. Dennoch hatte er sich erboten, die Klingelschnüre zu ziehen und durch die Flure des Hofes zu hasten, um unsere Causa zu vertreten. Zornentbrannt und atemlos, aber auch kichernd kam er zurück: Im Kaffeehaus hatten der Herzog von Chaulnes, der Graf von Saint-Florentin, der Generalkontrolleur de Silhouette, aber auch Monsieur Boutin, der dem König Bittgesuche vorzutragen und Polizeischutz zu gewährleisten hatte, ihm doch glatt die Frage gestellt, was eine derartige Finsternis für den König und für die Zukunft der Welt denn bedeute. Sollte es eine Warnung des Himmels sein, und wenn ja, welche? Ließ sich aus solchen Begleiterscheinungen am Himmel vielleicht vorhersagen, wie die Zukunft aussehen werde, für sie persönlich und ganz nebenbei auch für den Rest der Menschheit? Als pfiffiger Normanne hatte Le Gentil geantwortet:

«Wenn die Königlichen Finanzen es uns ermöglichen, das Phänomen unter idealen Bedingungen zu erforschen, werden wir vielleicht Antworten auf diese großen Fragen geben können. Wer weiß, ob wir in diesem sideralen Phänomen nicht eine göttliche Botschaft entdecken?»

Als er uns das erzählte, war Le Gentil unbewußt wieder in die Attitüde seiner Kaste verfallen. Allerdings hatte er für seine Besuche in Versailles ja auch wieder Perücke getragen und sich mit den dunklen Farbtönen seines Habits und der speziellen Art des Priesterkragens den Anstrich eines Königlichen Beichtigers gegeben, wenn das Ganze auch in Widerspruch stand zu seinen eher groben Gesichtszügen.

«Was? Sogar der Marineminister glaubt an derlei Unsinn?» schnaubte Chappe.

«Das habe ich nicht gesagt», erwiderte Le Gentil. «Aber der Duc de Chaulnes schließt sonderbare Koinzidenzen nicht aus, die es schon gegeben haben soll: So sei die Finsternis des Jahres 1453 doch der Einnahme Konstantinopels durch Mahomet II. vorangegangen, wie auch der Komet von 1523 womöglich Vorbote von Luthers Häresie gewesen sei. Derlei irritiert seinen Geist, der, wie er beteuert, voll und ganz auf Vernunft ausgerichtet ist. Was hätte ich anderes tun sollen, als ihm beizupflichten, da ich doch gekommen war, ihn zu bewegen, seine Schatztruhen zu öffnen?»

«Du bist ein Heuchler!» geiferte Chappe.

«Nein, ein Höfling», verbesserte ich.

«Politiker würde ich lieber hören», sagte Le Gentil, «es klänge freundschaftlicher. Doch leider ziehen sich die Dinge noch weiter in die Länge, werden verschleppt von Bureau zu Bureau, und unser verbissenster Gegner scheint der Kriegsminister zu sein. Was den König anbetrifft ...»

«Den beschäftigen andere Venusschönheiten, die zwar eher in der Gosse als auf der Milchstraße zu finden sind ...»

«Nicht so laut, Jean-Baptiste», rügte ich leise. «Oder wollen Sie in Vincennes landen?»

«Ich sehe in der Tat nur eine Person, die die Zustimmung des Königs und den Inhalt seiner Schatztruhen erwirken könnte, Madame de Pompadour persönlich», erklärte nun Le Gentil.

«Heißa!» bellte Chappe, «wahrlich kein kleiner Fisch unter den quakenden Fröschen, wenn ich so sagen darf.»

«Diesmal, mein Lieber, dürfte Ihnen der Galgen sicher sein», warf ich ein. «Und Euer Wortspiel mit dem Mädchennamen der Marquise ist reichlich abgedroschen. Außerdem seid Ihr ungerecht. Jeanne-Antoinette Poisson war für die aufgeklärten Geister unseres Landes stets eine große Stütze.»

«Genau da hapert es ja», warf Le Gentil ein. «Das Verbot der *Encyclopédie* durch das Parlament hat sie als persönliche Niederlage gegenüber den Jesuiten empfunden. Und wie so viele andere auch, verdächtigte sie die Akademie der Komplizenschaft. Immer noch die alte Geschichte mit den angeblich gestohlenen Druckplatten.»

«Wenn du mich fragst», feixte Chappe, «dann ist die Zensur der *Encyclopédie* die vom Kometen angekündigte Katastrophe.»

«Nicht schlecht! Es dürfte mir folglich schwerfallen, an Madame de Pompadour heranzukommen. Es sei denn, mit Ihrer Hilfe, Lalande. Reine Lepaute ist noch immer gern gesehen bei Hofe. Vor einer Étable de La Brière werden alle Türen aufspringen. Wenn Sie sie mal fragen könnten, Ihre schöne Rechenmeisterin ...»

Was wollte er denn damit andeuten?, fragte ich mich finster.

«Reden Sie doch selbst mit ihr», konterte ich. «Sie kennen Madame Lepaute doch genauso gut wie ich.»

Le Gentil biß sich auf die Lippen. Im Grunde zürnte ich Reine, und das schon lange, denn seit unserer Rückkehr aus Béziers hatte ich sie erst ein einziges Mal unter vier Augen wiedergesehen, als liefe sie vor mir davon. War der Elan, der sie nach dem Vorübergang des Kometen in meine Arme getrieben hatte, vielleicht auch nur eine vorübergehende Laune gewesen? Nie im Leben hätte ich Chappe und Le Gentil von meinem flüchtigen Triumph erzählt. Seit jenem Tag liebte ich sie wirklich, und das quälte mich. Um sie zu vergessen, hatte ich mich in die Arbeit gestürzt. Als Herausgeber der Zeitschrift *La Connaissance des temps* hatte ich Maraldi abgelöst und meine *Histoire de la comète de 1759* fertiggeschrieben, mitsamt einer überschwenglichen Huldigung für Reine, aus Anstand gegenüber Clairaut mit der Veröffentlichung allerdings noch gewartet, bis er seine Darstellung publiziert hatte. Im Venusstreit hatte ich ungestüm zahllose Mitteilungsblätter und Artikel verfaßt. Und da kommt plötzlich Le Gentil daher und redet mit mir, als sei ich Reines erklärter Liebhaber! Sollen sie es doch unter sich ausmachen, diese Hochnäsigen hohen Geblüts! Mich haben diese Hochwohlgeborenen es schon genug spüren lassen, daß ich in ihren Augen nur ein Bettler bin! Die Eifersucht machte mich hellsichtig, und plötzlich war mir klar, wie sehr Le Gentil Reine liebte. Würde er der Erwählte sein, dem in Zukunft die Gunst unserer irdischen Venus zufiel? Und was war mit Chappe? Auch er kam auf die grausame Schöne zu sprechen und rollte weitaufgerissene Augen, während sein dicklippiger Mund Elefantenseufzer von sich gab!

Ich war schon fast in Weißglut, als Alexandre-Gui Pingré das Café betrat, in der Hand Clairauts Buch über den Kometen. Wie immer in solchen Fällen stürzten wir uns über die Seite mit den Danksagungen, um nachzusehen, ob wir «genannt waren». Ich fuhr in die Höhe: Reine war nicht erwähnt! Nicht einmal ihr Name! Dabei hatte Clairaut mir doch noch vor wenigen Wochen sein Manuskript vorgelesen und darin die gewaltige Arbeitsleistung von Madame Lepaute mit hymnischen Worten gepriesen.

«Ich begreife es nicht», rief ich aus. «Wie oft hat er nicht, während wir noch rechneten, in jedem Brief an mich betont, daß wir es ohne Madame Lepaute niemals geschafft hätten! Und der ihr gewidmete Abschnitt im Buch war eine einzige Eloge. Ich begreife es wirklich nicht.»

«Cherchez la femme», murmelte Le Gentil.

«Clairaut kann den Wünschen von Mademoiselle de Lespinasse doch nicht so hörig sein, daß er unsere wertvollste Mitstreiterin einfach nicht erwähnt!»

«Aber so ist es nun mal», sagte Le Gentil. «Sie hat es geschafft, die hübsche Julie: Von nun an darf Clairaut nicht einmal mehr hoffen, in der Gunst seines ehemaligen Idols Reine Lepaute wieder aufzusteigen.»

«Er hat sich selbst entwürdigt!» polterte Chappe. «Ich werde unverzüglich einen Artikel für *Le Mercure* schreiben und Madame Lepaute die ihr gebührende Anerkennung aussprechen. Clairaut wird es nicht verwinden. Und die Lespinasse auch nicht!»

Plötzlich konnte ich wieder klar denken.

«Tut das bloß nicht! Eine Streitigkeit dieser Art wäre ein gefundenes Fressen für Trébuchet und alle, die auf seiner Seite stehen. Wie würden sie sich amüsieren über derlei Histörchen! Außerdem ist mein Buch über den Kometen schon in Druck, und darin räume ich Madame Lepaute genügend Platz ein, daß die Dinge wieder ins Lot kommen.»

«Sie haben recht, Lalande», sagte der kluge Pingré. «Und Sie alle bitte ich inständig, nichts gegen Clairaut zu unternehmen. Auch unter vier Augen sollten Sie ihm keinen Vorwurf machen. Er und ich, wir kommen allmählich in ein Alter, wo die Liebe einer jungen Frau ein Segen ist. Ich kenne ihn lange und gut genug, um zu wissen, daß er sich elend fühlt, weil er einer – wie soll ich sagen? – einer Schwäche des Herzens erlegen ist.»

«Seiner schamlosen Taktlosigkeit», verbesserte Le Gentil.

«Seiner schändlichen Willenlosigkeit», korrigierte ich.

«Seiner entehrenden Feigheit», verfügte Chappe.

«Mäßigt Euren jugendlichen Überschwang», mahnte Pingré. «Ihr seid noch so jung und scheint alle drei zu vergessen, was Ihr dem Mann schuldet, der einer der hervorragendsten Geometer unserer Zeit ist. Und ich bin mir nicht ganz sicher, ob die Unterlassung der Namensnennung Eurer Mitarbeiterin das einzige Motiv für Eure Empörung ist. Schaut Euch doch nur an! Ihr würdet Euch ja am liebsten die Köpfe einschlagen, wenn Ihr dadurch die Gunst besagter Dame gewinnen könntet.»

Er hatte recht. Wir benahmen uns wie drei junge Raubtiere, die nach Vertreibung des Alphatiers einander fast zerfleischen, während das Weibchen im Schatten hoher Bäume zu schlummern scheint.

Sobald Reine mit Le Gentil und Delisle in Versailles auftauchte, sprangen die königlichen Schatztruhen auf, wurden die Beglaubigungsschreiben verfaßt, und der berüchtigte Trébuchet sank in Vergessenheit. In blendender Manier hatten sie die Pompadour von der Stichhaltigkeit unseres Vorhabens zu überzeugen vermocht. Und dieser war es wie immer ein leichtes gewesen, den König zu bezirzen, dem sie als Belohnung jetzt vermutlich einen neuen jungen Gespielen beschaffte.

Wie ein glückliches und verschworenes Paar kehrten Le Gentil und Reine an jenem eisigen Dezembertag des Jahres 1759 aus Versailles zurück. Sie hatten Erfolg gehabt, aber war das ein Grund für derartiges Geturtel? Sie lachten über den Spleen einer hohen Persönlichkeit bei Hofe, über die schiefe Nase einer Kurtisane, über eine Äußerung eines momentan umschwärmten Witzboldes, doch das alles stand in keinerlei Zusammenhang mit dem, was uns zusammenschmiedete. Benahmen sich so ernstzunehmende Wissenschaftler? Ich fühlte mich gerächt, als der Venusadmiral Delisle, den dieses belanglose Geplänkel ebenfalls empörte, sie zur Ordnung rief. Nicht weniger schwer erträglich war mir aber auch Chappes offenkundige Eifersucht. Da er seine Gefühle ja nie verbergen konnte, schleuderten seine Augen auch jetzt grelle Blitze, die Finger trommelten auf die Tischplatte, die Stimme glich einem Donnergrollen ... Als Reine dann, endlich wieder ernsthaft, ausführlich Bericht erstattete, fiel ihm nichts anderes ein, als sie geradezu peinlich devot anzuhimmeln.

Immer häufiger versammelte sich unsere Truppe nun bei Delisle im Hôtel de Chaulnes: Da waren die Alten, La Caille und Pingré, und als Vertreter der jüngeren Generation d'Auteroche, Le Gentil und ich. Unser Doyen hatte es für gut befunden, Reine Lepaute an unseren Debatten teilnehmen zu lassen, gleichsam in der Rolle des Amtsschreibers, um die aus allen vier Himmelsrichtungen herbeiströmenden Informationen zu bündeln. Denn überall, selbst bei den verfeindeten Mächten, hatten die Astronomen auf Delisles Appell positiv reagiert. Portugiesische Gelehrte in Afrika, Jesuiten in China, englische Marineoffiziere in der Hudsonbai, die sie soeben den Franzosen abgerungen hatten, schwedische Geometer, preußische Mathematiker, österreichische Astronomen – sie alle waren bereit, ihre Fernrohre auszurichten und in den Himmel zu schauen, ungeachtet der Geschütze, die die Schneefelder mit Blut und die Ozeane mit Ertrunkenen überzogen. Die russische Zarin hatte dem Sekretär der Akademie von Sankt Petersburg einen Brief diktiert und angefragt, ob nicht einer der Astronomen der französischen Akademie nach Sibirien reisen wolle, um dort, unter ihrer Schirmherrschaft, den Vorübergang der Venus zu beobachten.

Sehr bald schon meldete sich Le Gentil als Freiwilliger für Pondichéry. Diese Station an der Ostküste Indiens war zwar französisches Besitztum, aber entfernter als jede andere und gefahrvoller zu erreichen. Wir wunderten uns, denn bisher war unser Freund eher seßhaft gewesen. Seine Pariser Sternwarte verließ er eigentlich nur, um seine Mutter auf seinem Landsitz in Coutances zu besuchen. Wie dem auch sei, er mußte weit früher aufbrechen als die anderen, die sich nach Sibirien, ans Kap der Guten Hoffnung und an die Küsten von Portugiesisch-Afrika begeben würden. Wer wohin gehen sollte, stand noch nicht fest. Der schlaue Fuchs Delisle wollte so lange wie möglich warten, bevor er um Reisepässe und Beglaubigungsschreiben nachsuchte, denn würde einer von uns schlappmachen, müßte man wieder bei Null anfangen.

Nach der Zusammenkunft vom 19. Januar 1760, bei der Le Gentil sein Abreisedatum bekannt gegeben hatte, zögerte auch ich immer noch, ob ich mich ins Abenteuer stürzen sollte oder nicht. Eine Stunde später – ich hatte Reine nach Hause begleitet und ihre kalte Hand auf meinem Unterarm gespürt – zögerte ich nicht mehr: Ich würde fahren! Auch das Ziel war mir plötzlich klar: Luanda, im Herzen Afrikas. Schon vor längerer Zeit hatte ich Delisle diesen Beobachtungsposten genannt, er sei weitaus besser als der westlichere auf Sankt Helena, wo die Engländer uns den Zugang verwehrten. Die Portugiesen verhielten sich in diesem Konflikt im Prinzip neutral. Ja, sagte ich mir, während wir vorsichtig über die eisglatten Straßen gingen und Reine sich nur an mir festhielt, um nicht zu fallen, ja, ich werde fahren. Luanda, Angola, Benguela – das klang in meinen Ohren wie Trommelwirbel aus dem Urwald. Wie Reine sich nach mir sehnen würde! Wie Penelope, die um ihren Odysseus weinte. Und eines Tages würde ich zurückkehren, mit Ruhm bekränzt, mit Säcken voller Gewürze, Truhen voller Edelsteine, mit Pantherfellen – und so ganz nebenbei auch noch mit ein paar Beobachtungen zum Vorübergang der Venus. In meinem Gepäck, gleichsam als Zutat, fände sich dann noch ein flammendes Pasquill über den schmählichen Sklavenhandel, aber auch eine Prinzessin in seidenem Gewand, mit einer Haut, so warm und samtig wie eine Sommernacht.

«Sie wollen mich doch nicht allein zu Abend essen lassen, mein Freund?» sagte sie vor ihrer Haustür.

«Tja … ich werde erwartet.»

«Dann wird sie eben noch etwas länger warten.»

«Nein, nein, Sie irren sich. Ich bin mit meinem Freund Commerson verabredet …»

Ich ging hinter ihr her. Im Vestibül nahm ein alter Diener uns die pelzgefütterten Umhänge ab und verschwand gleich darauf wie ein Phantom. Im Boudoir dampfte in silbernem Service auf einem Mahagonitischchen eine Mahlzeit – für zwei Personen! Auch die Dienstmagd war verschwunden.

«Nun», sagte sie, als sie sich gesetzt hatte, «alles scheint sich ja bestens zu fügen. Unser Freund Le Gentil steht kurz vor seiner Abreise. Die begeisterten Antworten Ihrer ausländischen Kollegen treffen von überall her ein. Wenn bloß dieser gräßliche Krieg ein Ende fände! Wenn es stimmt, was der Duc de La Vrillière mir sagte, dann wird im Frühjahr alles vorbei sein. Schenken Sie mir doch bitte ein Glas Champagner ein.»

Ich gehorchte, wählte für mich aber lieber einen frischen Roten aus den Weingebieten um Lyon. Ich stammte schließlich vom Land und pflegte keinen Umgang mit Herzögen und Marquisen! Sollte sie doch ruhig die Mondäne spielen! Ihre Wangen überzogen sich mit schmeichelndem Rosa, und ihre Augen begannen vielversprechend zu glänzen. Nach einer Weile sagte ich gewichtig:

«Mein Entschluß steht fest. Morgen werde ich Delisle mitteilen, daß ich freiwillig nach Portugiesisch-Afrika gehe. Ich bin jung und möchte mir nicht den Tod eines Älteren wie La Caille oder Pingré aufs Gewissen laden, wenn sie an meiner Statt dort hingingen.»

Sie setzte ihr Glas auf dem Tischchen ab und entgegnete eisig:

«Sie werden nicht gehen, Jérôme. Das wäre eine Dummheit. Delisle ist hochbetagt. Wenn ihm etwas zustöße, wer sollte ihn ersetzen, wenn nicht Sie? Der Abbé La Caille ist trotz all seiner Meriten ein Wirrkopf und unfähig, die aus allen Teilen der Welt eingehenden Informationen zu ordnen. Im Unglücksfall könnten nur Sie diese Aufgabe meistern. Und überhaupt ... was soll dieser Unsinn? In nur sechs Monaten haben Sie aus *La Connaissance des temps* einen dieses Namens würdigen Almanach gemacht, und jetzt wollen Sie all das bisher Geleistete so einfach hinschmeißen? Ihre Gesundheit ist auch nicht die beste, nicht eine Woche lang würden Sie das afrikanische Klima ertragen!»

«Bah! Man glaubt immer, die Spindeldürren würden beim kleinsten Zusammenprall zerbrechen. Aber die stehen ihren Mann, meine Liebe, wenn es auch nicht so aussieht!»

«Mag sein, aber Sie müssen doch zugeben, daß Sie als Beobachter nur Mittelmaß sind, auch wenn Sie sich rühmen dürfen, der beste Verteidiger astronomischer Interessen zu sein.»

«Das stimmt nicht! Vor dem Teleskop bin ich genauso gut wie jeder andere!»

«Sie könnten sogar besser sein als so manch anderer, Jérôme, aber das langweilt Sie. Daher stellen Sie sich ungeschickt an. Doch eindeutig besser als jeder andere verstehen Sie es, Ihr Wissen durch Wort und Schrift weiterzugeben. Apropos, ist Ihnen bekannt, daß Delisle ernsthaft daran denkt, sich emeritieren zu lassen? Sie seien, wie er mir sagte, der fähigste Nachfolger auf seiner Lehrkanzel am Collège royal ...»

Der Ruf der Ferne klang plötzlich weniger dringlich. Doch noch sträubte ich mich.

«Nein, nein, ich werde abreisen, der Wissenschaft zuliebe!»

«Und ich sage, Sie werden bleiben, mir zuliebe.»

Ich warf mich ihr zu Füßen, vergrub meinen Kopf in ihre Spitzenröcke, überhäufte ihre Hand mit Küssen und preßte Reine an mich. Daher sah ich niemals die Küsten Afrikas.

Ein wenig verbittert war ich dann schon und trug es Reine auch lange Zeit nach. Nicht in der ersten Phase, nein, denn sie hatte ja den Anstoß gegeben, daß ich sofort damit begann, den Grundstein zu legen für mein Lebenswerk, das aus mir – wozu falsche Bescheidenheit? – den Papst der französischen Astronomie machen sollte. Nur der Posten eines Generalsekretärs der Akademie der Wissenschaften und des Leiters der Pariser Sternwarte sind mir entgangen. Den ersten hatten die Cassinis in Erbpacht, und der zweite erschien uns immer eher zweitrangig und wäre ein Hemmschuh gewesen bei meinem unaufhaltsamen Aufstieg.

Wäre ich je so weit hinaufgestiegen, wenn meine Kommilitonen nicht abgereist wären? Habe ich nicht von ihrer Abwesenheit profitiert, indem ich den ihnen gebührenden Platz einnahm, sowohl im Herzen von Reine als auch auf der Ruhmesskala des Jahrhunderts? Diese Frage ist sinnlos, und um sie zu beantworten, müßte man sich einen Lalande als Verfolger der Venus unter geblähten Segeln und inmitten der Abenteuer, die anderen widerfuhren, vor Augen führen. Aber ein solcher Lalande wäre nicht Lalande.

Manchmal habe ich es bedauert, der Stubenhocker geblieben zu sein. Jetzt nicht mehr, muß es auch nicht mehr, denn wenn es so wäre, könnte ich nicht heiteren Gemüts ins Grab hinabsteigen. Ich würde hinabstürzen. So manches Mal, wenn ich ihre Briefe las, gewann ich den Eindruck, als reiste ich mit ihnen, aber welch düstere Stimmung befiel mich anschließend, mit welch verbitterter Bosheit stritt ich dann mit Reine, wozu der nichtigste Vorwand Anlaß gab! Und dann zog auch ich hinaus in die Welt, selbst wenn ich innerhalb der zivilisierten Ringmauern der alten Städte Europas blieb.

Als sie zurückkamen, wenn sie denn überhaupt zurückkamen, verwundet, zermürbt, aber im Gedächtnis und im Sprechen noch all die Stürme, die milchigen Meere, die riesigen Sonnen, die klaren Nächte mit den erstarrten Sternen, die tierischen Monster, die gigantischen Bäume, die zerstörten Städte, die mit Geschützen gespickten Häfen, die resignierten Sklaven, die barbarischen Fürsten und die honigfarbenen Mädchenkörper – dann lauschte ich ihren Erzählungen wie ein Kind, das nach den Gutenachtgeschichten dann im Traum auf Reisen geht.

Eine sonderbare Reise in die Erinnerung, zu der ich jetzt aufbrechen will, im Kielwasser meiner verstorbenen Freunde. Gepäck ist nicht nötig. Tinte, Papier und Feder genügen.

An Bord der «Berryer»

Guillaume Le Gentil war noch nie zur See gefahren. Dabei war sie ihm in seiner Kindheit Gefährtin gewesen, wenn er sie von den Höhen der normannischen Klippen aus betrachtete oder mit den Kindern der Fischer am Strand entlanglief. Von Zeit zu Zeit erspähte er am Horizont Korsarenschiffe, die in schneller Fahrt Kurs auf Inseln nahmen, um Lösegeld einzutreiben oder Gold zu rauben.

Nie hatte Le Gentil mir von seinem Vater erzählt, den er, wie ich glaube, in sehr jungen Jahren verloren hatte. War Guillaume mit jenem anderen Le Gentil verwandt, der tausenderlei Abenteuer in China erlebte? Ich weiß es nicht. Jedenfalls zog es ihn genau wie seine Landsleute unwiderstehlich hin zu fernen Horizonten. Eine Zeitlang verspürte er gar die Verlockung, Jesuit zu werden, weil ihm das, wie er glaubte, die Möglichkeit eröffnet hätte, in weltabgeschiedene Gegenden zu ziehen und dort – unter dem Vorwand der Missionierung – seiner geheimen Leidenschaft zu frönen: die Sitten der Eingeborenen und die Natur zu studieren. Merkwürdigerweise war es Chappe gewesen, dem er sich anvertraut und der ihn davon abgebracht und in Delisles Vorlesungen mitgenommen hatte. Und nun durfte er reisen, weiter, als er es sich je vorzustellen gewagt: nach ganz oben, hinauf zu den Sternen.

Wenn er sich auch manchmal nach außen hin mürrisch, dann wieder scharfzüngig gab, war Le Gentil doch eher eine Träumernatur und ein Vagabund. Aber dieser Träumer hatte sich strengste Disziplin beim nüchternen Studium von Mathematik und Mechanik auferlegt, waren dies doch unentbehrliche Passierscheine für die große unbewegliche Ozeanreise in die gewaltigen Dimensionen des Alls. Für uns andere Astronomen ist die Beobachtung der Phänomene am Himmel nur die lustvolle Entlohnung für all die trockene und karge Rechnerei. Allerdings empfinden auch wir manchmal, vor allem wenn wir beim Abtauchen in die stumpfsinnigsten Rechenaufgaben endlich ins Herz vorstoßen, das Gefühl einer echten Ekstase, durchaus vergleichbar dem Zustand großer Mystiker oder großer liebender Frauen.

Vielleicht fuhr er ja auch Reines wegen ans andere Ende der Welt, ähnlich wie seine galanten Vorfahren, die im Turnier fochten, an Kreuzzügen, am Krieg oder der Gralssuche teilnahmen, um der Dame ihres Herzens zu gefallen.

Denn Le Gentil liebte Reine. Jetzt, da ich es niederschreibe, wird es mir offenbar, welche Liebe er der Frau des Uhrmachers entgegenbrachte. Sie selbst hat mir nie davon gesprochen, obgleich sie vor mir und vielleicht sogar neben mir etliche Liebhaber für Herz und Leib gehabt hatte. Unter anderem auch Clairaut und, wie man mir hinterbracht hat, eine hochrangige und für hohe politische Ämter ausersehene Persönlichkeit bei Hofe. Le Gentil machte Reine eine Zeitlang beharrlich den Hof, nach den Spielregeln ihrer gemeinsamen Kaste. Es war ein Spiel, auf das sie sich bereitwillig einließ, ein grausames Spiel, bei dem immer ein wenig Hoffnung belassen wird. Hätte sie, wäre Guillaume nicht abgereist, ihn vielleicht erhört? In meiner damaligen wirren Eifersucht sah ich in jedem Mann, der sich ihr näherte, einen potentiellen Rivalen. Nur Commerson schenkte ich volles Vertrauen. Meine Eifersucht war um so stärker, weil Reine gleich nach unserem wilden Feuer unter dem Zeichen des Kometen und dann erneut nach den zärtlichen Tönen, mit denen sie mir meine afrikanischen Gelüste ausgetrieben hatte, mir mit eisiger Kälte begegnete. Nein, es war nicht Kälte, eher eine leicht distanzierte mütterliche Zuneigung. Jedenfalls schürte sie ganz bewußt meine Qualen, durch übertriebene Herzlichkeit gegenüber Chappe, übertriebenes Lachen und Scherzen mit Véron, übertriebene Verständnisinnigkeit mit Clairaut, übertriebenes Kokettieren mit Pingré. Doch so töricht es auch scheinen mag, am meisten fürchtete ich Le Gentil. Deswegen war ich so darauf bedacht, daß er die weiteste Seefahrt unternahm, fast bis zu den Antipoden ... Und gleichzeitig fürchtete ich seine Rückkehr, weil er ruhmbekränzt dann ganz bewußt mir doch noch ins Gehege kommen könnte. Reine wußte genau, daß Le Gentil kein zweiter Lalande war, viel zu stolz, viel zu unabhängig für die Rolle eines Galans unter vielen anderen. Er hätte keinen anderen Titel akzeptiert als den des erklärten Geliebten. Und das hätte der schönen Rechenmeisterin nicht behagt. Diese Fragen, die ich hier aufwerfe, haben nur einen Grund: Ich will versuchen, meine Gewissensbisse zu dämpfen, weil ich aus Liebe zu dieser Frau Verrat an dem rechtschaffensten Mann aller Zeiten beging.

Guillaume verließ seine Freunde mit großer Diskretion, ohne Prahlerei und ohne Pomp. Dabei war seine Unternehmung höchst gefahrvoll und hätte ihn leicht das Leben kosten können. Als eingefleischter Junggeselle lud er uns zu einem Abschiedsessen ein, Chappe, Pingré und mich, in ein belangloses Lokal, wo an unserem Tisch dann auch nur trübe Stimmung und Beklemmung herrschten. Clairaut war nicht eingeladen. Seit er Madame Lepaute in seinem Buch über den Kometen schlichtweg übergangen hatte, zeigten wir ihm die kalte Schulter.

Als ich ihn erstaunt fragte, warum er nicht mehr Aufhebens mache um seine Reise, obwohl ganz Paris dem Rendezvous im All doch schon entgegenfieberte, da antwortete Le Gentil, bekannt werden wolle er nur durch Leistung und Erfolg. Sein Aristokratenstolz ließ keinerlei Eitelkeit hochkommen. Er suchte nicht den vergänglichen Ruhm, seinen Namen in den Gazetten zu lesen, ein Ruhm, nach dem ich lechzte. Er mied auch die lautstarken Wortgefechte, die das Publikum so liebte und die ich nur allzugern provozierte und anheizte.

Am Tag nach diesem Abendessen unter Jugendfreunden, die schon keine mehr waren, weder aufgrund echter Freundschaft noch aufgrund ihrer Jugend, fuhr er noch kurz nach Coutances, um von seiner Mutter Abschied zu nehmen und ein paar persönliche Angelegenheiten zu regeln, von dort aus gleich weiter quer durch die Bretagne, mitsamt Überseekoffern und Kisten voller Instrumente (die besten, die es damals gab), und schiffte sich am 26. März 1760 in L'Orient mit dem Ziel Indischer Ozean ein. Die *Berryer* war ein Kriegsschiff mit fünfzig Geschützen, das in Begleitung eines weiteren, der *Comte d'Artois*, mit vierundsechzig Geschützen bei der Ile-de-France die Engländer schlagen sollte.

Wenige Tage später erfuhr ich, daß Le Gentil am Tag vor seiner Abreise der Akademie seine Vorhersagen und Berechnungen der Venusdurchgänge hatte zukommen lassen. Der letzte Abschnitt las sich wie eine patriotische Proklamation: Frankreich sei das einzige Land, das die großen Vorhaben vorantreibe, die einen entscheidenden Beitrag leisten würden zum Fortschritt der nützlichsten Wissenschaften, und die hießen Astronomie, Geographie und Navigation.

Inmitten all dieser Soldaten, die seekrank auf den Planken lagen und darauf warteten, endlich auf den Feind einprügeln zu dürfen, inmitten der Matrosen, die vorsichtig über Deck liefen, um ihre präzisen und gefährlichen Aufgaben zu verrichten, inmitten der Offiziere, die bei Tisch von Kontrollgängen auf feindlichen Schiffen träumten oder von erstmals entdeckten Inseln, die in Zukunft ihre Namen tragen würden, da fühlte Le Gentil sich unter seinesgleichen. Er wußte, daß er für sie arbeitete, für ihr Überleben, wenn er die Längengrade aus dem Stundenwinkel des Mondes berechnete oder die Schwankungen des Kompasses im Azimut beobachtete.

Den Skeptikern unter den Offizieren hielt er flammende Reden: Ohne die Astronomie würde die Geographie noch immer in den Kinderschuhen stecken! Erst durch den Vergleich der Himmelsbeobachtungen und der Experimente an unterschiedlichen Meridianen habe man die Erdgestalt bestimmen und das wahre System der Welt, wie es wirklich ist, erkennen können. Dabei stellte er einen Gesichtspunkt deutlich in den Vordergrund: den Einfluß der Astronomie auf Marine und Handel, durch den schon Phönizien, Rhodos und Karthago zu Ruhm und Reichtum gelangt seien.

Fragte ihn ein Matrose oder ein Schiffsjunge, warum er unter Gefahr für sein Leben so weit fahren wolle, nur um die Entfernung zwischen Erde und Sonne zu messen, er, der Gelehrte, den der Volksglaube sich doch eher als weißbärtigen Stubenhocker mit Brille auf der Nase und im Staub seines Studierzimmers erstarrt vorstellte, dann antwortete er mit der für Hochgebildete gegenüber Ungebildeten typischen Scheu, seine Arbeit solle in Zukunft den Schiffen das Zerschellen an Riffen ersparen, deren genaue Position auf der Weltkarte man anders nicht bestimmen könne. Fände man aber die beste und genaueste Methode, auf See die geographische Länge zu bestimmen, bei der man Winde und Strömungen berücksichtige, würde man etlichen Seeleuten das Leben retten, ihnen Mastbrüche in Stürmen ersparen, Irrfahrten unter Gluthitze vermeiden, wenn Durst und Hunger ohnehin schon an Kräften und Zähnen zehrten. Damit gewann Le Gentil die Liebe und Anerkennung der Männer: Er war wirklich einer von ihnen. Er zeigte ihnen überdeutlich, daß sein Platz in ihrer Mitte war. Die Offiziere amüsierten sich und nannten ihn schließlich *den Propheten*, was ihm nicht mißfiel.

Die Reise ging nur langsam voran, und sie war riskant. Es hieß, die ganze afrikanische Küste sei von englischen Schiffen bedroht. Die *Berryer* mußte ihre Route immer wieder ändern. Die alte und schnellste, die die Portugiesen entdeckt hatten, konnten sie nicht nehmen, das war die der Passatwinde, und die hätten sie bis an die Küsten Brasiliens fortgetragen, bevor andere Winde sie direkt gen Osten zum Kap der Guten Hoffnung hätten treiben können. Und wie die Holländer sie dort aufnehmen würden, wußten sie auch nicht.

Le Gentil nutzte diese Irrfahrten, um nach den von La Caille empfohlenen Methoden seine Längengradbestimmungen zu verbessern. Nachts vermochte er sein Auge kaum mehr vom Himmel zu lösen, da er nun endlich den Tanz von Centaurus und Schiff Argo um das Kreuz des Südens bestaunen konnte wie ein Kind. Eine Kaskade tausender Diamanten, erstarrt im tiefschwarzen Gewölbe. Ah! Wie ich ihn um seinen heidnischen Enthusiasmus von damals beneide! Die Sternbilder des Südosthimmels habe ich immer nur auf Karten gesehen, weil die Eitelkeiten der Welt und die Liebe zu einer Frau mich unter nordwestlichen Himmeln festhielten. Meine unstillbare Gier nach Macht und der verführerisch wohlige Schoß einer Geliebten wirkten sich wie Bleigewichte aus.

Während dieser langen Überfahrt ersann Le Gentil sogar ein neues Verfahren, mit dem er aufgrund der Messung des Stundenwinkels des Mondes die geographischen Längen berechnen konnte. Diese und noch andere von ihm später entdeckten Methoden verhalfen vermutlich fast zehn Jahre danach dem Chevalier de Borda zur Idee des Reflexionskreises, der inzwischen auf allen Schiffen der Welt verwendet wird. Dies, wie auch so manches andere, machte Le Gentil zu einem Wegbereiter, dem es wohl vorherbestimmt war, vergessen zu werden.

Bei diesen Arbeiten ließ er sich von einem jungen Matrosen helfen. Dieser blitzgescheite Gratot stammte ebenfalls aus Coutances und hieß ebenfalls Guillaume. Als Uhr hatte *der Prophet* nur eine Dreißig-Sekunden-Sanduhr zur Verfügung, die sein Assistent umdrehen mußte, sobald die Höhe der Sonne gemessen war. Diese Handbewegung mußte der Junge so oft wiederholen, wie es bis zur zweiten Beobachtung erforderlich war. Die Daten, die er erhielt, waren relativ exakt. Später, an Land, korrigierte er sie mit Hilfe einer mechanischen Uhr, denn die Sanduhr überholte jede Minute um etwas mehr als acht Sekunden.

Der junge Matrose erfüllte seine Aufgabe mit großem Eifer und großer Schnelligkeit. Dieser knapp fünfzehnjährige Bursche hätte sein Leben für ihn hingegeben, was dem Astronomen anfangs höchst peinlich war, denn in dieser absoluten Hingabe erkannte er jahrhundertealte Knechtschaft, das Buckeln des Bauernkindes Gratot vor dem Seigneur Le Gentil de La Galaisière.

Er verhandelte mit dem Kommandanten und mit dem für die Mannschaft zuständigen Offizier, um Gratots Rekrutierung aufheben zu lassen. Er wollte ihn bis zum Ende der Expedition als persönlichen Diener und Assistenten behalten. Der Mannschaftsführer versprach, Gratot auf der Ile-de-France auszumustern, falls der Krieg bis dahin zu Ende sei, falls Le Gentil dort ein anderes Schiff der Marine royale mit Kurs auf Pondichéry fände, falls er ihm dort einen Ersatzmann besorge und – vor allem – die *Berryer* die Ile-de-France überhaupt erreichte. Le Gentil zog es daher vor, nicht vor Ende der Reise mit dem Jungen darüber zu sprechen, um keine falschen Hoffnungen in ihm zu erwecken.

Bald schon merkte er, daß er bisher die landläufige Meinung über Seeleute geteilt hatte. Nicht aus Abenteuerlust, Fernweh oder Freiheitsdrang hatte Gratot schon im Alter von neun Jahren in Cherbourg als Schiffsjunge angeheuert. Oh nein! Sein Vater, der selbst zur See gefahren war, hatte ihn bis zum Anwerber geschleift. Das Kind sollte sich bezahlt machen! Was der Junge vom Krieg auf den Meeren erzählte, war grauenhaft: der über Deck fegende Kugelhagel, der die Menschen in Stücke riß, die gebrochenen Masten, die Menschen zerquetschenden, die herunterstürzenden und auf Deck zerschmetternden Körper, die Kugeln, die Köpfe abrissen, das Meer, das die vermeintlich Toten verschlang ... Um diese Schreckensvisionen zu verjagen, wechselte Le Gentil das Thema und beschwor lieber gemeinsame Erinnerungen ans heimatliche Cotentin herauf. Da entdeckten sie gemeinsame Bekannte und gemeinsame Erfahrungen, sie hatten die gleichen Spiele gespielt in den Dünen oder am Kiesstrand. Er ließ sich auch von Gratot das alltägliche Leben der Leute auf seinen Gütern schildern und war entsetzt, daß er nie gemerkt hatte, welche Welten die Gratots von den La Galaisières trennten. Doch unbewußt infizierte Le Gentil dadurch das Gehirn seines jungen Schülers mit dem Erreger jener bei Seeleuten auf langer Fahrt häufig auftretenden Krankheit, einer Krankheit, die sie ihrer Kräfte beraubt und sie manchmal gar zum Äußersten treibt und den Namen *Heimweh* trägt.

Eines Abends, irgendwo mitten im Südatlantik, hatte der Wind nachgelassen, und das Schiff war in regungslosem, dunklem und blutrot gefärbten, Wasser zum Stillstand gekommen. Die belastende Stille, das Knarzen von Holz und das Quietschen der Winden stimmten die Männer trübsinnig. Le Gentil, der von Natur aus kein Melancholiker war, überließ sich einer behaglich süßen Traurigkeit. Gratot setzte sich neben ihn – und plötzlich ärgerte ihn das. Er war wohl zu vertraulich mit dem Burschen umgegangen, denn dies ging nun doch zu weit! Ein Diener war seinem Herrn doch Zurückhaltung schuldig, das schien der Bursche vergessen zu haben. Man mußte ihn wohl wieder behutsam auf seinen Platz verweisen, zumal er jetzt, vermutlich um die Beklemmung der Dämmerung loszuwerden, lauthals und überschwenglich erzählte: Vor einigen Jahren sei an den Gestaden des Prepont die Jungfrau Maria von Coutances erschienen und habe zwei Viehhirten verkündet, die Franzosen würden in Port-Mahón siegen.

«Wenn du mir weiterhin mit solchem Unsinn in den Ohren liegst, werde ich dich, schneller als du glaubst, wieder in die Rahen hochjagen. Was soll ich mit einem Assistenten, der solche Ammenmärchen glaubt? Hau jetzt ab!»

Der Junge stürzte kopfüber davon. Wenige Sekunden später vernahm Le Gentil einen Schrei: «Mann über Bord!» Dann Schaluppengetöse. Er rannte zu der Stelle, wo sich ein Dutzend Matrosen über die Reling beugten, schob sie auseinander und entdeckte im tiefschwarzen und nur von Laternen beleuchteten Wasser Gratot, der um sich schlug, um Hilfe schrie und offensichtlich vergessen hatte, daß er seinem Leben ein Ende hatte setzen wollen. Ohne länger nachzudenken, streifte Le Gentil seine Schuhe ab, riß seine Jacke auf und stürzte sich in den Ozean. Nach ein paar kräftigen Schwimmzügen war er bei dem verzweifelten Jungen angelangt, versetzte ihm einen Kinnhaken, damit er zu zappeln aufhörte, und schwamm dann, seine Last mit sich schleppend, hinter der durch die Strömung fortgetriebenen *Berryer* her. Als er den Schiffsrumpf erreicht hatte, erwischte er mit knapper Not das heruntergeworfene Hanftau, ließ sich ins Schlepp nehmen, bis er und der schlotternde Junge endlich in eine zu Wasser gelassene Schaluppe gehißt werden konnten.

Kein Applaus der Akademie für einen Bericht habe ihm je so viel Freude gemacht wie die Vivat-Rufe, mit denen er an diesem Abend an Bord der *Berryer* gefeiert wurde, erzählte er uns Jahre später. Dabei erfuhr er auch, daß Selbstmord bei Matrosen alltäglich sei, letztes Symptom dieser *nostosalgia*, des Heimwehs, und alle würden das Ertrinken wählen, obwohl sie Todesangst davor hätten. Strick oder Messer wären ihnen eigentlich lieber, aber dabei sei der Tod nicht so sicher – die meisten Seeleute könnten nämlich nicht schwimmen.

Von diesem Tag an mauserte sich Gratot zum ergebensten, wenn nicht gar zum diskretesten aller Diener. Dabei ließ ihm Le Gentil aus Angst vor einem Rückfall jede Frechheit durchgehen. Anstatt dies auszunutzen, kehrte Gratot die Lage um und schlüpfte in die Rolle des Beschützers seines Herrn: Dieser schwebe ja immer in seinen Sternen und könne sich allein nicht verteidigen gegen die Fallen, die das rauhe Leben stellte. Mannschaftsführer und Kommandant erhoben keinerlei Einwände mehr gegen Gratots Ausmusterung, damit er dem Astronomen als Diener zur Verfügung stünde. Es lag ihnen nichts daran, daß der Schiffsjunge seine Tat wiederholte oder die restliche Mannschaft seinem Beispiel folgte.

Das verpaßte Rendezvous

Die *Berryer* machte nur zwei Zwischenlandungen auf dieser langen Seereise von dreieinhalb Monaten. Als sie bei den Kanarischen Inseln anlegte, wurde sie von den Spaniern sehr unliebenswürdig empfangen, obgleich doch «Familienbande» mit Frankreich bestanden, aber eben nur Bande zwischen den Königsfamilien. Am Kap der Guten Hoffnung hingegen empfingen die Holländer sie mit offenen Armen, obgleich deren *Stadhouder* eher englandfreundlich war. Allianzen und Kriege zwischen Fürsten stimmen offenbar nur selten überein mit Feindschaften und Sympathien auf seiten der Untertanen.

Als sie aus dem Hafen des Kaps ausliefen, mußte Le Gentil feststellen, daß tatsächlich Krieg war. Kaum hatte die *Berryer* die Küstengewässer verlassen, jagte ein englisches Kriegsschiff hinter ihr her. Eine seiner Kanonenkugeln verursachte am Heck eine Wasserfontäne. Aber zum Glück war das französische Schiff schneller und konnte den Feind abhängen. Das Wettrennen dauerte einen ganzen Tag und versetzte unseren friedfertigen Gelehrten in merkwürdiges Entzücken. Fast hätte er sich gewünscht, die anderen würden die *Berryer* entern.

Um eine neuerliche Begegnung ähnlicher Art zu vermeiden, änderte der Kommandant die Route: Man würde gen Norden fahren, durch den Kanal von Mosambik und dann an Madagaskars Westküste entlang, wo die Engländer aus Furcht vor feindlichen Korsarenschiffen sich nicht hinwagten. Die Reise wurde durch Gegenwind oder Windstille noch zusätzlich verlängert. Sie erreichten die Ile-de-France von Norden her, nachdem sie die Insel Rodriguez umschifft hatten, deren Lage Le Gentil bis auf wenige Meilen geographischer Länge ziemlich genau hatte bestimmen können.

Kaum hatte er den Fuß auf den Landesteg von Port-Louis auf der Ile-de-France gesetzt, wollte Le Gentil so schnell wie möglich wieder weg, um die Sommermonsunwinde zu nutzen, die sein Schiff problemlos zu den Gestaden Indiens getrieben hätten. Dabei blieben ihm noch elf Monate bis zum Rendezvous mit Venus, doch während der langen Überfahrt hatte der langgehegte Traum die Form eines wohlüberlegten, wohlberechneten Plans angenommen: Er wollte die Welt umrunden. Inzwischen wußte er ja aus Erfahrung, daß sein Körper die Anforderungen einer langen Seereise mühelos überstand, sowohl bei Sturm als auch bei der zermürbenden Hitze der Windstille. Auch seelisch war er der Promiskuität an Bord mit den rauhbeinigen Matrosen und den arroganten Offizieren gewachsen. Außerdem hatte ein Astronom und Geograph an Deck auch immer etwas zu tun, genau wie die Matrosen, selbst wenn er nur eine Schar Delphine oder einen blutroten Sonnenuntergang betrachtete. Nein, der Sire de La Galaisière, der Abkömmling unerschrockener normannischer Seeräuber, würde sich niemals langweilen bei den langwierigen, eintönigen Fahrten, fern jeglicher Gestade. Während all der Monate auf der *Berryer* hatte er auch sich selbst eingehend und methodisch beobachtet, als wäre er sein eigener Leibarzt. Dann hatte er die Offiziere nach den Möglichkeiten und Risiken einer Expedition im Alleingang rund um die Welt ausgefragt und war zu dem Schluß gekommen, daß er das leicht würde schaffen können, wenn er Schiffbrüchen, Kriegen, Piraten, Kannibalen, wilden Tieren, Skorbut und anderen Fäulnisfiebern entkam. Nach der Beobachtung der Venus bräuchte er nur von Pondichéry aus nach Manila weiterzureisen und dort eines jener spanischen Schiffe zu besteigen, die von den Philippinen, quer durch den großen Pazifischen Ozean, Neu-Spanien ansteuerten. Das Stück quer durch Mexiko, von West nach Ost, von Acapulco nach Santa Cruz, wäre dann nur noch ein der Gesundheit förderlicher Spaziergang, und von dort aus zurück in die Alte Welt war seit Christoph Kolumbus ja auch nur mehr Routine.

Noch nie hatte ein Franzose eine solche Strecke bereist, abgesehen vielleicht von ein paar baskischen Matrosen, die sich mit Magellan eingeschifft hatten, aber in Vergessenheit geraten sind. Noch nie in der Geschichte der Menschheit hatte ein einzelner dieses Abenteuer gewagt, und sollte es so jemanden gegeben haben, ist er anonym geblieben, angetrieben vom Zufall, von Profitgier oder von seiner Lust am Streunen. Le Gentil hingegen wollte diese Leistung als Gelehrter vollbringen, sozusagen als Gesandter des Königs von Frankreich. Er war sich sicher, Zustimmung und Geldmittel kämen von allein durch Vermittlung seiner Gewährsleute in Versailles oder der Akademie, den Duc de La Vrillière, Cassini, Delisle und – wer weiß? – Jérôme Lalande …

Astronomie und benachbarte Wissenschaften würden dann für die Schiffahrt die gleiche Bedeutung erlangen, wie die Botanik sie für die Landwirtschaft haben müßte. Er zog ja auch aus, um seltene Pflanzen mitzubringen für Ernährung und Heilung, Erze, die Reichtum verhießen, sowie Naturphilosophie von Wilden, die womöglich in bezug auf Tugend und Güte beispielhaft sein könnte für unsere betont christliche Welt, die derer doch so bedurfte. Es ging nicht darum, Neuland zu entdecken oder zu erobern, weder einen arktischen Kontinent noch Zipangu, noch Eldorado oder das Königreich des Priesters Johannes. Le Gentil war schließlich weder Admiral noch Händler, noch Conquistador oder Kreuzfahrer. Er war ein Mann der Wissenschaft.

Nachts ausgestreckt auf seiner schmalen Pritsche, ließ er manchmal auf den lockeren Brettern der Kajütendecke die flammenden Bilder seiner glorreichen Rückkehr vorüberziehen. Und dann sah er auch Reine, wie sie auf ihn zulief und ihn innigst ihre Bewunderung spüren ließ.

Er war erstaunt, wie begeistert sie ihn auf der Ile-de-France empfingen: die Honoratioren, wohlgemerkt, nicht die Negersklaven oder die armseligen Fischer, die an Bord eines beliebigen Kahns aus dem hungergeplagten Rosporden oder dem gequälten Québec geklettert waren, oder die Deserteure, die vor der Peitsche ihrer Offiziere davongelaufen und in trostlose Gegenden geflohen waren, um dort Stätten der Freiheit zu errichten. Diese alle bekam Le Gentil nicht zu Gesicht. Dafür aber all die anderen, die ihn schon erwarteten, Herren unter breitkrempigen Hüten über Spitzengewändern, die ihre Nonchalance auf Gehstöcke aus Edelholz stützten, daneben ihre transparenten Frauen in schweren Kleidern, die die Brust einschnürten und sie doch vibrieren lassen sollten, bewehrt mit Sonnenschirmchen zum Schutz des Teints, der wie Alabaster wirken sollte, dem Phöbus aber schon arg zugesetzt hatte, und hinter ihnen dann behäbige, üppige, sinnliche Kreolinnen.

Das hochangesehene, geradewegs aus Paris eingetroffene und in der Kolonie schon seit Monaten angekündigte Akademiemitglied konnte den gleichen Erfolg für sich verbuchen wie die beiden Kriegsschiffe mit ihren malerischen zartgrünen und rosafarbenen Häuschen auf zwei Etagen. Als sie in die Reede einliefen, wartete schon eine ungeduldige Menge auf Nachrichten aus Paris.

Eine von einem Neger mit Perücke gelenkte Kutsche holte ihn am Kai ab, während andere Sklaven unter Gratots gebrüllten Befehlen sich mit seinen Koffern und Kisten beluden. Der Gouverneur Desforges-Boucher empfing ihn auf der Freitreppe seines Palastes, eines langgestreckten Gebäudes inmitten eines Parks, wo die schönsten Gewächse Indiens und Afrikas friedlich vereint wuchsen. Intendant Poivre und Comte de l'Eguille, Geschwaderkommandant auf den indischen Meeren, rahmten den Gouverneur ein.

Der Kommandant, so dachte Le Gentil bei sich, würde ihm sagen können, mit welchem Schiff er am schnellsten Pondichéry erreichte. Er beschloß daher, den Grafen zu umgarnen. Aber da ertränkte man ihn schon unter Komplimenten, Huldigungen, Reverenzen, als wäre er Newton, Buffon und der bevollmächtigte Botschafter sämtlicher Planeten des Sonnensystems in einer Person. Es erstaunte ihn zwar, daß man sich auf dieser abgelegenen Insel genauso, wenn nicht gar mehr als in Versailles für eine so abstruse Angelegenheit wie die Sonnenparallaxe begeisterte, und es schmeichelte ihm auch, daß man ihn wie einen Prinzen von Geblüt hofierte, aber für einen Narren halten ließ er sich nicht: Man liebte ihn, weil er neu war, und in diesen Breiten ist Neuheit eine noch viel ephemerere Tugend als in Paris.

Eine anmutige junge Frau, die man offensichtlich mit dieser Mission betraut hatte, legte ihm die Hand auf den Arm und geleitete ihn zum Speisesaal. Sie stellte sich als Aphrodite Nihil vor, Gemahlin des Richters von Port-Louis. Letzterer, ein alter Esel mit einem von Blattern abstoßend entstellten Gesicht, grüßte ihn nur beiläufig.

Aphrodite säuselte ihm mit ihrem bezaubernden Kreolenakzent ins Ohr: «Sie glauben ja nicht, Monsieur, wie ich es bedauere, daß ausgerechnet Sie gekommen sind, denn Sie können mir bestimmt nicht sagen, was man heute bei Hofe trägt. Ihr Astrologen habt ja die Nase immer nur in den Sternen und senkt euren Blick nie auf derlei Nichtigkeiten.»

«Es stimmt, Madame», entgegnete unser sogenannter

Astrologe, «meine Studien halten mich fern von den Dingen dieser Welt, doch ich vermag Ihnen immerhin zu berichten, daß kurz vor meiner Abreise die Marquise de Pichon-Fardin die Crapudinière- oder Candide-Mode lanciert hatte, Ton in Ton, leicht überhöhtes Resedagelb und plissiert à la ‹Erdbeben von Lisboa›. Aber das war vor sechs Monaten, seitdem könnten sich die Dinge geändert haben.»

«Ton in Ton, wissen Sie das genau?» Die junge Frau war verblüfft über das Wissen ihres Kavaliers. «Oh, Herr Astrologe, Sie werden uns gefallen!»

Während Le Gentil scharf gewürzte Thunfischbällchen mit einer Garnitur frittierter Mango- und Taroscheibchen verschlang (eine willkommene Abwechslung nach dem Fraß an Bord), versuchte er beharrlich, aber vergeblich, die Aufmerksamkeit des Kommandanten de l'Eguille zu erringen. Nichts zu machen, seine kokette Tischnachbarin verbot ihm, «über Geschäftliches zu reden, das gehört sich doch nicht im Beisein von Damen». Permanent fragte sie, was denn sonst noch in Mode sei und was es an Alkovengeheimnissen gebe bei Seiner doch wohl sehr libidinösen Majestät Ludwig dem Fünfzehnten. Diese Geheimnisse waren längst gelüftet, nur offenbar nicht auf der Ile-de-France.

Le Gentil wurde in einer Dépendance der herrschaftlichen Residenz des Richters Nihil untergebracht. Als er sich endlich all dieser Provinzmondänitäten entziehen konnte, warf er sich voll angezogen erschöpft aufs Bett. Gleich am nächsten Tag empfing ihn der Gouverneur in Anwesenheit des Kommandanten de l'Eguille zum Gespräch.

«Oh, lieber Freund», sagte Desforges mit bekümmerter Miene, «Sie haben wirklich kein Glück, denn rings um Pondichéry tobt der Krieg. Es dürfte schwer sein, ein Schiff zu finden, das sich an die Koromandelküste heranwagt.»

«Ich dachte, die *Berryer* und die *Comte d'Artois*, mit denen ich von L'Orient gekommen bin, hätten den Auftrag gehabt, dort das Geschwader zu verstärken ...», erwiderte Le Gentil verwundert.

«Leider, Monsieur, zwingt uns eine Order aus Paris, unsere Seestreitkräfte hier um die Ile-de-France und um Bourbon zusammenzuziehen», unterbrach ihn der Kommandant. «Würde es den Engländern gelingen, diese zwei Bastionen zu stürmen, wäre es vorbei mit der Herrschaft Frankreichs in diesen Regionen.»

«Versailles opfert also unsere Stützpunkte in Indien?»

«Ganz Amerika gleitet uns schon durch die Finger. Und in Indien, wo wir einen zweiten Mahé de la Bourdonnais gebraucht hätten, hat man uns einen Lally-Tollendal gegeben.»

«Wer ist denn das?» fragte Le Gentil, um seine Rolle als Gelehrter, der den Kopf im Mond und von Politik keine Ahnung hat, so gut wie möglich zu spielen. Dabei hatte der Duc de La Vrillière, sein Akademiekollege und Logenbruder, ihn vor seiner Abreise in Kenntnis gesetzt.

«Lally? Ein schottischer Grobian, der seine Offiziere, weil sie Seeleute sind, verachtet und schikaniert und die Eingeborenenfürsten, bei denen subtilstes Diplomatengeschick vonnöten wäre, wie Wilde behandelt. Kurz gesagt, eine Landratte, die von den Gepflogenheiten auf See keinen blassen Schimmer hat. Sein Mißerfolg vor Madras ist der beste Beweis. Ich frage mich, was die Ostindienkompanie gebissen hat, daß sie diesen Versager zum Verwalter ernannte. Man munkelt auch, aber das sind natürlich nur Gerüchte, er wirtschafte dort noch viel habgieriger und schamloser als Monsieur de Dupleix in seine eigenen Taschen, und das will etwas heißen.»

«Sie sind sehr streng, mein lieber Kommandant», sagte der Gouverneur auffallend ironisch. «Ich werde Ihre Heftigkeit auf das Konto des gesunden Wettstreits zwischen Staatskorps und Armeekorps verbuchen, der ja seit eh und je besteht. Ich würde sagen, Lally leidet an einer recht verbreiteten Krankheit, die ich bei vielen meiner französischen oder ausländischen Amtskollegen beobachten konnte und die ich *rex insularum mania* getauft habe.»

«Und wie sehen deren Symptome aus?» fragte Le Gentil.

«Eine plötzlich auftretende frenetische Sucht nach Luxus und Pomp, ein Sicheinigeln in einer *splendid isolation*, tyrannisches Gehabe und totales Vergessen, daß man nur der Vertreter des Königs von Frankreich ist. Manchmal fürchte auch ich, an dieser Inselkönigkrankheit zu leiden, und daher habe ich immer ein strenges Auge auf mich.»

«Da sehe ich keine Gefahr, Exzellenz», erwiderte Le Gentil. «Indem Ihr das Übel erkennt, seid Ihr bereits dagegen gefeit.»

«Glauben Sie das bloß nicht», feixte l'Eguille, «unser Freund Desforges ist schon stark infiziert. Bei den hübschen Kreolinnen und den jungen Negerinnen pocht er gewaltig auf das *ius primae noctis* der alten Feudelherren.»

«Wollen Sie wohl den Mund halten! Meine Frau ist nebenan. Kommen wir wieder zur Sache, Monsieur Le Gentil: Ich plane, im kommenden Monat ein Schiff nach Batavia zu schicken, um noch Lebensmittel zu holen, bevor der Monsun kentert. Es kann Sie an der Koromandelküste absetzen. Bis dahin ... ruhen Sie sich aus, und genießen Sie die Reize dieser schönen Insel.»

Das Lebensmittelschiff lief nie nach Batavia aus. Die Wochen vergingen, und Le Gentils Ungeduld wurde so groß, daß ihn das von Liebenswürdigkeit und Trägheit geprägte Leben auf der Insel anekelte. Er verbrachte seine Tage mit dem Gouverneur und dessen Familie auf dem Land bei Réduit oder besuchte den botanischen Garten, den der Intendant und Generalkommissar Poivre vor kurzem hatte anlegen lassen. Die beiden Herren der Insel, die einander anlächelten und voreinander katzbuckelten, haßten sich abgrundtief, und wenn in Kriegszeiten wie diesen Desforges-Boucher die Oberhand behielt, so war doch klar, daß mit dem Frieden und dem Wiederaufblühen des Handels Poivre die Nase vorne haben würde. Le Gentil bemühte sich redlich, in diesem Kokospalmenkonflikt neutral zu bleiben. Gegen seinen Willen tendierte sein Gelehrtenherz allerdings eher zum Intendanten. Dieser besaß erstaunliche Kenntnisse in Botanik, deren praktische Anwendung Le Gentil mit Interesse verfolgte.

Dieser Poivre begeisterte sich vor allem für Gewürze. Der Mann als solcher gefiel ihm gar nicht, wenn er auch große Anziehungskraft besaß. Man spürte sein gewaltiges Machtstreben wie auch seine Großmannssucht, und der geringste Beweis dafür war, daß er den Holländern auf dem indonesischen Archipel, wo sie sozusagen das Monopol im Gewürzhandel innehatten, auf den Leib rücken wollte.

Über drei Monate vergingen mit diesem lähmenden Warten. Das schicksalhafte Datum des Venustransits rückte unaufhaltsam näher. Le Gentil wurde krank. Aber es war nicht das rauschhafte Tropenfieber, das jene lyrischen Ergüsse auslöst, bei denen man zwischen Leben und Tod zu schweben meint, sondern ein ekelhafter Durchfall mit Bauchgrimmen und demütigendem Gestank. Den ganzen Oktober und noch ein Gutteil des Monats November verbarrikadierte er sich, verweigerte selbst seiner graziösen Gastgeberin den Zutritt zu seinem hübschen Holzhaus, das auf einem Rasenteppich innerhalb des richterlichen Anwesens ein wenig abseits, aber direkt am Meer lag. Auch den Leibarzt des Gouverneurs schmiß er hinaus, wollte ihm dieser Diafoirus doch glatt ein Klistier verabreichen, um ihn von seinen Koliken zu heilen. Er wollte nur von dem alten Negersklaven gepflegt werden, der hatte etwas von einem Medizinmann und dürfte zu seiner Genesung etliches beigetragen haben. Als seine Gedärme ihm endlich Ruhe vergönnten, begann er wieder mit dem Rechnen, um die Angst, er könne den Vorübergang der Venus verpassen, zu vergessen. Er stellte daher verschiedene Hypothesen auf. Es schien ihm zunehmend unwahrscheinlich, daß ein Schiff ihn noch bis Pondichéry bringen würde oder wollte. Dort herrschte seit Mitte August Belagerungszustand, und offensichtlich fühlte sich die Marine Seiner Majestät nicht im geringsten gedrängt, Verstärkung hinzubringen. Der Gouverneur Desforges-Boucher, der einzige Besucher, den Le Gentil während seiner Krankheit vorließ, raufte sich die Haare. Dieser ehemalige Korsar, der seine Nominierung als Oberverwalter der französischen Inseln im Indischen Ozean allein seinem Mut und seinen Meriten verdankte, verfluchte diese perückengeschmückten Admiräle, die unseren letzten Stützpunkt in Indien so einfach aufgaben, unter dem Vorwand, der dortige Befehlshaber sei weder Seemann noch Franzose und könne, und das war wohl das Entscheidende, nicht so viele Adelsprädikate vorweisen wie sie.

Viele dürften mittlerweile, vierzig Jahre später, vergessen haben, wie man damals handelte und wie man dachte, dabei sind die Konsequenzen, trotz aller Ereignisse, die seitdem eingetreten sind, noch heute spürbar. Ein Schiff zu befehligen, und erst recht ein ganzes Geschwader, ist eine echte Wissenschaft, die fundierte Kenntnisse in Mathematik, Geographie und Astronomie erfordert. Kurz, man muß «Ozeanograph» sein, um den Neologismus meines ehemaligen Schülers Bontemps-Beaupré zu gebrauchen. Doch in jener Zeit, von der ich spreche, brauchte ein Marineoffizier nicht einmal Euklid zu kennen. Aber wenn sein Vorfahr nicht wenigstens Favorit von Heinrich III. gewesen war, brauchte er gar nicht erst davon zu träumen, eines Tages Admiral Seiner Majestät zu werden. Kapitän war keine Berufsbezeichnung, sondern ein Privileg. Ein Nichtadeliger, der den Ruf des Meeres vernahm, konnte nur Korsar, Pirat oder Schiffsjunge werden. Und als dieses Privileg wie so manch anderes abgeschafft wurde, emigrierten die Admiräle. Es ist weitaus einfacher, an Land General zu werden als Kapitän zur See. Was hat mein lieber Bougainville nicht alles an Kränkungen hinnehmen müssen, um der erste Franzose zu werden, der um die Welt gereist ist. Dabei war er ein guter Seemann, ein guter Mathematiker – wozu ich beigetragen habe – und ein Mann mit Herz und Verstand. Er hatte nur einen Fehler: seine Abstammung von niedrigem Amtsadel. Und dann noch Infanterieoffizier! Zwei Untugenden, noch heute Anlaß für Haß und Verachtung seitens der Marine royale. Das war der Grund, warum im Jahre des Heils 1760 die Flotte Seiner Majestät Ludwigdes-Vielgeliebten diesem Lally-Tollendal nie zu Hilfe kam, war er doch nur ein frisch zum Baron gekürter Schotte und zudem noch eine Landratte. Wer war der Verräter, Lally oder die anderen, die ihm aufgrund von Standesdünkel jegliche Unterstützung verweigerten?

Le Gentil fand schließlich doch noch eine Ersatzlösung für den Fall, daß kein Schiff Pondichéry, von wo auch keinerlei Nachricht mehr kam, ansteuern würde: die Insel Rodriguez, französisches Besitztum, etwa hundert Meilen am Wind von der Ile-de-France entfernt, deren Lage er an Bord der *Berryer* hatte bestimmen können. Er machte sich keinerlei Illusionen: Auf jenem abgelegenen Fleckchen Land würde die Sonne im Moment des Venustransits noch viel zu tief am Horizont stehen, um befriedigende Ergebnisse zu liefern. Trotz seiner Darmkrämpfe schleppte er sich bis zum Gouverneur, um ihm diesen neuen Plan zu eröffnen. Desforges-Boucher zeigte sich sichtlich erleichtert, daß der Gelehrte nicht mehr unter allen Umständen seine Nase und sein Fernrohr mitten ins Kriegsgeschehen zu stecken beabsichtigte. Daher sah sich Le Gentil genötigt, nochmals zu betonen, Rodriguez sei nur eine Notlösung, und sein Ziel sei nach wie vor Pondichéry. Oder – wenn der Belagerungsring der Engländer nicht zu durchbrechen sei – ein anderer Punkt an der Koromandelküste. Von diesem Tag an verbrachte unser Rekonvaleszent seine Tage im Hafen und hielt Ausschau nach einlaufenden Schiffen. Das dauerte bis zum Februar des nächsten Jahres, des Jahres, da das spektakuläre Rendezvous erwartet wurde. Die spärlichen Nachrichten, die von Zeit zu Zeit eintrafen, waren wenig erfreulich. Überall wurde verbreitet, die feindlichen Schiffe kämen der Ile-de France oder der Ile-de-Bourbon, wo die französische Flotte in Erwartung einer Order aus Versailles, die nie eintraf, fröstelnd in Deckung gegangen war, gefährlich nahe.

Le Gentil spürte, wie er hier verkümmerte. Dabei war er wieder völlig gesund und bei Kräften. Am liebsten wäre er sofort losgefahren, um die unbekannten Küstenstriche des so nahen Afrika zu erkunden oder die mißachteten Archipele im Indischen Ozean oder wenigstens das Innere dieser Insel. Doch er lief nur hin und her zwischen dem Hafen, dem Palast des Gouverneurs und der Residenz des Kommandanten de l'Eguille, die beide vom Geschehen auf dem indischen Kontinent oder den französischen Intentionen auch nicht mehr wußten als er. Auch sie warteten, waren machtlos. Er wunderte sich über diese Gleichgültigkeit. Wieso wagte man nicht einmal einen Vorstoß in Richtung Indien, interessierte es denn niemanden, was aus den Stützpunkten wurde? Nein. Hier wie auf Bourbon verschanzten sich die Seestreitkräfte und blieben in der Defensive.

Eines Tages, es war im Februar, kam frühmorgens Gratot von seinem üblichen nächtlichen Streifzug durch die Spelunken von Port-Louis angelaufen und stürmte, ohne anzuklopfen, in Le Gentils Schlafzimmer:

«Herr, Herr! Eine Fregatte aus Frankreich hat sich soeben im Hafen angemeldet!»

«Gratot! Es ist fünf Uhr früh! Du stinkst nach Rum und Hure.»

«Ach, Herr, ich bin ja so verliebt! Eine Negerin aus Madagaskar, und einen Hintern hat die! Auf dem kann man ein Glas abstellen, ohne daß es umkippt.»

«Wenn du in Algebra so gut wärest wie in Deduktion, hätte ich dir nichts mehr beizubringen.»

«Es kann sich ja schließlich nicht jeder eine Madame Richter leisten. Wie das Sprichwort sagt: Für den Kapitän die Admiralsfrauen, für die Schiffsjungen die Hafendirnen.»

«... und für den frechen Diener den Stock. Los, hilf mir in die Stiefel, ich muß zum Gouverneur.»

«Meine Freundin ... die ist wahnsinnig lieb, das kann ich Ihnen sagen. Sie ist keine Dirne. Sie heißt Conception.»

«Mit einem solchen Namen wäre ich vorsichtig, wenn ich du wäre. Meinen Hut!»

«Sie hat eine Schwester, die hat Sie neulich beim Intendanten gesehen. Sie arbeitet als Sklavin dort. Sie fand Sie sehr schön. Sie schwärmt allerdings für alle Blonden, vor allem, wenn sie alt sind.»

«Zu liebenswürdig. Los, sattle mein Pferd, bevor ich dir die Peitsche gebe.»

Angespornt von der Erinnerung an die junge Frau mit der honigfarbenen Haut und dem intensiven Pollenduft, die ihn neulich abends bei Poivre, als sie ihm ein Getränk reichte, flüchtig gestreift hatte, machte er sich auf, um selbst Nachrichten einzuholen.

Sie waren gut für ihn, aber katastrophal für Frankreich. In Amerika hatte im Oktober vorigen Jahres Montreal kapituliert, die Antilleninseln gingen eine nach der anderen verloren, und in Afrika war Senegal bereits in den Händen der Engländer. Nur in Europa schien die Lage noch stabil.

«Der König befiehlt uns, unverzüglich ein Schiff nach Pondichéry zu schicken, Lally soll durchhalten und auf die Hilfstruppen warten, die in Amerika auf dem Rückzug sind», erklärte der Gouverneur. «Indien muß gehalten werden, sonst ist alles aus, auch für uns. Sobald der Monsun es zuläßt, wird die *Sylphide*, unsere schnellste Fregatte, auslaufen.»

«Wann wird das sein?» fragte Le Gentil.

«Heute ist der 19. Februar», lautete die Antwort des Kommandanten de l'Eguille. «In Friedenszeiten würde ich kein Schiff ablegen lassen, bevor der Wind nicht gedreht hat, also nicht vor Anfang April. Aber wenn wir Glück haben, wird die *Sylphide* in der ersten Märzhälfte starten können. Aufgrund des momentanen Ausnahmezustands werde ich das Kommando einem unerschrockenen jungen Leutnant, dem Marquis Bovier de Lacuesta, übergeben, der sich um alles in der Welt bewähren möchte, um vergessen zu machen, daß er erst seit kurzem ein Wappen führen darf. Er stammt übrigens aus Genua.»

«Wie Christoph Kolumbus», warf der Gouverneur ein. «Ein gutes Omen. Monsieur de La Galaisière, wollen Sie wirklich all diese Gefahren auf sich nehmen, um die Reize der Venus zu betrachten? Sie kennen übrigens den Marquis de Lacuesta, Sie sind schon mit ihm auf der *Berryer* gefahren.»

Oh, ja, Le Gentil kannte diesen jungen Mann. Er war dünkelhaft und süffisant, herablassend gegenüber Untergebenen und unterwürfig gegenüber Vorgesetzten. Während der langen Reise auf der *Berryer* hatte er nicht einmal das Wort an Le Gentil gerichtet, der ihm in puncto Adelsprädikat haushoch überlegen, in seinen Augen aber nur ein gelehrter Spinner, ein Philosoph, eine Landratte war und der nur einen verfallenen Gutshof sein eigen nannte, wohingegen er doch ein stolzes Schloß oberhalb der Provence besaß.

Die Order aus Frankreich war am 19. Februar gekommen, dennoch vergingen drei Wochen, bis die *Sylphide* startklar war. Le Gentil kochte vor Ungeduld. Immer mit dem treuen Gratot an seiner Seite fragte er die Besatzung über die Leistungsfähigkeit der Fregatte aus. Nach ihrer Einschätzung wäre man in maximal zwei Monaten an der Koromandelküste. Dann hätte er schlimmstenfalls rund drei Wochen zum Aufbau seiner Sternwarte. Le Gentil, der sich voll und ganz Venus verschrieben hatte, rechnete erst gar nicht mit Hindernissen, die der Erreichung seines Ziels im Wege stehen konnten: beispielsweise ein Dutzend von Kanonen strotzende englische Kriegsschiffe, die Pondichéry belagerten, Gegenwinde und andere Tücken des Meeres.

Am Abend des 10. April, als er seine enge Kajüte bereits bezogen hatte, tauchte plötzlich, ohne daß er angeklopft hätte, der junge Kommandant bei ihm auf.

«Monsieur, wie ich soeben erfuhr, sind Sie, ohne mich in Kenntnis zu setzen, mit Ihrem Domestiken an Bord gegangen. Es kommt gar nicht in Frage, daß ich mich in so heikler Mission mit einem zweiten unnützen Esser belaste. Allein schon Ihre Kisten und Koffer nehmen uns gewaltig viel Platz weg …»

Unter anderen Umständen hätte Le Gentil diesen Flegel geohrfeigt und die Angelegenheit mit einem Duell bereinigt. Aber wegen Venus würgte er seinen Zorn hinunter.

«Sie dürften, Monsieur, die von Monsieur de l'Eguille und dem Gouverneur ordnungsgemäß unterschriebenen Dokumente, einschließlich der Berechtigung, einen Assistenten mitzunehmen, in Händen haben. Ferner erinnere ich Sie daran, daß ich auf ausdrücklichen Befehl Seiner Majestät reise.»

«Versailles ist weit, und hätte Monsieur de l'Eguille nicht einen Narren an Ihnen gefressen, würden Sie sich jetzt auf dem Kai wiederfinden, das können Sie mir glauben.»

Wie zwei Kampfhähne standen sie einander gegenüber. Le Gentil bemühte sich um Konzilianz.

«Gratot, mein Diener, hat sechs Jahre in der Marine abgeleistet. Und ich bin durchaus bereit, ihn während der Überfahrt Ihnen zur Verfügung zu stellen.»

In der Meinung, die Schlacht gewonnen zu haben, lenkte Leutnant Bovier ein:

«Mit dieser Regelung bin ich einverstanden. Los, melde dich beim Quartiermeister, und mach keinen Unsinn, Bürschchen! Wir befinden uns im Krieg. Und Sie, mein Herr Gelehrter ...»

Der Leutnant stockte. An Le Gentils Miene war abzulesen, daß dieser ihm gleich an die Gurgel gehen würde.

«... Sie werden, wenn es nach mir geht, eine angenehme Reise haben.»

Im Morgengrauen des nächsten Tages legte die *Sylphide* ab. Zu Le Gentils großer Überraschung steuerte sie gen Südsüdost auf die Ile-de-Bourbon zu. Vermutlich, so dachte er, um Anordnungen des Gouverneurs an die Untergebenen auf der Schwesterinsel zu überbringen. Aber ein Schiff, das einer französischen Armee in Gefahr schleunigst zu Hilfe eilen sollte? Ein solcher Umweg war doch, gelinde gesagt, ein Husarenstück! Na ja, dachte er bei sich, mischen wir uns nicht ein. Ein Tag Verspätung ist ja auch nicht die Welt.

Er irrte sich. Die *Sylphide* lag eine ganze Woche lang im Hafen von Saint-Denis auf Réunion. Le Gentil wagte sich erst von Bord, als er sicher war, daß diese Zwischenlandung sich hinziehen und Bovier de Lacuesta nicht, sobald er den Rücken kehrte, kurzerhand ablegen und ihn hier abhängen würde. Ein Unteroffizier, der sich mit ihm angefreundet hatte, beruhigte ihn. So begab er sich auf direktem Wege zu einem gewissen Monsieur de Lanux, der korrespondierendes Mitglied der Akademie war, und übergab ihm alles, was er seit seiner Abreise aus L'Orient, also seit einem Jahr, aufgeschrieben hatte. De Lanux war ein kluger und gastfreundlicher Mann. Vor allem aber jemand, mit dem man von gleich zu gleich über Geometrie und Astronomie reden konnte, ohne jedesmal die Keplerschen Gesetze von Grund auf erklären zu müssen. Wir in unserem Beruf haben eben auch, wie vermutlich in jeder anderen Sparte, eine eigene Ausdrucksweise, mit Aussparungen, Andeutungen etc. – unseren Jargon, kurz gesagt. Der Korrespondent der Akademie, der seit vielen Jahren auf Bourbon lebte, enthüllte seinem Pariser Kollegen viel haarsträubendere Dinge als die Entdeckung eines neuen Planeten jenseits von Saturn.

«Wundern Sie sich nicht, mein Lieber, über das Lavieren des jungen Lacuesta. Es entspricht genau dem, was man im gesamten Armeekorps bezweckt: Lally soll weg.»

«Aber dann ist auch Indien weg! Das ist doch Verrat!»

«Sie übertreiben ... Verrat scheint mir etwas zu hart, aber ... Erinnern Sie sich noch an 1757, den Beginn des Krieges, als Seine Majestät ein Geschwader zur Unterstützung unserer Besitzungen in den Indischen Ozean schickte?»

«So vage. Damals interessierte ich mich für derlei nicht. Jetzt muß ich es – notgedrungen.»

«Der kommandierende Admiral dieses Geschwaders war ein Landsmann von Ihnen, mein Freund. Es war Graf d'Aché.»

«Aché? Dem bin ich öfter begegnet. Er ist mit den Cotentin de Tourville verwandt. Hochadel, deren, grob gesagt, Vasall ich in gewisser Weise bin. Als er voriges Jahr nach Frankreich zurückkam, wurde er vom König mit Ehren überhäuft. Und Monsieur le Comte gehörte zu den großen Befürwortern unseres Plans, den Vorübergang der Venus zu beobachten.»

«Schon möglich, 1757 jedenfalls brauchte er sieben Monate von Brest bis zur Ile-de-France. Länger hat keiner gebraucht seit Vasco da Gama. Anschließend ließ er seine Schiffe ein Jahr lang in Port-Louis untätig liegen. Ein kleines Scharmützel mit den Engländern bei Gondelour, und flugs ging's zurück zur Ile-de-France, wo sie ein volles Jahr vertrödelten. Lally blieb auf seine eigenen Leute angewiesen, sie hatten ihn einfach im Stich gelassen. Wie heute.»

«Warum nur?»

«Sie wollen ihn kleinkriegen, den Schotten. Egal, wenn sämtliche französische Besitzungen dem Feind in die Hände fallen. Montcalm haben sie ja auch erledigt. Lally würde ihnen noch besser munden. Sie werden es bald kennenlernen, dieses Geschmeiß von Offizieren in ihren roten Uniformen. Möge es nur nicht Ihr Schaden sein, lieber Freund.»

Endlich, am 23. März, verließ die *Sylphide* Bourbon. Die ersten Tage stimmten Le Gentil wieder zuversichtlich. Sehr schnell ging es zwar nicht voran, denn von Südost wehte der Passat nur schwach, dafür aber regelmäßig, und so schaffte die Fregatte immerhin etwa dreißig bis fünfzig Meilen pro Tag. Wenn es so weiterginge, wären sie bald auf der Höhe von Indien. Dann würde es zwar schwieriger werden, aber zum Rendezvous kämen sie noch rechtzeitig. Als sie die Insel Rodriguez umfuhren, lächelte Le Gentil: Endlich war das Glück auf seiner Seite!

Doch am nächsten Tag drehte die *Sylphide* völlig unerwartet ab und nahm Kurs gen Norden. Zu früh!, schimpfte Le Gentil. Auf der Ile-de-France hatte er Zeit genug gehabt, die Karten zu studieren, und dies hier war eindeutig ein Fehler. Den Kommandanten konnte er nicht fragen, denn die beiden Männer sprachen nicht mehr miteinander. Er nahm den Unteroffizier beiseite, mit dem er sich angefreundet hatte.

«Wir haben vergeblich versucht, ihm das auszureden», erwiderte dieser, «der Kommandant hat beschlossen, seine Fehlentscheidung mit einer Glanzleistung zu übertünchen.»

«Und wie soll die aussehen?»

«Gegen den Monsun anzusteuern.»

«Und sein Auftrag?»

Der Unteroffizier zuckte nur hilflos mit den Achseln.

Schwer gebeutelt kämpfte sich die *Sylphide* durch diese Wahnsinnswinde, die sie aber immer wieder und unerbittlich zurückwarfen in Richtung der Meere Arabiens. Manchmal trat Ruhe ein, aber dann kam diese schlanke, schnelle Fregatte unter brütender Hitze überhaupt nicht mehr vom Fleck. So irrten sie fünf Wochen lang umher und erreichten schließlich die Einmündung des Roten Meeres. Le Gentil würgte seinen Zorn hinunter, übte sich in Resignation, beobachtete, notierte, arbeitete wie ein Besessener. Plötzlich drehten die Winde, und unter geblähten Segeln jagte die *Sylphide* gen Osten. Hoffnung kehrte zurück. Bald schon sah man die Küste von Malabar. Bald … Man schrieb den 24. Mai. Um den Südzipfel herum … nur noch ein Katzensprung. In zwei Wochen dann … Venus! Er würde rechtzeitig da sein!

Sie waren nur mehr zwei Meilen vom Stützpunkt Mahé entfernt, als ein Muselmanenschiff sie enterte. An Bord kommen wollte der Steuermann nicht, aber er rief ihnen etwas zu in schwer verständlichem Sprachengemisch.

«Haut ab, Franzosen, flieht! Eure Feinde haben Mahé und Pondichéry eingenommen!»

Der Kommandant, ein paar Offiziere und ein arabischer Steuermann stiegen hinunter in das kleinere Schiff. Als sie wieder heraufkamen, hatten sie Gewißheit: Sämtliche französischen Stützpunkte waren gefallen. Mit geblähten Segeln machte sich die *Sylphide* auf die Flucht. Le Gentil betrat die Kabine, wo sich der Führungsstab versammelt hatte. Als Gesandter des Königs fühlte er sich berechtigt, an den Beratungen teilzunehmen. Als der Kommandant endlich entschied, man würde geradewegs zur Ile-de-France zurückkehren, nur kurz auf Ceylon, das neutral, da holländisch war, Proviant an Bord nehmen, ergriff Le Gentil das Wort.

«Da wir nach dieser Niederlage Pondichéry nicht mehr ansteuern können, bitte ich Sie, mich mit meinem Diener und meinen Instrumenten irgendwo an der Koromandelküste abzusetzen. In der Gegend ums Kap Calimere zum Beispiel, das liegt auf dem richtigen Längengrad für meine Beobachtungen. Für euch bedeutet das nur einen Umweg von ein oder zwei Tagen.»

«Sie scherzen, Monsieur», entgegnete der Kommandant.

«Jetzt gibt's Wichtigeres als die Betrachtung Ihrer Sternchen. Wir müssen schleunigst Admiral de l'Eguille verständigen. Lassen Sie uns allein!»

«Ich bin hier auf Geheiß des Königs. Und was Zeitverlust anbelangt, damit scheinen Sie, Kommandant, doch wahrlich vertraut zu sein. Und Sie haben auch nicht das Recht ...»

«An Bord habe ich alle Rechte, nur nicht das, jemanden wie Sie irgendwo abzusetzen. Sie kennen die Stärke der französischen Flotte im Indischen Ozean gut genug, um Ihr Wissen zu klingender Münze zu machen.»

«Was? Wollen Sie etwa sagen, ich sei ein Spion?» Diesmal würde es zum Duell kommen. Aber erst, sobald man in Port-Louis zurück war. Bis dahin hatte Le Gentil in seiner Kajüte zu bleiben. Die *Sylphide* jagte durch die Stürme davon, mit Kurs auf die Ile-de-France.

Am 6. Juni zeigte sich ein schwarzer Punkt dort oben auf der Sonne. Venus war pünktlich erschienen zu ihrem ersten Rendezvous. Doch dort unten, mitten im Meer, weit weg, wo der Längengrad von Kalkutta und der Breitengrad von Sansibar sich kreuzen, da stemmte unter klarem Himmel über wogenden Fluten ein vor Zorn heulender Le Gentil sein Fernrohr hoch. So recht und schlecht gelang es ihm, die getönten Gläser vor dem Okular zu justieren, damit er ungestraft ins strahlende Antlitz der Sonne blicken konnte, um den kleinen schwarzen Punkt zu bestaunen. Wenn nur dieses Geschaukel nicht gewesen wäre! Vier Stunden lang vergaß er jede Übelkeit und kritzelte im Rhythmus des Schlingerns, während Gratot mit geübter Hand die Sanduhr drehte und wendete. Er wußte, daß diese Beobachtung wertlos wäre, kaum nützlicher als die von all den Menschen, die fast überall auf der Welt in den Himmel starrten und dieses Phänomen neugierig betrachteten – aber nicht anders als eine Kirmesattraktion.

Gleich nach seiner Rückkehr auf die Ile-de-France schrieb Le Gentil eiligst seinen Bericht für Fouchy, den Sekretär auf Lebenszeit an der Akademie der Wissenschaften. Die Gazetten brachten diesen Bericht allerdings nicht. Ein Mißerfolg interessiert niemanden, schon gar nicht, wenn der Bericht nicht mit schlüpfrigen Anekdoten pikant gewürzt ist. Das erste Schiff mit Kurs auf Frankreich nahm die Post mit, Le Gentils Bericht und einen Brief über die Einnahme von Pondichéry. An Bord war auch Bovier de Lacuesta, zurückgestuft auf seinen früheren Rang.

Und so wurde Le Gentil nicht einmal die Befriedigung eines hübschen Duells zuteil.

Verzweifelte Liebe

Chappe verheimlichte mir nie etwas. Er bemühte sich unendlich um Transparenz. Er war urwüchsig derb, aß gern, war geschwätzig, anzüglich, zumindest in Worten, und betrieb alles mit einer so redseligen und unbekümmert indiskreten Leidenschaft, daß er sich häufig Verdruß und Ärger einhandelte. Dabei war er keusch, dieser Sanguiniker. Von all den Liebesabenteuern, deren er sich rühmte, schienen zwei oder drei glaubwürdig zu klingen, vor allem das eine mit einer berühmten und noblen Dame, die einen Salon führte, ein halbes Jahrhundert alt und halb blind war.

Am weitschweifigsten war Chappe, wenn er von seinen «wahren» Lieben sprach, immer hoffnungslos, nie erhört, und dabei gewann man den Eindruck, als sei gerade dies für ihn der höchste Genuß. Rückhaltlos und mit grandioser Selbstironie schilderte er den Freunden diese verzehrende Leidenschaft, von der die betroffene Person häufig gar nichts wußte. Wie sollte man einen solchen Mann ernst nehmen?

Daher wäre es zwischen uns beiden eines Abends beinahe zum endgültigen Bruch gekommen, wenn Reine mich nicht ein paar Tage zuvor mit süßen Bekenntnissen und zärtlichen Versprechungen eingelullt hätte. In ihrem Brief stand, bald schon und dann für immer würde sie mir abermals schenken, wonach ich mich so verzweifelt sehnte. Sogar das Datum hatte sie genau festgesetzt: am 6. Juni 1761 – also in knapp einem Jahr. Weibliche Koketterie und vermutlich Astronomenpoesie, aber meine irdische Venus hatte diesen Tag auch gewählt, um mich in Paris festzuhalten, fernzuhalten von der himmlischen Venus.

Chappe wußte nichts von den subtilen und chaotischen Verhältnissen zwischen mir und der Frau des Uhrmachers. An jenem Abend also erging er sich wieder einmal emphatisch in Vertraulichkeiten, woraus alle Anwesenden Gewinn zogen; dabei waren sie nur für mich bestimmt, seinen «Busenfreund» seit Le Gentils Abreise in die Meere des Südens.

Schon wenige Tage nach diesem 16. November 1760 sollten auch Pingré und er abreisen, der eine zur Insel Rodriguez, weil die Portugiesen ihn in Afrika nicht sehen wollten, der andere nach Sibirien. Aus diesem Grund hatten unsere beiden Abbés ins Refektorium der Abtei Sainte-Geneviève, wo Pingré Bibliothekar war, zu einem gigantischen Abschiedsessen eingeladen. An einem solchen Ort wäre weibliche Präsenz natürlich unschicklich gewesen. Vermutlich hatte Pingré ihn gerade deshalb gewählt, obgleich er öfter als normal den Saum seiner Soutane zwischen die Zähne nahm. Aber Chappe und er waren, übrigens zu Recht, der Meinung gewesen, daß die Freunde – und dennoch Kollegen – in Anwesenheit von Damen ihre Worte, ihren Appetit und ihren Durst zügeln würden. Denn in jener Nacht waren wir weit entfernt von dem kärglichen Abschiedsessen, zu dem Le Gentil geladen hatte.

Der war ja nun weg. Pingré und Chappe, diese beiden zogen aus, das Goldene Vlies zu suchen. Sie waren die einzigen aus der Akademie, die noch nie im Dienste der Wissenschaft gereist waren. Und Eroberer sind es sich doch schuldig, vor ihrer Abreise den Göttern und ihren Freunden in Saus und Braus zu huldigen. Sie huldigten vor allem Bacchus.

Ha, beeindruckend sahen sie aus, all diese illustren Gelehrten, Naturkundler und Philosophen, vor ihren ständig leeren Gläsern! Ich glaube, ich war der einzige, der noch klar sehen und denken konnte, denn seit den aufreibenden Kometenberechnungen war meine Gesundheit tatsächlich beeinträchtigt, und ein drittes Glas Wein wäre mir zum Verhängnis geworden. Damals hatte ich eine recht hübsche Stimme, und an jenem Abend hielt ich wacker mit. Pingré bekam als Abschiedsgeschenk meine Versöhnung mit Le Monnier. Der war zwar sternhagelvoll und verfolgte mich bis tief in die Nacht mit Kosenamen wie «mein Primus, mein Mitstreiter, mein Sohn, mein Dauphin». Clairaut und d'Alembert verstanden sich bestens. Diderot, einmal in Schwung gebracht, wetteiferte in diesen heiligen Hallen mit dem Abbé La Caille um den ersten Platz im Fach Blasphemie, und die Vettern Cassini und Thury gaben ein urkomisches und haarsträubendes Duett zum besten, das improvisiert wirken sollte, aber seit frühester Kindheit eingeübt war. Zwei Kumpane, zwei Spaßvögel. Vom Obszönitätenduell zwischen dem Herzog de La Vrillière und dem Sekretär auf Lebenszeit der Akademie der Wissenschaften, dem würdevollen Fouchy, will ich lieber schweigen. Ebenso von den beiden Naivlingen Véron und Commerson, die den verehrungswürdigen Delisle mit Brotkügelchen bombardierten, ihren ehemaligen Lehrer, der sich vergeblich mühte, sich an ein Bonmot zu erinnern, das er angeblich seinerzeit vom König von England gehört hatte.

Nur Pingré und Chappe d'Auteroche mußten sich zwingen, bei all dieser Ausgelassenheit mitzuhalten. Sie reisten ja ab und würden uns womöglich nie wiedersehen. Unser Gelächter, unser Gegröle, unsere Späße klangen in ihren Ohren wohl schon wie eine posthume Ehrung. Pingré enthielt sich seines gewohnten köstlichen Wortwitzes, seiner Biederkeit vortäuschenden Ironie, hinter der sich umfassende Gelehrsamkeit verbarg und mit der all seine Mitteilungen und Publikationen gespickt und gepfeffert waren.

Auch Chappe versuchte nicht einmal, uns mit seinen gewohnten gespielten Tolpatschigkeiten auf eigene Kosten zum Lachen zu bringen. Sie gingen auf große Fahrt, und wir spielten die Matrosen, die Salutsalven abfeuerten. Zum ersten Mal schmeckte Pingré der Wein schal, und Chappe schniefte. Als die Nacht schon weit fortgeschritten war, nahm er mich beiseite und lallte mir ins Gesicht:

«Jérôme, glaubst du, daß sie mich liebt?»

Zum ersten Mal duzte er mich und nannte mich beim Vornamen.

«Alle Frauen lieben dich, Jean-Baptiste, keine könnte dir widerstehen.»

«Ich meine nicht alle, nur eine bestimmte: Reine, die süße, die keusche, die schöne, die kluge Reine Lepaute.»

Ich spürte, wie mein Herz sich verkrampfte, aber als ich an Béziers, an Afrika und das verheißene baldige Rendezvous am 6. Juni dachte, fand ich die Situation eher komisch: die Süße, die Keusche ... Wenn er wüßte, der Bursche! Aus selbstgefälliger Grausamkeit wollte ich ihn ein wenig quälen:

«Hat sie dir wenigstens ein Fünkchen Hoffnung gelassen? Ein Wort, ein Blick, ein Seufzer?»

«Nichts, nein, nichts! Dabei habe ich auf das kleinste Indiz gelauert. Ich will ja nicht angeben, aber mit Frauen kenne ich mich doch eigentlich aus. Warum lachst du? Ich bin überzeugt, Reine Nicole Lepaute ist in ganz Paris die einzige, die ihrem Mann immer treu geblieben ist.»

«Ich lache ja gar nicht. Ich bin nur verblüfft über dein subtiles Urteil. Hast du ihr wenigstens zu verstehen gegeben, was du für sie empfindest?»

«Ich bin kein Heuchler. Wenn ich liebe, liebe ich! Seit drei Wochen schreibe ich ihr Tag für Tag einen Brief und schütte ihr mein Herz aus. Ich will sie betäuben, berauschen, erdrücken unter dem Gewicht meiner Leidenschaft.

Aber während meiner ganzen Sibirienreise werde ich keinerlei Lebenszeichen geben, nichts, totales Schweigen. Dann wird sie unruhig werden, die Tage und Nächte werden ihr lang werden und von Ungeduld geprägt sein. Je länger es dauert, um so größer werden ihre Qualen, und wenn ich dann zurückkehre, wird sie nicht mehr anders können, als mir die Arme zu öffnen, sich mir hinzugeben, endlich besiegt. Ist das nicht eine gute Strategie?»

«Hervorragend! Ich wüßte nichts Besseres. Hat sie dir schon geantwortet?»

«Natürlich nicht! Wenn wir uns begegnen, tut sie, als wäre nichts. Die geborene Schauspielerin! Aber ich, ich leide im stillen, denn die Ungewißheit, in der sie mich läßt, ist für mich eine Tortur. All meine Gefühle habe ich ihr offenbart, aber was sie empfindet, weiß ich immer noch nicht. Was soll ich jetzt bloß tun?»

«Mach sie eifersüchtig. Von Sankt Petersburg aus könntest du zum Beispiel eine Liebesbeziehung mit einer Dame des Hofes andeuten. Warum eigentlich nicht mit der Großfürstin Katharina?»

Als ich diesen weisen Rat aussprach, mußte ich schon sehr an mich halten, um nicht zu lachen. Vermutlich spürte er meine Ironie, denn er wandte mir den Rücken zu, um eine neue Flasche zu holen.

«Dir kann man auch wirklich nichts anvertrauen», schmollte er, «du ziehst alles ins Lächerliche.»

Wäre Chappe nicht nach Rußland gereist, wäre ich vielleicht wachsamer geblieben. Aber Venus regelte meine Herzensangelegenheiten ja bestens: Le Gentil, mein ernstester Rivale, war irgendwo weit weg, Clairaut hatte sich in den Augen der Schönen selbst degradiert durch seine unverzeihliche Auslassung, und Chappe tat alles, um in der Rolle des schmachtenden Liebhabers zu erstarren. Man bekam den Eindruck, als seien Liebesleid und Mißerfolg ihm das

Liebste bei der Liebe. Alles oder nichts! Er liebte Reine nicht als Frau aus Fleisch und Blut und voller Sehnsüchte, er betete sie an wie eine Göttin aus Marmor, den Inbegriff der Tugend. Genauso verfuhr er bei seiner Arbeit. Und sein letztes Opfer auf dem Altar der Wissenschaft vollendete sein selbstgeschmiedetes Schicksal.

Er verließ Paris also Ende November 1760. Ein schlimmer Winter kündigte sich an, aber er wollte natürlich mitten hinein in die eisige Kälte. Der Krieg dauerte nun schon fünf Jahre, und man wußte, daß die strenge Jahreszeit in Europa zumindest, wenn nicht zum Waffenstillstand, so doch zur Verlangsamung der Kampfhandlungen zwingen würde. Chappe glaubte wie wir alle, Staatengebilde gingen uns nichts an. Der Gelehrtentitel schien ihm der beste Paß, damit würde er unbehelligt durch die verfeindeten Länder reisen. Er malte sich schon aus, wie Friedrich von Preußen, der Philosophenkönig, ihn mit offenen Armen empfangen würde. Doch natürlich verweigerte man ihm auf französischer wie preußischer Seite die Durchreise auf geradem Wege. Er mußte die Schlachtfelder umgehen – und so kam es, daß Chappe niemals Sanssouci sah.

Chappe dachte sich eine seltsame Route aus: Er wollte auf einem holländischen Schiff durch das baltische Meer direkt nach Sankt Petersburg reisen. Im Gegensatz zu Le Gentil, der sein Gepäck auf ein Minimum beschränkt hatte, das ausschließlich für astronomische Beobachtungen bestimmt war, schleppte Chappe Instrumente und Material mit, die für das Venus-Rendezvous völlig unnötig waren. Eine ganze Bibliothek mußte mit und alles mögliche, um sich gegen die sibirische Kälte zu schützen. Diese empfindlichen und sperrigen Instrumente wären auf dem Landwege tatsächlich äußerst schwer zu transportieren gewesen. Chappe wurde mit seinen Vorbereitungen aber nicht früh genug fertig und verpaßte das vor Winterbeginn letzte holländische Schiff. Das war sein Glück, denn besagtes Schiff zerschellte bald darauf an den schwedischen Küsten.

Eine Woche nach Pingrés Abreise, es war eine finstere Novembernacht, verließ Chappe das Palais du Luxembourg, wo auch er eine Wohnung hatte, seit er zum beigeordneten Astronomen ernannt worden war. Am selben Tag hatte man mich zum Associé ernannt. Aus Bequemlichkeitsgründen warteten sein Reisewagen und das Fuhrwerk mit den aufgetürmten Reisekoffern und Kisten am Arsenal, auf dem anderen Seineufer.

Lange vor Morgengrauen war ich aufgestanden und hinübergegangen, um gegen seine Tür zu trommeln. Er hatte mich darum gebeten, weil er wußte, daß er wie ein Murmeltier schlief. Aber er war schon fertig: Gargantua, in einen Pelz gezwängt und auch das Wuschelhaar zur Hälfte gebändigt durch eine hohe Pelzkappe. Die pralle lederne Reisetasche wog für diesen Athleten nicht mehr als eine Feder. Schweigend gingen wir bis zum Torbogen der Rue de Vaugirard. Der Himmel goß schweren und kalten Regen, der noch zögerte, Schnee und dann Matsch zu werden, auf uns herab. Mitten auf der Chaussee blieb Chappe plötzlich stehen und sagte:

«Trennen wir uns hier, Jérôme. Ich möchte jetzt lieber allein sein.»

Ich wollte noch protestieren, aber da nahm er mich schon in die Arme und drückte mich, als wollte er mir sämtliche Rippen brechen. Sein Pelz kitzelte mich an der Nase. Dann trottete er, ohne sich noch einmal umzuwenden, die Rue Saint-Sulpice hinab, und ich sah nur noch seinen schaukelnden Bärengang. Als ich ins Palais du Luxembourg zurückkam, hatte ich den Eindruck, daß sich dort oben, in der Wohnung von Reine Lepaute, ein Vorhang bewegte.

Jetzt befiel mich Einsamkeit. Dabei zog ja nicht ich allein ans andere Ende der Welt, sondern die Freunde. Dableiben zu müssen ist nicht die beste Rolle. Wer rastet, der rostet. Das wird eines Tages wohl auch noch jemand beweisen.

Von Paris nach Sankt Petersburg

Die vom Regen durchtränkten Pelze machten ihm das Gehen noch schwerer. Aber Chappe war guter Dinge, denn er glaubte Venus entgegenzufliegen. Unter dem Torbogen des Arsenals stampften die Pferde vor Ungeduld. Ein lebhafter und auffallend herausgeputzter junger Mann stürzte auf ihn zu, griff nach seiner Hand und küßte sie. Chappe wich instinktiv zurück. Mit rollendem Akzent stellte jener sich vor:

«Es ist eine große Ehre für mich, Pater, mit einem so verdienstvollen und frommen Gelehrten eine so lange Reise machen zu dürfen. Ich bin Graf Lech Szimanowicz, im Dienste des Königs von Polen.»

«Von welchem?» fragte Chappe ironisch. Er verfügte über ein ganzes Repertoire polnischer Anekdoten, die damals sehr viel Anklang fanden und in denen die Anwohner der Weichsel immer als Dorftrottel gebrandmarkt waren.

Holpernd setzte sich der Konvoi in Bewegung. Die Straßen nach Osten versanken im Schlamm. Bald schon schlug der Regen in Schnee um. Der Abbé kuschelte sich in seine Decken und wollte nichts wie schlafen. Doch dieser Graf Szimanowicz redete wie ein Wasserfall, er fühlte sich genötigt, seine Nation gegenüber Chappe zu verteidigen. Dieser konnte es schon nicht mehr hören; alles kam vor: König Stanislaw von Lunéville und Vater der Königin von Frankreich, August II., der andere herrschende Monarch, der Aristokraten-Reichstag, das absurde System des *libero veto*, wodurch ein einziges Parlamentsmitglied die Versammlung auflösen konnte, die Habgier Rußlands, Preußens und Österreichs, die unverbrüchliche Freundschaft des Königs Ludwig XV., die üblen internen Machenschaften, nach Meinung des Grafen angezettelt von den Protestanten, Orthodoxen und Juden. In seinem unerschöpflichen Redefluß rief er Chappe mehrmals zum Kronzeugen auf, vor allem, wenn es darum ging, die katholische Religion zu verteidigen, und mein Freund pflichtete ihm lächelnd bei, während sein Blick sich in der langsam vorüberziehenden eintönigen Landschaft verlor.

In Ozoir-La-Ferrière kramte der erschöpfte Chappe mit entschuldigenden Worten ein dickes Buch aus seiner Tasche hervor und vertiefte sich in die Lektüre. Dabei bewegte er die Lippen, als betete er. Mit Andacht betrachtete der Pole seinen Reisegefährten: Der Glaube schien ihm einen Heiligenschein zu verleihen, während er las. Wie hätte er wissen können, daß Chappe den *Traité d'optique sur la gradation de la lumière* von Pierre Bouguer las?

Jetzt ging es nur noch durch Morast, von Herbergen, in denen man vor Kälte schlotterte, zu Poststationen, die eisig waren. Und der polnische Graf redete und redete. Chappe tat nicht einmal mehr so, als hörte er zu. Versuchte nicht einmal mehr, sich hinter Büchern zu verstecken. Er igelte sich ein. Acht Tage brauchte der Konvoi bis Straßburg. Einen ganzen Tag mußten sie noch in Nancy verbringen, wo Graf Szimanowicz ja seinem König seine Aufwartung machen mußte. Chappe hielt sich zurück, begleitete ihn nicht zu Ludwigs XV. Schwiegervater, nicht aus mangelnder Neugier, sondern weil unser Kollege, der Duc de La Vrillière, ein feinsinniger Diplomat, ihm in Paris schon davon abgeraten hatte. Wegen des Krieges war das Schicksal Polens ja noch nicht entschieden. Aber unsere damaligen zwei Alliierten, Rußland und Österreich, warteten nur auf das Ende der feindlichen Handlungen, um dieses Königreich, notfalls mit Kanonenhagel, zu zerstückeln. Frankreich schien nicht recht mitziehen zu wollen, begnügte sich mit dieser Hochburg Nancy, die Ludwig XV. seinem Schwiegervater geschenkt hatte.

Hätte man aber in Wien oder Sankt Petersburg erfahren, ein offizieller Vertreter Frankreichs, also Chappe, hätte mit dem Marionettenkönig ein Gespräch geführt, dann hätten Maria Theresia von Österreich und Elisabeth von Rußland den Gelehrten reinen Herzens todsicher für einen verschlagenen Spion gehalten, ausgestattet mit einer finsteren Geheimmission.

Chappe blieb also im Hotel zur Post, bis der andere von seinem Besuch im Schloß zurückkehrte. Der Graf kam zurück und fragte, warum sein Reisegefährte nicht mitgekommen sei, König Stanislaw zu begrüßen. Und Chappe erwiderte, da seiner Expedition nur rein wissenschaftliche Motive zugrunde lägen, habe er sich in diplomatische Belange nicht einzumischen. Von diesem Tag an mißtraute der Vertreter des Königs von Polen seinem Reisegefährten, den er für einen zwielichtigen Agenten von Versailles hielt. Chappe kam das nicht ungelegen, ganz im Gegenteil, denn bis sie sich trennten, sprachen die beiden Männer nur noch über Belanglosigkeiten, und auch das nur aus reiner Höflichkeit.

Kurz vor Straßburg kippte das ihnen folgende Fuhrwerk in einer Wagenspur um. Als er half, es wieder hochzustemmen, hörte Chappe aus seinen Kisten das höchst unangenehme Klirren von zerbrochenem Glas. Zum Glück war es bis zur elsässischen Hauptstadt nur mehr eine Tagesreise.

Als sie noch auf freiem Feld waren, sahen sie ein Dutzend Reiter auf sich zukommen. Es war die Eskorte des Fürstbischofs Rohan, die ihnen bis zum Bischofspalast Geleit gab. In den Straßen applaudierten trotz eisiger Kälte die Menschen, als der Konvoi vorüberzog. Manche riefen sogar: «Vivat Venus, Vivant die Gelehrten!»

Chappe war ein bescheidener Mensch und liebte nichts so sehr wie die Anonymität, da er dachte, nur wenn er sich völlig im Hintergrund hielte, könne er die großen Aufgaben bewältigen, die er sich vorgenommen hatte. Der Offizier der Eskorte mußte ihn förmlich anflehen, auf diese Ovationen zu antworten, was er dann auch tat, aber nicht ohne sich wie immer über sich selbst zu mokieren: Er setzte die frömmste aller Mienen auf und erteilte der frommen Straßburger Bevölkerung mit Zeige- und Mittelfinger huldvoll und großzügig den Segen. Da mischte sich nun «Vivat l'Abbé» mit «Vivat Venus!», ohne daß irgendwem außer dem Astronomen das Unschickliche daran aufgefallen wäre.

Als sie in den Hof des Bischofpalastes einfuhren, kam ihnen der Fürstbischof die Stufen der Freitreppe herab entgegen. Von so viel Entgegenkommen überrascht, sprang Chappe aus dem Wagen, kniete nieder, wollte die Hand des Prälaten ergreifen, um den Ring zu küssen, doch da zog dieser ihn schon wieder hoch, umarmte ihn herzlich und raunte ihm ins Ohr:

«Lassen Sie doch dieses Affentheater, mein Lieber. Ich sollte niederknien vor einem Helden, der bereit ist, aus Liebe zur Wissenschaft sein Leben aufs Spiel zu setzen. Gehen wir hinein, Sie dürften starr vor Kälte sein. Eine heiße Schokolade wird Sie wieder auf die Beine bringen.»

«Ich würde lieber zuerst mein Material inspizieren, Monseigneur. Wir hatten gestern einen Unfall, und ich fürchte, daß Geräte zerbrochen sind.»

Der Prälat faßte ihn freundschaftlich unter den Arm und zog ihn mit sich:

«Das werden wir nachher anschauen, erst müssen Sie sich einmal erfrischen und ein Bad nehmen. Wissen Sie, daß ich, bevor ich dieses Halsband anlegte, zwanzig Jahre lang im Staatsdienst tätig war? Ich hätte gerne weitergemacht, aber damals sah es so aus, als hätte das Königreich Bischöfe nötiger als Admiräle. Es ist keine leichte Bürde, den Namen Rohan zu tragen. Trotz allem habe ich nach wie vor großes Interesse an allem, was mit Astronomie zu tun hat. Einige meiner Bediensteten waren bereits mit mir in Rochefort. Die werden Ihre Instrumente, falls sie zerbrochen sind, reparieren können. Außerdem gibt es in Straßburg genügend Uhrmacher und Mechaniker. Wann wollen Sie weiterreisen?»

«Gleich morgen, Monseigneur, falls das Wetter und meine Kutscher es erlauben.»

Sie erlaubten es. Ein paar Barometer und Thermometer funktionierten nicht mehr und wurden ersetzt durch hervorragend gefertigte Instrumente, Geschenke des Fürstbischofs Louis-Constantin de Rohan. Der persönliche Uhrmacher des Prälaten reparierte auch noch andere aus dem Takt geratene Apparate mit kundiger Hand.

Chappe reiste zur festgesetzten Stunde ab, überquerte den Rhein auf einem Kahn und fuhr in der vom Fürsten zur Verfügung gestellten Kutsche mit ausgeruhten Pferden und Domestiken in Richtung Ulm weiter. Mühsam ging es durch die Höhen des Schwarzwaldes und Württembergs; man hieß ihn aussteigen, um das Gewicht zu verringern. Immer mal wieder mußte er auch mit den Lakaien den Materialwagen schieben, um ihn aus dem Schlamm zu befreien. Das empörte Graf Szimanowicz, der sich niemals so weit herabgelassen hätte. Der polnische Adelige hatte Chappe gegenüber sein Verhalten abermals geändert. Auf das einstige Mißtrauen gegenüber dem vermeintlichen Spion hatte sich jetzt ein von Furcht getönter Respekt aufgepfropft: Dieser Abbé mußte eine sehr wichtige und gefährliche Person sein, wenn ihn in Straßburg der Abkömmling einer der ältesten und einflußreichsten Familien Europas empfing. Anstatt sich zu freuen, daß dieser Quälgeist ihn nicht mehr belästigte, war Chappe eher traurig, denn er wollte geliebt werden und haßte es, wenn man ihn fürchtete. Daher bezeugte er nun dem anderen überschwenglich seine Freundschaft, worauf dieser nur in den engsten Grenzen der Höflichkeit antwortete, was unseren sanften Gelehrten zutiefst bekümmerte. Bei der Ausfahrt aus Tübingen, kurz hinter der Neckarbrücke, kippte der Karren von neuem. Der Aufprall setzte eine der Uhren definitiv außer Gefecht.

Damit sich solche Zwischenfälle nicht ständig wiederholten, beschloß Chappe in Ulm, seine Reise per Schiff fortzusetzen, obwohl die dortigen Behörden ihm abrieten. Der Fluß ging gewiß sanfter mit seinen empfindlichen Instrumenten um als die Schlaglöcher der holperigen Landstraßen. Graf Szimanowicz trennte sich unter dem Vorwand der Langsamkeit dieses Transportmittels von seinem Gefährten. Er wollte lieber geradewegs nach Norden, quer durch das Kriegsgebiet. Sein Land war schließlich neutral, und außerdem besaß er ja Diplomatenausweise. Chappe traf ihn nie mehr wieder. Später dann, in Warschau, wurde ihm berichtet, der Vertreter des Königs von Polen sei umgekommen. In ihrem Haß auf Polen waren die russischen oder preußischen Haudegen vermutlich blind gewesen gegenüber den Beglaubigungsschreiben des bedauernswerten Botschafters, zumal dessen Börse prall und die Pferde reizvoll gewesen waren.

Chappe fuhr auf dem eisengrauen Fluß dahin, der seine Wasser und seinen Schlamm vor sich her rollte und seine Eisbrocken mit sich wälzte. Ausgemergelte Männer und abgezehrte Ochsen treidelten die schwere Schute, während die Schiffer mit langen Stöcken den Rumpf des Kahns immer wieder vom Ufer abstoßen mußten. Chappe stand vorne am Bug und ereiferte sich über so viel Fron und Pein. Sie konnten nur bei Tageslicht fahren, und so manches Mal zwangen Schneestürme oder Nebel sie zum Stillstand. Chappe nutzte diese Langsamkeit, um den in diesen Breiten noch recht unbekannten Verlauf der Donau zu kartographieren. Mit dem Barometer in der Hand stieg er auf die Hügel über dem Fluß, maß deren Höhe, zeichnete die Landschaft und sammelte Pflanzen. Nachts schlief er auf der Bank seiner Kutsche, die man mitgenommen hatte, während gleich daneben die Pferde unter ihrer Zeltplane rumorten. Der Fluß erschloß ihm Regensburg, Linz und endlich dann Wien, wo er am letzten Tag des Jahres 1760 eintraf und von Maria Theresia persönlich empfangen wurde, der imperialen Kaiserin, deren gewaltige Autorität ihren farblosen Gemahl Franz und den jungen Sohn Joseph in den Schatten verbannte, wenn letzterer auch nicht verhehlte, daß er es eilig hatte, den Thron zu besteigen.

Chappe, der Bescheidene, wunderte sich, daß sie ihn wie einen Sonderbotschafter empfingen. Die Herrscherin führte ihn, der doch todmüde war, sogleich durchs königliche Naturalienkabinett. Maria Theresia hatte ihn sogar unter den Arm gefaßt. Doch Chappe bemerkte nicht einmal die ungeheure Ehre, die man ihm erwies. Er war voller Ungeduld, wollte doch schon längst wieder weiter.

Am nächsten Tag begab er sich zur Universitätssternwarte, um mit dem Jesuitenastronomen Maximilian Hell und dessen Confratres zu konferieren. Wie Hell erklärte, waren ihm Empfehlungsschreiben von Delisle und de Thury in sämtliche Hauptstädte Europas vorausgeeilt, und die waren so abgefaßt, daß man in Chappe unweigerlich den größten französischen Mathematiker und Astronomen der Zukunft sehen mußte. Daher erwarteten die Fürsten ihn mit Ungeduld und seine ausländischen Kollegen mit Hochachtung. Um die ehrwürdige Versammlung zu beruhigen, spielte Chappe den Buffo und machte sich kleiner als klein. Doch seine Gesprächspartner fielen auf derlei Demutsbezeugungen nicht herein: Sie waren schließlich fast alle Jesuiten. Dann machten sie sich an die Arbeit.

Am 8. Januar verließ er Wien in Begleitung eines gewissen Favier, der seinen Posten als Botschaftssekretär in Sankt Petersburg antreten mußte. Ein junger, angenehmer und diskreter Mann, eine Wohltat nach dem polnischen Grafen. Jetzt ging es mitten hinein in den tiefen Winter. Flüsse und Ströme waren nicht mehr schiffbar, waren von Eis überzogen, doch die Eisdecke war noch nicht dick genug, als daß man auf ihr hätte fahren können.

Bald schon mußten sie die Täler verlassen. Auf vereisten Wegen unter schwarzen, schneegebeugten Tannen, die im peitschenden Sturm wehklagten, ächzten die Fahrzeuge die Berge des Sudetenlandes hinauf. Um es den Pferden zu erleichtern, gingen die beiden Passagiere große Strecken zu Fuß. Ihr Gesicht bekam Schrammen vom Wind. Die seltenen und armseligen Ortschaften, durch die sie kamen, waren wie ausgestorben. In den Herbergen mit Lehmfußboden und Wänden aus unverfugten Rundhölzern verschlangen sie eine wäßrige Kohlsuppe, auf der Schinkenfasern schwammen. Dann warfen sie sich auf einen Strohsack vor dem Kamin des Aufenthaltsraumes, fest eingewickelt in Mantel oder Pelz, und versanken in traumlosen Schlaf.

Als sie endlich nach mehr als zehn Tagen hoch oben auf einem Hügel das königliche Schloß, die Kirchtürme, Kuppeln und Stadtmauern erkennen konnten, erschien Krakau ihnen fast schon wie die größte Stadt der Welt. Doch als sie durch die Tore hineinfuhren, wurde ihnen sehr schnell klar, daß die einstige Hauptstadt Polens sozusagen aufgegeben war. Es blieb ihnen kaum Zeit zur Besichtigung, denn als der Diplomat und der Astronom das Erzbischöfliche Palais ansteuern wollten, dirigierte ein österreichischer Offizier sie fast unter Zwang zu seiner Residenz. In den Stallungen dieses reizvollen kleinen Palais machte sich sogleich eine Schar Domestiken und Handwerker – Hufschmiede,

Stellmacher, Wagenbauer, Laufburschen – über ihre Fahrzeuge her, um sie zu reparieren. Chappe wollte als erstes den Inhalt seiner Kisten inspizieren, um die Schäden zu ermessen, die das mühselige Überqueren der Sudetenberge seinen Instrumenten zugefügt hatte. Doch geradezu schroff herrschte der österreichische Offizier ihn an:

«Das ist unnütz, Monsieur l'Abbé. Selbst wenn Apparate zerbrochen wären, hätten wir hier niemanden, um sie zu reparieren. Soupieren wir lieber, denn Sie wollen doch sicher morgen früh weiter.»

Chappe wollte schon aufbegehren, doch der Sekretär Favier faßte ihn am Arm und flüsterte ihm ins Ohr:

«Insistieren Sie nicht. Franzosen sind hier nicht gern gesehen. Sollte man Ihnen bei Tisch Fragen stellen, dann achten Sie darauf, daß alles so harmlos wie möglich klingt.»

Chappe brauchte seine Zunge nicht zu zügeln. Das Essen wurde unter dem inquisitorischen Blick des Vertreters der Kaiserin Maria Theresia schweigend und hastig verschlungen. Anschließend wies man den beiden Gästen ihre Zimmer zu, jeweils an den äußersten Enden des Palais. Noch vor Morgengrauen wurde Chappe von einem Diener geweckt. Wie Diebe verließen sie Krakau.

Sie fuhren am Ufer der vereisten Weichsel entlang. Unter grauem Himmel zog die weiße Ebene an ihnen vorüber. An der Poststation hastiger Pferdewechsel. In den Herbergen mit den furchtsam blickenden Pächtern blieben sie nachts auch nur wenige Stunden. Dann ging es gleich weiter, als wären sie auf der Flucht. Zum Schutz hatte man ihnen in Krakau eine kleine Eskorte mitgegeben, deren Anführer sich kurzerhand in die Kutsche gesetzt hatte, so daß in den drei Tagen bis Warschau der Gelehrte und der Diplomat nur banale Worte über das Klima und die trostlose Landschaft wechseln konnten.

Auch in der neuen Hauptstadt durften sie nicht verweilen. Diesmal war es ein Russe, der sich ihrer annahm und sich als moskowitischer Resident am polnischen Hof vorstellte. Doch er gab sich weitaus galanter als sein österreichischer Amtsbruder in Krakau. Ganz Petersburg erwarte Chappe mit Ungeduld, wurde er nicht müde zu betonen. Und das sagte er so eindringlich, daß jeder verstehen mußte, es wäre ratsam, wenn der Astronom Warschau baldigst verließe und tunlichst König August keinen Besuch abstatte. Dann malte er im für Diplomaten ungebührlichen Ton den polnischen Hof und seine Monarchen in schwärzesten Farben und beteuerte nicht zu Unrecht, Warschau lebe unter einer Schreckensherrschaft, geprägt von Intoleranz, der Aufklärung verschlossen, wo man Orthodoxe, Protestanten, Juden und Philosophen verfolge. Chappe pflichtete ihm bereitwillig bei und empörte sich über diesen Obskurantismus, wohingegen der peinlich berührte Favier sich bemühte, das Gespräch in andere Bahnen zu lenken. Chappe blieb dem Hof also fern. Favier ging allein hin, blieb aber auch nur so lange, wie das Protokoll es vorsah. Der moskowitische Resident hielt sie allerdings noch zwei volle Tage lang fest, vermutlich, um nicht allzu deutlich zu zeigen, daß sie unerwünscht waren, vielleicht aber auch aufgrund obskurer politischer Überlegungen.

Nach vier Tagen fuhren sie weiter. Die Kälte wurde immer schlimmer. Nach Königsberg, der von den Russen besetzten und zur Hälfte in Schutt und Asche gelegten Stadt, ging es an der zugefrorenen Ostsee entlang. Nach zwölf Tagen erreichten sie endlich Riga. Jetzt waren sie in Rußland. Man schenkte ihnen ein neues Fahrzeug, eine sonderbare Kalesche auf langen Kufen, gezogen von drei Pferden. Der Materialwagen dahinter hatte sich in einen Schlitten verwandelt. Jetzt flog die Equipage schier über das eisige, endlos ausgedehnte Land, schoß wie ein Blitz über zugefrorene

Seen, die flach waren wie ein Handrücken. Berauscht von dieser Geschwindigkeit, stieß Chappe unwillkürlich Freudenschreie, Kinderschreie aus oder stand gar aufrecht auf der Bank und sang aus Leibeskräften. Da vergaß sogar der daneben sitzende Favier seine Diplomatenwürde und ertappte sich dabei, wie er Chappe imitierte.

Mitte Februar kamen sie in Sankt Petersburg an. Chappe wollte so schnell wie möglich weiter, denn die erschreckenden Distanzen, die sie noch vor sich hatten, verursachten ihm plötzlich Schwindel: Fast drei Monate waren es gewesen bis zur russischen Hauptstadt, das war nicht einmal die Hälfte der Gesamtstrecke! Und die hinter ihnen liegenden Schwierigkeiten waren nichts im Vergleich zu dem, was sie noch erwartete – waren wie eine Spazierfahrt auf der Avenue zwischen Paris und Versailles. In seinen Träumen wuchs der Ural zu einem uneinnehmbaren Festungsbollwerk an, hinter dem die Sonne niemals aufging. Keine Sonne, keine Venus.

Während des letzten Teils seiner Reise mit Favier hatte er dem neuen Petersburger Botschaftssekretär seine Befürchtungen anvertraut. Dieser versprach ihm, notfalls seine eigenen Verpflichtungen zurückzustellen und den Bedürfnissen des Astronomen Vorrang zu geben. Er hielt Wort. Kaum hatten sie das Tor der französischen Botschaft hinter sich, dirigierte Favier ihn ungeachtet ihrer Müdigkeit nach so langer Reise und ungeachtet jeglicher Etikette schnurstracks zu seiner Exzellenz Baron de Breteuil. Der neue Sekretär hatte es ihm zwar schon angedeutet, dennoch wunderte sich Chappe über den familiären Umgangston zwischen diesen beiden jungen Diplomaten, dem Aristokraten hoher Abstammung und dem Bürgerlichen Favier. Breteuil war keine siebenundzwanzig Jahre alt und Favier wohl noch jünger. Es fehlte nicht viel, und die beiden hätten sich Rippenstöße versetzt. Was brauchten sie Beglaubigungsschreiben? Sie kannten sich seit der gemeinsamen Schulzeit, seit Kindertagen, hatten gemeinsame Erinnerungen an drollige Vorkommnisse. Doch jetzt Schluß damit! Favier erklärte, dem Astronomen müsse dringend geholfen werden. Das war nicht mehr nötig. Breteuil war bestens informiert. In Paris hatte Delisle das Seine getan, und hier in Sankt Petersburg hatte Cassini II. sich schon um alles gekümmert.

Am Ende des Gesprächs mit Breteuil und Favier segnete Chappe in seinem tiefsten Innern tausend und abertausend mal seinen älteren Mitbruder, den Abbé Pingré, daß er ihm so beharrlich zugeredet hatte, sich die Schürze der Freimaurer umzubinden.

Völlig bar jeglicher Förmlichkeit begleitete der Botschafter die Neuankömmlinge zur Akademie der Wissenschaften, wo Chappe Cassini in die Arme lief. Dieser konnte ihn nun endgültig beruhigen: Er selbst und Breteuil hätten es erreicht, daß zwei russische Astronomen schon unterwegs seien, der eine nach Irkutsk am Baikalsee, der andere nach Selegisk an den Grenzen zur Mandschurei. Selbst wenn Chappe nicht rechtzeitig in Tobolsk wäre, würden die Beobachtungen in Rußland, dem laut Delisles Tabellen entscheidenden Punkt, auf jeden Fall durchgeführt. Chappe spürte, wie die heimtückische Beklemmung, die ihn seit Krakau nicht mehr losgelassen hatte, sich löste. Ob mit oder ohne ihn, man würde den Venusvorübergang beobachten. Nur das war ihm wichtig, nicht sein persönlicher Ruhm.

Trotz dieser Unterstützung von allen Seiten wollte er die Dinge doch selbst in die Hand nehmen, wollte alles sehen, alles inspizieren, alles kontrollieren. Nicht, weil ihm am Befehlen lag, an derlei Machtspielchen fand unser lieber Jean-Baptiste keinerlei Gefallen, er hielt es ganz einfach für seine Pflicht. Und so schlüpfte er aus seinem Kokon, in dem er artig ausgeharrt hatte, wies jede Unterstützung und jeglichen

Rat von sich und erbat beim alten Grafen Woronzow, Großkanzler aller Reußen und ehemaliger Liebhaber der sterbenden Zarin, eine Audienz. Sterbend? Wirklich? Elisabeth gewährte die Audienz und empfing ihn an ihrem Krankenlager.

Sie war schon eine sehr alte Frau, aber dieser kraftvolle französische Abbé, der ihr in fast schon indezenter Weise den Hof machte, gefiel ihr ausnehmend gut. Und ihm waren jetzt alle Mittel recht, um rechtzeitig nach Tobolsk zu gelangen. Hätte er dafür mit der uralten Zarin schlafen müssen, er hätte es getan. Er war zu allem bereit. Von Breteuil wußte er, Kronprinz Peter sei ein schrecklicher Kretin, der, obwohl er weder A noch B lesen könne, sich vergeblich mühe, seinen Feind Friedrich den Großen zu imitieren. Dennoch ersuchte Chappe um eine Audienz.

Und auch ihm, diesem blatternarbigen und versoffenen Grobian, wußte er zu gefallen. Er akzeptierte sogar ein Duell mit dem zukünftigen Zaren. Ein Duell ohne Blutvergießen. Eher ein Wettlauf. Hier die Regeln: Auf einem langen Tisch reiht man etwa zwanzig kleine Becher auf und füllt sie mit jenem Lebenselixier, das die Deutschen Schnaps nennen. Dann laufen die Duellanten um den Tisch herum und leeren so schnell wie möglich den Inhalt der Becher. Peter Romanow galt bisher als unschlagbar. Aber Chappe hätte diesen Wettstreit gewinnen können, wäre er, vermutlich aus Rücksicht auf seinen Gastgeber, nicht als erster in Ohnmacht gefallen, nur einen Becher vor Schluß.

Seitdem bekam er alles, was er wollte. Je mehr Tage vergingen, desto glorreicher wurde die Expedition von Monsieur l'Abbé Chappe d'Auteroche nach Sibirien, vor allem in den endlosen Fluren des labyrinthischen Palasts von Sankt Petersburg, wo sie zur größten Reise des Jahrhunderts anschwoll, neben der die von Magellan zwei Jahrhunderte zuvor doch wohl nur eine gesundheitsfördernde Spazierfahrt gewesen sein konnte.

Auch die Politik nahm teil an diesem Wirbel, denn Zarin Elisabeth wollte Europa so weit wie möglich ausdehnen, bis hinter den Ural, bis zu den Grenzen Asiens, ja sogar darüber hinaus. Ein neuer Kreuzzug begann. Alle – Kaiser, Könige, Herzöge und Prinzen des christlichen Abendlandes – wiegten sich in dem illusorischen Traum, das Imperium des Augustus wiederherzustellen, mit mehreren *limes* das gesamte Mittelmeer zu umzingeln und auf den Spuren Alexanders bis zu den Ufern des Indus vorzudringen. Aber wer würde dieser neue Eroberer sein? Die beiden alten Kaiserinnen erträumten es sich. Friedrich wartete in seinen letzten Bastionen auf die Stunde der Revanche. Ludwig XV. genoß seine alten Tage im Hirschgarten. Der König von England verschlang mit Appetit jedes Stück Land, das die vertrottelten spanischen und portugiesischen Mächte ihm überließen. Doch all diese Fürsten hätten sich in ihren Phantasien durchaus in der Rolle eines christlichen Tamerlan und Weltenherrschers gesehen, wobei sie die Völker schlichtweg vergaßen.

Die Sibirien-Expedition

Jean-Baptiste Chappe d'Auteroche wollte zu Venus. Graf Woronzow hatte ihm eine Kohorte Soldaten, Handwerker und Mechaniker zur Verfügung gestellt, die mit großem Eifer die Expedition vorbereiteten. Man mußte dem eminenten französischen Gelehrten doch beweisen – und dies hatten höchste Stellen verfügt –, daß das russische Imperium kein Barbarenland mehr war, nicht mehr Beute der Feuer- und Blutorgien dieser alles verheerenden Mongolenhorden, sondern ein glanzvoller Staat, aufgebaut nach Versailler Vorbild, Inbegriff von Tugend und Tapferkeit, sämtlicher Freiheiten, totaler Aufgeklärtheit. Die gewaltigen Anstrengungen dieser Neulinge in Sachen Vernunft nahm Chappe genausowenig wahr wie das gesamte Verführungspotential, das rund um seine Person aufgeboten wurde. Er wollte nur weg von hier, rechtzeitig in Tobolsk sein.

Dieses frenetische Rüsten zu einer Expedition dauerte drei Wochen. Endlich, am 10. März, verließen vier geräumige Reisewagen auf Schlittenkufen, von jeweils fünf Pferden gezogen, Sankt Petersburg. Ein von der Zarin ausgeliehener Sergeant, der den Weg weisen würde, saß mit einem Dolmetscher im ersten Fahrzeug. Diesem folgte das von Chappe und dem wiederum das mit dem besten Uhrmacher des Zarenhofes und einem Diener. Den Schluß des Konvois bildete der Wagen mit all dem kostbaren Material. Sie brauchten nur vier Tage bis Moskau, wo Chappe abermals wie ein König empfangen wurde und ihm die Genugtuung einer Überweisung von viertausend Livres von seiten der

Akademie der Wissenschaften zuteil wurde. Er nahm sich nicht die Zeit, die Stadt zu besichtigen, sandte aber Briefe mit Reiseberichten nach Paris, überwachte das Umladen der Materialkisten und Lebensmittelvorräte auf neue Schlitten und fuhr zwei Tage später mit diesem großen Konvoi wieder los, von nun an mit vier bis an die Zähne bewaffneten Grenadieren als Eskorte. Herbergen oder Poststationen waren so schnell nicht zu erhoffen, nicht vor Nischni Nowgorod, wo sie noch einmal haltmachen wollten, bevor es in die eintönige Tatarenebene ging.

Auf Anraten seines Sergeanten hielt er stets eine geladene Pistole griffbereit. Sie biwakierten in gewaltigen Birken- und Tannenwäldern rund um ein Lagerfeuer. In der Ferne heulten die Wölfe den Mond an. Eine weite Strecke glitten sie auf der vereisten Wolga dahin. Der Wind und das Knirschen der Kufen auf dem weiß überzogenen Fluß verstärkten den Rausch der Geschwindigkeit. Doch die Wintertage waren recht kurz, und so schafften sie so manches Mal nur etwa zehn Meilen bis zum Einbruch der Nacht. Die Pferde mußten geschont werden, denn man würde sie nur selten wechseln können, weil es keine Poststationen gab. Zeitweise zogen sie an Rundholzhütten vorbei, völlig isoliert in dieser Eiswüste. Die Bewohner versteckten sich sogar, wenn sie den Konvoi kommen sahen. Endlich überquerten sie den Ural, und Chappe war fast enttäuscht: So leicht ließ sich diese mythische Barriere zwischen Europa und Asien bezwingen? Nun lag die endlose Steppe Sibiriens vor ihnen.

Tobolsk überraschte ihn. Er hatte eine dieser Holzburgen erwartet, die ihm während der langen Reise schon mehrmals aufgefallen waren. Beruhigend wirkten die Stadtmauern aus Stein, die birnenförmigen Kuppeln der Kirchen und erst recht die mehrstöckigen Häuser, die Stadtpalais ähnelten. Seine einzige Sorge galt der Suche nach dem geeignetsten Ort für die Errichtung seiner Sternwarte. Daher hatte er gar keinen Blick für die baufälligen Häuser, für die Straßen mit den zerlumpten Elendsgestalten, die durch den gefrorenen Morast stapften. Er schwelgte in seinem Glück, hatte er doch unbehelligt und ohne störende Zwischenfälle die Strecke von Sankt Petersburg bis Sibirien bewältigt. Der Gouverneur, der Erzpriester und etliche lokale Honoratioren, die ihm mit ihren langen schmutzigen Bärten eher wie ungehobelte Bauernlümmel vorkamen, empfingen ihn, als wäre er der Messias. Als persönliche Schutztruppe stellte man ihm drei neue Grenadiere und einen neuen Sergeanten zur Seite. Diese Eskorte war so wachsam, daß er sich so manches Mal fragte, ob diese rauhen Kerle zu seinem Schutz oder seiner Überwachung da waren. Zumal er schon zu Beginn der Reise von seinem Uhrmacher den Rat erhalten hatte, sich auch vor dem Dolmetscher in acht zu nehmen. Dieses Fuchsgesicht wich ihm tatsächlich nicht von den Fersen, auch wenn man ihn überhaupt nicht brauchte, denn Gouverneur und Erzpriester sprachen perfekt und akzentfrei Französisch. Auch bei den Einladungen, die Chappe über sich ergehen lassen mußte, wurde Französisch gesprochen. Schließlich begriff der Astronom, daß diese Dolmetscher-Kreatur zur Entourage des Zarewitsch gehörte und Order hatte, all sein Tun und Lassen zu überwachen.

Eine ganze Woche lang mußte Chappe an diesem Umschlagplatz für Felle barbarisch und erbärmlich anmutende «Geselligkeit» erdulden. Sein Uhrmacher stand ihm tapfer bei. Erst später erfuhr er, daß Großfürstin Katharina ihm diesen Mann zur Seite gestellt hatte. Frauen waren bei solchen Gelagen, wo der Alkohol in Strömen floß, nicht zugelassen. Endlich durfte er sich an die Arbeit machen! Gleich am Tag nach seiner Ankunft hatte er den Platz für den Bau seiner Sternwarte ausgesucht: einen Hügel abseits der Stadt und vor allem gefeit gegen Überflutung durch das unentwirrbare Wassernetz, auf dem Tobolsk stand. Wenn Tauwetter einsetzen sollte und die erste Hitze kam, wäre er dort oben auch geschützt vor den Nebelschwaden, die vom Tobol, vom Irtych und ihren zahlreichen Nebenflüssen aufstiegen.

Er hatte gut daran getan, denn mit einem Schlag brach der Frühling herein. Innerhalb eines Tages stieg das Thermometer urplötzlich um fünfzehn Grad an. Der Schnee verschwand, und auf den Flüssen wälzten sich enorme Eisbrocken. Bald schon wurden Ufer und Stadt von schlammigen Sturzbächen überflutet, wurden tote Tiere, Hunde und Rinder, herrenloses Treibgut aller Art, ja selbst Leichen davongeschwemmt. Anstatt die Fluten zu bekämpfen, beteten und klagten die Bauern. Die Kirchen waren immer voll.

«Seien Sie wachsam», riet ihm der Gouverneur. «Bald werden die Muschiks, wenn nicht gar deren Herren Sie für die Katastrophe verantwortlich machen. Bleiben Sie dicht bei Ihren Wachen! Diese Hinterwäldler reden sich ein, mit all Ihrem Teufelswerk, Ihren Instrumenten, erzürnten Sie Gott und sämtliche Heiligen.»

«Aber das passiert doch wohl jedes Jahr. Inzwischen dürften sie diese Überschwemmungen doch kennen.»

«Das sind noch Tiere, zwar ohne Instinkt, aber leider auch noch ohne Gedächtnis.»

Morgen für Morgen stapfte ein Heer von Holzfällern, Bauern, Hungerleidern, Leibeigenen und Sklaven unter dem strengen Blick von etwa dreißig bewaffneten Soldaten die Hänge des Hügels hinauf. Von Zeit zu Zeit zischte eine Peitsche. Die ganze Anhöhe war gerodet worden. Kein Baum mehr, kein Strauch.

Jetzt führte ein gepflasterter Weg schnurgerade bis hinauf zum Gipfel. Nicht einmal einen Monat später prangte dort oben die Sternwarte, zur Hälfte aus Stein, zur Hälfte aus Rundholz. In einer aus Brettern gezimmerten Hütte konnten Chappe, der Uhrmacher, der Dolmetscher und der Diener sich einrichten.

Anfang Mai schmückten sich Ebenen und Hügel mit Gold. Der Himmel war ein einziges Blau. Chappe hielt den Zeitpunkt für gekommen, seine im Arsenal gelagerten Instrumente hinauf in die Sternwarte zu befördern. Als der Leiterwagen mit seiner Eskorte durch die Stadt ratterte, waren die Straßen menschenleer. Doch hinter den klaffenden Fensterläden zitterte man vor Angst, das spürte der Astronom. Eine verwirrte Alte bekreuzigte sich und rannte davon. Aus einer Scheune drang ein Schrei und dann so etwas wie eine Beschwörungsformel.

«Was sagt er?» fragte Chappe.

Der Dolmetscher zuckte mit den Achseln.

«Viehisch! Völlig unwichtig.»

Der Gouverneur, der beim Aufbau der Geräte unbedingt hatte dabeisein wollen, wurde deutlicher:

«Sie seien eine Kreatur des Teufels, hat er gesagt. Man beschuldigt Sie, hier für Ihren Meister Satan die Diamanten des Himmels zu rauben. Über Tobolsk und ganz Rußland würde bald schon unvorstellbares Unglück hereinbrechen.»

«So ganz falsch ist das nicht», erwiderte Chappe. «Zumindest was den Raub anbetrifft ...»

«Scherzen Sie lieber nicht. Diese Kerle sind Wilde, sie können gefährlich werden.»

Dann beugte sich der Gouverneur aus dem Fenster der alten, holpernden Kutsche und rief dem Offizier der Eskorte einen Befehl zu. Diesmal geruhte der Dolmetscher zu übersetzen:

«Seine Exzellenz glaubt den Übeltäter erkannt zu haben: ein fanatischer Pope, den die Muschiks vergöttern. Ein paar hundert Peitschenhiebe und Kerker bis zu Ihrer Abreise.»

Chappe wollte aufbegehren, aber der Gouverneur herrschte ihn an, er solle sich nicht in Angelegenheiten einmischen, für die ausschließlich seine Behörden zuständig seien. Außerdem trage er die Verantwortung für ihn, und wenn dem Gast etwas zustieße, drohten ihm, dem Gouverneur, entweder die Gefängnisse des Zaren oder – was schlimmer wäre – ein Exil am Baikalsee, in unmittelbarer Nähe der Mongolen …

Chappe fügte sich. Im Augenblick war das Wichtigste, daß die Sternwarte bereit war für den ersehnten Tag. Dennoch schrieb er noch am selben Abend das Vorgefallene in sein Tagebuch. Später würde er dann die Schlußfolgerungen ziehen.

Am 11. Mai, genau einen Monat nach seiner Ankunft in Tobolsk, war alles fertig. In Erwartung des kosmischen Rendezvous am 6. Juni verbrachte er seine Tage und einen großen Teil seiner Nächte hinter dem Teleskop oder am Arbeitstisch. So beobachtete er eine in Frankreich nicht sichtbare Mondfinsternis, dann eine Sonnenfinsternis und bestimmte punktgenau, auf welchen Längen- und Breitengraden Tobolsk lag. Zwei- oder dreimal pro Woche vertraute er seine Ergebnisse einem reitenden Boten an, der die Post direkt nach Sankt Petersburg brachte.

Ein Gutes hatte der Krieg: Meldereiter, Emissäre und Boten waren ständig im Eiltempo zwischen den verbündeten Ländern unterwegs. Wohl nicht nur zwischen den Verbündeten, denn wie Delisle mir maliziös verriet, erhielt er auch Post von englischen und preußischen Kollegen. Das bewerkstelligten vermutlich die Geheimagenten von King George oder Friedrich, natürlich mit Zustimmung beider Monarchen, deren Vertrauen der alte Astronom in früheren Zeiten gewonnen hatte. Wir hatten nichts zu schaffen mit diesen Kriegen unter Fürsten, wir lehnten sie ab, für uns gab es nur eine Nation, die Republik der Wissenschaften. Was kümmerte es uns, wenn unsere Arbeitsergebnisse, unsere Entdeckungen, auch den kriegführenden Parteien wertvolle Informationen lieferten?

Als ich das alles erfuhr, wuchs meine Bewunderung für Chappes Eifer und Fleiß und beruhigte mich gleichzeitig. Ich hatte den Freund eher für träge und nachlässig gehalten. Seine bis dato nicht gerade brillante Karriere und sein Umgang mit Alltäglichkeiten hatten allerdings nicht das Gegenteil bewiesen. Ich war auch skeptisch gewesen, als er sich freiwillig für das hinterste Sibirien gemeldet hatte. Denn Tobolsk war ein entscheidender Punkt für unsere Beobachtungen. Anfangs hatte ich mich bemüht, ihm eine so weite Reise auszureden, und als ich dann mit Delisle enger zusammenarbeiten durfte, hatte ich diesem meine Befürchtungen anvertraut. Der erfahrene alte Astronom belehrte mich eines Besseren: Ich sei noch zu jung, um hinter der Maske die wahre Natur eines Menschen zu erkennen. Chappe benehme sich wie ein großes Kind, sei aber in Wirklichkeit der beste Beobachter von uns allen, ein echter Athlet der Wissenschaft, für die er seine Kräfte auch vollends verausgaben würde.

Nur noch wenige Tage bis zum Vorübergang der Venus! Chappe schlief fast überhaupt nicht mehr. Er hatte immer etwas zu erledigen, nachzuprüfen, zu adjustieren. Der Uhrmacher war völlig erschöpft, konnte fast nicht mehr mithalten. In der Nacht vom 5. auf den 6. Juni hielt es Chappe nicht mehr auf der Stelle, dabei war seit fast einem Monat der Himmel so klar, wie man es kaum zu erhoffen gewagt hatte. Gegen zwei Uhr früh faßte er, von einer plötzlichen Eingebung beflügelt, seinen Entschluß. Er weckte den armen Uhrmacher und den Diener und bat sie, ihm zu helfen: Er wolle sein präzisestes Fernrohr nach draußen tragen, von den Bauten entfernen, um auch die geringsten Störungen auszuschließen. Dann wies er den Sergeanten an, seine Grenadiere am Fuß des Hügels zu postieren, damit sie die geladenen Gäste ersuchten, ihre Kutschen unten stehen zu lassen, weil die Pferde sonst Staub aufwirbeln würden. Chappe hatte in der Tat nicht umhingekonnt, den Gouverneur, den Erzpriester und die Honoratioren der Stadt einzuladen. Sie hatten ihm so viel geholfen und wollten den Vorübergang der Venus vor der Sonne doch auch sehen. Sie keuchten den steilen Hang hinauf, doch als sie oben ankamen, gingen sie fast auf Zehenspitzen. Chappe hieß sie nicht einmal willkommen. Er war längst an der Arbeit. Hochachtungsvoll, ja fast ein wenig furchtsam beobachteten sie ihn aus gebührendem Abstand. Doch dann führte der Diener sie zu den Hilfsfernrohren, die Chappe im Observatorium belassen hatte. Als sie gerade das Auge ans Okular pressen wollten, brüllte plötzlich Chappe:

«Die getönten Gläser, verdammt noch mal, die getönten Gläser! Ihr seid doch schon blind genug, wollt Ihr Euch vielleicht endgültig die Augen versengen?»

Hastig kehrte Chappe zu seinem Beobachtungsposten zurück. Die Bedingungen waren ideal: keine Spur von Nebel, am glasklaren Horizont war die Sonne aufgegangen. Das Fernrohr, das er die ganzen sechs Monate lang gewiegt und gehätschelt hatte, war das beste, das man überhaupt finden konnte. Zur genauen Messung hatte er sich für die Projektionstechnik entschieden, sie war zuverlässiger als die direkte Beobachtung durch einen Schutzfilter. Er fixierte hinter dem Okular ein Blatt Papier mit Gradeinteilung, das er sorgfältig so vorbereitet hatte, daß das Abbild der Sonne einen Kreis von sechs Zoll ausfüllte. Den horizontalen Kreisdurchmesser hatte er in dreißig gleiche Teile zerlegt, um anhand dieses Gitternetzes seine Daten so präzise wie möglich zu erfassen. Und um sich die Messung zu erleichtern, hatte er ein Senkblei so aufgehängt, daß es einen vertikalen Schatten auf den Mittelpunkt des Sonnenbildes warf.

Der entscheidende Faktor bei der Beobachtung war die genaue Messung des Zeitpunkts: Wann genau begann Venus, sich vor die Sonnenscheibe zu schieben, und wann genau war sie fünf bis sechs Stunden später wieder fort? Plötzlich war er da, der Venus-Fleck! Chappe sah ganz deutlich rund um den Körper des Planeten so etwas wie eine Atmosphäre, einen Schimmer, der die exakte Messung des ersten Kontakts störte. Genau in diesem Augenblick schien der schwarze Fleck des Planeten wie ein Tröpfchen am Rand der Sonnenscheibe zu hängen, dann riß diese Verbindung ganz plötzlich ab, und man sah den Planeten weit außerhalb des Randes. Chappe fluchte innerlich. Diesen Effekt hatten sie nicht vorausgesehen, man würde später Korrekturen vornehmen müssen, unter Berücksichtigung des von verschiedenen Beobachtern gemessenen Durchschnittsabstands. Anschließend wunderte sich Chappe über die geringe Größe des sich jetzt klar abzeichnenden Venusflecks: Ein einziger schwarzer Kreis verunzierte das strahlende Antlitz der Sonne und zog majestätisch und ohne Hast vorüber. Diese Liebkosung währte fünf Stunden und siebenunddreißig Minuten. Der letzte Kontakt der Venus mit dem Rand der Sonne war genauso schwer zu messen wie der erste. Mehr als zehn Sekunden vorher wurde der Fleck wieder ein Tröpfchen, dann schien es ihn unwiderstehlich zum Sonnenrand hin zu ziehen, und plötzlich war er verschwunden.

Fieberhaft übertrug Chappe das Ergebnis seiner Messungen in sein Heft, rechnete nach, überprüfte es mehrmals, schrieb einen Bericht und übergab das versiegelte Schreiben dem Sergeanten, der sich sofort nach Sankt Petersburg aufmachte. Knapp einen Monat später traf es in Paris ein.

Delisle hatte recht gehabt, ich wußte noch nicht hinter den Masken der Menschen zu lesen. Chappes Beobachtungen des Venustransits im Juni 1761 waren vermutlich die besten gewesen.

Nun erst senkte Chappe d'Auteroche den Blick und schaute um sich. Und was er sah, entsetzte ihn. Herden von Leibeigenen, verdreckt und ausgehungert, krümmten den Rükken unter den Peitschenhieben ihrer Bewacher. Krankheiten, nach Jahrhunderten wieder aufgewallt, rafften sie oft zu Hunderten hinweg. Vielleicht war es aber auch der Hunger. Er sah die riesigen hohlen Augen und den aufgeblähten Bauch der Säuglinge, die ein paar Tropfen Milch aus den vertrockneten Brüsten der Mütter zu saugen versuchten. Er hörte die struppigen und verlausten Popen, wie sie ihren haarsträubendsten Aberglauben in die Gehirne hämmerten: Die Erde sei platt und stehe auf vier Pfeilern, das Ende der Zeiten sei nahe, bald schon würden die Horden von Gog und Magog über sie hinwegfegen, Irtych, Tawda, Ob und Tobel seien die vier Flüsse aus dem himmlischen Jerusalem, und wenn Überschwemmungen und Eisbrocken den Tod brächten, dann sei es wegen ihrer Sünden.

Zwei Monate lang reiste er in der Gegend umher, stets begleitet vom Gouverneur oder einem seiner Schergen. Aber die wahren Herren dieser Sklavenherden saßen in Moskau, Sankt Petersburg, Wien oder Versailles und kannten die Stückzahl dieses menschlichen Viehbestands gar nicht. Man nannte sie «Seelen», ob aus Zynismus oder Heuchelei war einerlei, denn beide sind nur Vorder- und Rückseite ein und derselben schändlichen Medaille.

Chappe, der einst der Gemäßigste von uns allen war, wurde zum Aufsässigsten. Aber diese Revolte sollte untermauert werden mit erläuternder Logik. Er verwarf Rousseau, denn wenn es auch stimmte, daß der Mensch überall in Ketten lebt, diese sibirischen «Seelen» hatten nicht einmal als Freie zur Welt kommen können. Also suchte sein Verstand Zuflucht bei Montesquieu. Wie man sehen konnte, war das Klima verantwortlich für die Resignation dieser Leibeigenen, für die Dummheit ihrer Priester, für die Grausamkeit ihrer Wächter und auch für die Verachtung, die ihre Herren ihnen zollten. Besagte Herren wollte er sich jetzt einmal genauer ansehen, unter die Lupe nehmen und analysieren! Und während der zwei Monate, die er in der Gegend um Tobolsk zubrachte, machte er in der Tat ebenso detaillierte Aufzeichnungen wie beim Venustransit: Der Boden war zwar karg und wenig ertragreich, aber darunter lagen ungeheure Schätze wie Eisenerz, Gold und andere Edelmetalle. Dieses Manna wurde aber nicht ausgebeutet. Wieso nicht? Wußte man nichts davon, oder interessierten die Russen sich nicht für Industrie und Fortschritt? Waren die klimatischen und geographischen Einflüsse daran schuld?

Nebenbei setzte Chappe natürlich seine eigentlichen Arbeiten als Geometer und Astronom fort. So erprobte er, ausgehend von seinen Beobachtungen des Transits, die Möglichkeiten, ein am Quadranten fixiertes Teleskop nachzuführen, befaßte sich mit der natürlichen Elektrizität, den Veränderungen des Erdmagnetismus, mit Meteorologie etc. ...

Wie durch Zufall wies das alles in die Richtung seiner anfänglichen Vermutungen über das Leben und die Sitten der Russen: Da lag etwas in der Luft, ein subtiles elektrisches Fluidum, zusammengesetzt aus Phlogiston oder etwas ganz anderem, das die Physiologie der Rassen prägte. Hier, in diesen Gegenden, schien es ihm besonders ausgeprägt. Er war zum Anatom der slawischen Seele geworden.

Für den Rückweg nach Sankt Petersburg ließ er sich Zeit. Er besichtigte die riesigen Eisenvorkommen in den Gruben jener Stadt, die noch nicht Jekaterinburg hieß, und war entsetzt über die Arbeitsbedingungen der Kumpel.

Als er zu Herbstbeginn in Sankt Petersburg ankam, konnte er den triumphalen Empfang, den man ihm bereitete, gar nicht genießen, denn all das Elend, das er gesehen hatte, verfolgte ihn in seinen Gedanken. Aus Pflichtgefühl und Höflichkeit hielt er dennoch seinen Vortrag vor der zaristischen Akademie der Wissenschaften, die Großfürstin Katharina an diesem Tag mit ihrer Anwesenheit beehrte.

Auch dabei ließ ihn seine fixe Idee nicht los: Er war überzeugt, nur sie, die Deutsche, vermöchte zu verstehen, was er hier sagte. Während die Versammlung ihm endlos applaudierte, betrachtete er jeden einzelnen, als sei er ein seltsames Tier. Unwillkürlich versuchte er an der Breite ihrer Stirnen und der Höhe ihrer Wangenknochen den Intelligenzquotienten zu entschlüsseln.

Am gleichen Abend war er bei der Großfürstin zum Souper geladen. Katharina hatte keine Mühe gescheut, so viele Franzosen wie möglich um sich zu scharen. Aber es erschienen nur der junge Maler Leprince und Friedrich Melchior Grimm, die einander zu hassen schienen. Letzterer eilte nämlich von Hof zu Hof, um jeder interessierten Hoheit seine *Literarische Korrespondenz* zu verkaufen, obwohl darin nur das wenigste von ihm selbst stammte. Doch besser als jeder andere verstand er es, die berühmtesten Unterschriften einzuholen, um bei seinen hochgestellten Abonnenten Eindruck zu schinden. Und nun hatte dieser Leprince, der eine große Anzahl von Deckengemälden im Petersburger Palast ausgeführt hatte, dem Publizisten einen Stapel Kupferstiche mit Darstellungen des russischen Volkslebens angeboten. Grimm wies sie voller Grauen zurück. Würde er so etwas veröffentlichen, wäre seine ganze russische Kundschaft für ihn verloren, als erste die Zarin Elisabeth, aber auch ihr Nachfolger Peter und ein gutes Dutzend Hofbeamte und Großherzöge! Meiner Ansicht nach steckte Grimm auch hinter Diderots Schmähungen des Malers Leprince, die später in seinen *Salons* zu lesen waren. Das gleiche Schicksal traf Chappe.

Das Souper lief jedoch reibungslos ab, vielleicht zu reibungslos. Aus diplomatischen Gründen hatten der französische Botschafter Breteuil und Chappes ehemaliger Reisegefährte Favier die Einladung ausgeschlagen. Es dauerte in der Tat keinen Winter mehr, bis Peter den Thron bestieg. Der brutale, versoffene, halbverrückte zukünftige Zar posaunte überall herum, er würde Katharina verstoßen, die, das muß man zugeben, alles andere als eine untadelige Gemahlin war. Aber wie sollte sie auch, mit einem solchen Gemahl? Diesem Peter, der geradezu fanatisch für Friedrich II. schwärmte, war es durchaus zuzutrauen, daß er gleich bei seiner Machtübernahme die alten Allianzen zerschlug, obwohl Preußen schon beinahe besiegt war.

Es ist verständlich, daß die Franzosen in Sankt Petersburg nicht gerade Lust hatten, sich bei der Großfürstin zu kompromittieren, abgesehen von dem jungen Maler, der nichts zu verlieren hatte, und dem Publizisten deutscher Herkunft, der jedermann zu umgarnen wußte. Abgesehen auch von Chappe, der von all diesen Intrigen keine Ahnung hatte. Er sah nur das eine: die unglückliche junge Frau (die allerdings schon bald dreiunddreißig war), so schön, so gut, so klug, so brillant, eine Expertin in Kunst und Philosophie, sie war die Gefangene dieses barbarischen Grobians mit dem durch die Belastung besagter klimatisch-geographischer Fluiden zwangsläufig gestörten Geist. Daß der Ex-Herzog von Holstein-Gottorp in Kiel geboren und durch und durch Preuße war, spielte keine Rolle. So genau schaute der Abbé bei seiner neuen Religion nicht hin. Ich gebe allerdings zu, daß damals auch ich wie so viele andere diese Meinung über den Ursprung der Unterschiede zwischen den Rassen und Sitten der Völker teilte. Diderot, Condorcet und die Revolution haben uns vorsichtiger werden lassen.

Chappe saß zur Rechten der Großfürstin. Das Gefühl,

das er ihr beim Hors-d'œuvre entgegenbrachte, war schon vor dem ersten Gang in absolute Hingabe umgeschlagen. Sie merkte es auch sofort und schürte die Flamme. Während des ganzen Festmahls sprachen nur sie beide. Er schilderte ihr mit Vehemenz seine Reise und das Elend des russischen Volkes. Sie stimmte ihm begeistert zu und erzählte ihm von noch viel schrecklicherem Elend. Auch sie, so beteuerte sie, träume von einem Rußland ohne Leibeigenschaft, von einem prosperierenden Reich, in dem Obskurantismus und Aberglaube unter der blendenden Klarheit von Vernunft, Fortschritt, Kunst und Wissenschaft verschwinden würden.

Betört verließ er dieses Dîner. Wenige Tage später riet ihm Favier, so schnell wie möglich nach Frankreich zurückzukehren. Er weigerte sich unter dem Vorwand, er habe noch viel zu erledigen und wolle auch nicht ein zweites Mal im Winter reisen. Er arbeitete tatsächlich, denn er überschwemmte uns, Delisle und mich, mit Briefen. Er war von Montesquieus Theorien derartig durchdrungen, daß ich mich manchmal fragte, ob Sankt Petersburgs Klima und geographische Lage ihm nicht ein wenig den Geist verwirrt hatten. So beschwor er uns beispielsweise, mit allen Mitteln und bevor Rußland ihr Genie zerstörte, das Akademiemitglied Lomonossow und vor allem den jungen Astronomen Rumosky, der bei seinen Beobachtungen des Venustransits an den Grenzen zur Mandschurei wahre Wunder vollbracht habe, nach Frankreich zu holen. Dann wieder schilderte er mir auf vergnügliche Weise den Tod der Zarin Elisabeth und die Thronbesteigung von Peter III. mit jener Prise Ironie, die diese ebenso grotesken wie barbarischen Feierlichkeiten in Lächerlichkeit ertränkte. Bevor ich sie publizierte, entschärfte ich sie vorsichtshalber, doch die Zensoren hatten nichts einzuwenden. Bis der Brief ankam, hatten wir bereits erfahren, daß Peter III. den Frieden mit

Preußen besiegelt hatte und daß Friedrich, den man verloren glaubte, von neuem in Berlin saß und tagtäglich an Macht gewann. Anschließend schickte Chappe uns den Erstentwurf seiner *Reise nach Sibirien*, der von La Caille korrigiert wurde. Und wieder einige Zeit später schilderte er uns mit Begeisterung, wie Katharina, von Volk, Armee, Klerus und Adel unterstützt, ihren Tyrannengemahl gestürzt hatte und wie dieser, von Lastern und Krankheit wie gelähmt, eine Woche danach an «einer hämorrhoidalen Kolik mit der Komplikation eines Übergriffs aufs Gehirn» verstorben war. Chappe war in ganz Europa sicher der einzige, der dieser offiziellen Version vom Tod des Übergangszaren Glauben schenkte.

Mehr als jeder andere trug Chappe zur Entstehung des Mythos um Katharina die Große, seine neue Semiramis, bei. Er bekam die Zarin allerdings nur noch einmal zu Gesicht, obgleich er lange Stunden in ihrem Vorzimmer mit Warten zugebracht hat. Er tröstete sich, indem er sich sagte, die Herrscherin über ein so mächtiges Reich habe momentan gewiß andere Verpflichtungen, als sich um einen unbedeutenden französischen Astronomen im Priestergewand zu kümmern.

Doch dann erhielt er eine Privataudienz. Katharina II. gab sich noch charmanter als beim ersten Mal. Vor allem aber regte sie ihn an, ein Buch zu schreiben über seine Rußlandreise, über alles, was er gesehen hatte, und den Franzosen einzutrichtern, daß von nun an sich alles ändern würde in diesem Land, daß Sankt Petersburg bald schon Zufluchtsort sämtlicher verfolgten Philosophen und Gelehrten Europas und insbesondere Frankreichs sein werde.

«Reisen Sie, Monsieur l'Abbé, reisen Sie ab, wir brauchen Sie in Frankreich. Und kommen Sie wieder zu uns!»

Er reiste ab, trunken und stolz, die Fackel dieser im Osten

aufgehenden neuen Aufklärung zu tragen. Nach einem Jahr Abwesenheit kehrte er nach Frankreich zurück. Und von nun an vermischten sich in seinem Herzen die leidenschaftliche Liebe zu Reine und zur Zarin.

Le Gentils Entscheidung

Pingré war also in Rodriguez! Am liebsten hätte Le Gentil vor Freude, vor Erleichterung geweint. Aber angesichts der mitleidigen Mienen der Honoratioren hier auf der Ile-de-France mußte er Zurückhaltung wahren, durfte nicht einmal durchblicken lassen, wie verletzt er war wegen der mißlungenen Expedition nach Pondichéry. Er hatte es sich sogar versagt, das dumme und feige Verhalten des Kommandanten der *Sylphide* auch nur andeutungsweise zu kritisieren. Auf keinen Fall sollten diese Leute hier, die sich ohnehin schon benahmen, als trage er Trauer und sei untröstlich, seine Verbitterung über den Mißerfolg spüren. Wie leicht schlägt Mitgefühl in Mitleid um und Mitleid in Verachtung. Daher rief er laut und ungezwungen: «Unser lieber Abbé Pingré! Gebe Gott, daß er mehr Glück hatte als ich.»

Seit diesem Tag wartete er in dem kleinen, nach Sonnenuntergang hin ausgerichteten Haus des Richters mit Ungeduld auf die Ankunft unseres Freundes Pingré. Der wußte immer einen Rat! In seiner köstlichen Art, Gespräche zu führen, gespickt mit Zitaten aus Ovid oder Horaz, zwischen zwei fröhlichen Madrigalen, einem lukullischen Rezept, einem mit Kennermiene kommentierten Glas Wein oder einer Weibergeschichte, würde er auch noch Worte finden, um Le Gentil wieder aufzumuntern.

Aber die Monate Juli und August vergingen, ohne daß er Nachricht von seinem Kollegen erhielt. Seeleute hatten ihm berichtet, Pingré hätte seinen Aufenthalt auf Rodriguez verlängern wollen, um dort die Natur zu studieren.

Nach zwei Wochen begann Le Gentil, sich Sorgen zu machen. Diesen abgelegenen kleinen Archipel hatte er ja voriges Jahr selbst flüchtig gesehen, und dieser Fleck Erde schien ihm nicht interessant genug, daß ein Gelehrter wie Pingré ihm so viel Zeit widmete.

Auf der Ile-de-France wurde kolportiert, die Engländer wagten sich nach ihren Triumphen auf allen Meeren jetzt in die Gewässer der letzten französischen Bastionen im Indischen Ozean vor. Dabei würden diese doch massiv verteidigt. In Wirklichkeit traute sich der verbliebene Rest der Marine royale kaum aus Port-Louis oder Bourbon heraus. Nur die Handelsschiffe der Ostindienkompanie und ein paar Korsaren wagten sich so weit vor gen Osten. Dort herrschte also Belagerungszustand, und dennoch schien sich bei den Behörden kein Mensch um das Schicksal von Rodriguez zu sorgen, obwohl es nur drei Segeltage von der Ile-de-France entfernt lag. Man hatte fast den Eindruck, dieser Vorposten würde ganz bewußt geopfert, mitsamt seiner kleinen Garnison, seinen zwei vor Anker liegenden Korvetten und natürlich auch mitsamt Pingré.

Ende August bekam Le Gentil Besuch. Der Kapitän der *Volant* der Ostindienkompanie pendelte regelmäßig zwischen Port-Louis und Rodriguez hin und her. Jetzt würde er wieder auslaufen, und wenn der Astronom wolle, könne er mitkommen. Le Gentil zögerte, lehnte dann aber ab: Er wollte nicht indiskret erscheinen, wenn er bei Pingré aufkreuzte. Das könnte ja so aussehen, als wollte er ein paar Brosamen von dessen Ergebnissen stibitzen.

Am 12. September 1761, als Le Gentil sich anschickte, seinen sechsunddreißigsten Geburtstag in totaler Einsamkeit zu feiern, verkündete Gratot ihm plötzlich die Rückkehr der *Volant*. Eilig lief er zum Hafen. Und kurz darauf sprang auch schon Pingré trotz seiner fünfzig Jahre und häufiger Gichtanfälle wie ein junger Spund von Bord. Sie fielen sich in die Arme. Spitzbübisch, mit gespieltem Zorn, sagte Pingré:

«Warum haben Sie mich nicht abgeholt in Rodriguez? Es wäre ein weiteres Ruhmesblatt für Sie gewesen: der Mann, der den gefährlichen Soldatenmönch der heiligen Genovefa den Klauen der Engländer entriß! Das ist die Wahrheit! Fast hundert Tage war ich ihr Gefangener, nicht etwa bei Wasser und Brot, nur mit abscheulichem Wasser! Ah, unsere stolzen Schlachtschiffe, wie machtlos waren sie gegenüber den anderen! Als der Feind mir die Pranke auf die Schulter hieb, schwang ich vergeblich die Passierscheine der Royal Academy und Admiralty – sie pfiffen darauf! Gelehrter oder nicht, in ihren Augen war ich nur ein *frog* wie alle anderen, gerade noch gut genug, um ihn einzulochen. Die Engländer, mein Lieber, haben den Krieg gewonnen.»

«Sie hatten britische Passierscheine?»

«Unser guter alter Delisle, der jenseits des Kanals viele Freunde hat, konnte sie ohne Schwierigkeit besorgen, noch vor meiner Abreise und obwohl schon Krieg war. Eine so elementare Vorsichtsmaßnahme haben Sie, wie ich vermute, natürlich nicht getroffen, oder? Typisch für Sie! Kann ich bei Ihnen wohnen?»

«Mit Vergnügen, ich muß nur erst Richter Nihil, meinen Gastgeber, verständigen.»

«Das hat Zeit. Gleich zwei Akademiemitglieder aus Paris unter seinem Dach zu beherbergen dürfte seiner Eitelkeit doch nur schmeicheln. Wenn Sie mich auch nur ein bißchen mögen, nehmen Sie mich jetzt sofort mit nach Hause – und zwar aus Mitleid! Seit drei Monaten weiß ich nicht mehr, welch eine Wohltat Seife, ein gebügeltes Hemd und eine Flasche kühlen Weins, mit einem Freund getrunken, bedeuten können.»

«Aber Sie müßten doch wohl erst den Gouverneur aufsuchen …»

«Aus dem Alter der Bücklinge vor dem Dorfgockel bin ich heraus. Ein Bad und Wein, Guillaume, wenn Sie sich nicht meinen Tod aufs Gewissen laden wollen! Thuillier wird Ihren Honoratioren hier schon meine Ehrerbietung übermitteln.»

«Wer ist denn Thuillier?»

«Habe ich Sie nicht bekannt gemacht? Denis Thuillier ist der mir von Monsieur de Buffon aufgezwungene Assistent. Er soll ihm ein paar Schildkröten und anderes Viehzeug mitbringen. Natürlich auf meine Kosten, dabei hält mich der Duc de Chaulnes ohnehin schon knapp. Das war bloß ein Scherz, Thuillier, machen Sie doch nicht so ein Gesicht! Los, hauen Sie ab! Die schönen Kreolinnen warten schon!»

Eine Kutsche brachte die beiden Gelehrten bis zu Le Gentils hübschem Haus, und die ganze Strecke über redete Pingré. Er entschuldigte sich zwar für seine «Logorrhöe», wie er es nannte, aber es müsse einfach aus ihm heraus nach all den Wochen des Eingesperrtseins auf jenem trostlosen Eiland. Er erzählte, wie zwei englische Schiffe während der Hochzeit der Tochter des dortigen Gouverneurs die Insel angegriffen und dabei eine der beiden französischen Korvetten eingenommen und die andere versenkt hatten, erzählte von den üblen Haftbedingungen in der kleinen Kolonie, dem brutalen Benehmen eines gewissen Kapitän Fletcher und seiner Soldaten, nachdem die englischen Kriegsschiffe mit ihrer Beute abgezogen waren. Das ging so weiter bis zu dem Tag, an dem wieder zwei feindliche Schiffe auf Rodriguez anlegten. Deren Kommandant besuchte die Gefangenen, Pingré zeigte von neuem seine von der englischen Admiralität und der Royal Academy unterzeichneten Passierscheine und protestierte lautstark gegen die Rüpelhaftigkeit seines Kerkermeisters. Besagter Kommandant entschuldigte sich äußerst galant und versprach, die Beschwerde des Astronomen nach London weiterzuleiten.

Unterdessen erfuhr man von der Ankunft eines französischen Schiffes. Das war die *Volant*. Und entgegen jeder Erwartung ergriffen die beiden englischen Kriegsschiffe die Flucht, nachdem sie noch schleunigst die Gefangenen freigelassen hatten.

«Es sieht so aus», sagte Pingré, «daß die Insel Rodriguez sie eigentlich nicht interessiert. Den Krieg werden sie gewinnen, das schwöre ich Ihnen. Sie haben ihn schon gewonnen.»

«Konnten Sie trotz dieser Abenteuer den Venustransit beobachten?» fragte Le Gentil zaghaft.

«Perfekte Sicht, obwohl die Sonne, als Venus sich auf den Weg machte, noch recht tief am Horizont stand. Aber die Engländer haben mir nicht die Zeit gelassen, meinen Beobachtungen eine Form zu geben. Was soll's, wir werden noch Muße genug haben, darüber zu reden.»

Le Gentil verspürte so etwas wie einen Stich ins Herz, nicht aus Neid, denn ein solches Gefühl lag ihm fern, aber hätte er sich nicht im letzten Moment auf der *Sylphide* eingeschifft, wäre auch er zum richtigen Zeitpunkt auf Rodriguez gewesen.

Während er auf seiner Veranda saß, den bis zum goldschimmernden Strand hinabreichenden Rasen zu Füßen, hörte er von der Rückseite des Hauses her ein vergnügtes Kichern. Das war der überaus honorige Bibliothekar von Sainte-Geneviève, dem eine schwarze Sklavin mit einem Roßhaarhandschuh energisch den Rücken schrubbte. Und nun stimmte sein voller Baß doch wahrhaftig eine Art improvisierten gregorianischen Gesang an:

Hier ruht ein Liebhaber der Venus,
die auf Rodriguez er wollt' überraschen.
Vom Astrologen in partibus
respektiere, Passant, die Asche.

Ha, dieser Mann möbelte ihn wieder auf! Da kam er ja auch endlich zurück vom Bad, betrat die Veranda, barfüßig und in eine lange, weiße Toga gehüllt – wie ein römischer Imperator!

«Bewundernswert, Euer Epitaph, Alexander!» rief Le Gentil ihm vergnügt entgegen. «Hätten meine Augen noch Tränen, ich würde weinen.»

«Nicht wahr? Wenn die Muse mich küßt, ist mir das Sublime nicht fern. Apropos Muse und Kuß, ist Ihre vollbusige Negerin auch Ihre Köchin? Wunderbar! Hallo, Mädchen, ich muß mit dir reden!»

Und abermals verschwand Pingré im Haus, lange dauerte die Beratung mit der von Richter Nihil ausgeliehenen Sklavin. Als er zurückkam, rieb er sich genüßlich die Hände:

«Sie ist fabelhaft, mein Lieber. Und Sie werden die beste Schildkrötenlebersuppe Ihres Lebens essen.»

Le Gentil verzog das Gesicht.

«Haben Sie noch nie welche gegessen?» fragte Pingré. «Ach ja, ich vergaß, daß Sie Asket sind. Schildkrötensuppe ist eine wahre Köstlichkeit. Die Seeleute sagen, sie sei die beste Arznei gegen Skorbut. Gratot, mein Junge, servieren Sie uns doch endlich diesen guten Tropfen vom Kap! Ich habe Sie doch nicht umsonst zum Inder geschickt, um ihn zu holen.»

Wie macht dieser Mann es bloß, daß alle ihn sofort mögen und er sich überall daheim fühlt? fragte sich Le Gentil. Oder bin ich einer, der nicht weiß, wie man das anstellt?

Sie setzten sich Seite an Seite mit Blick aufs Meer, machten es sich bequem in ausladenden Rattansesseln mit dikken Kissen und legten die Füße auf Schemel. Der Nachmittag neigte sich seinem Ende zu.

«Nun, Guillaume», fragte Pingré, als er das Glas absetzte, «wie ist denn Ihr Rendezvous mit Venus abgelaufen? Ich gebe zu, daß es mich verwundert hat, als der Kapitän der

Volant mir mitteilte, Sie seien schon zurück auf der Ile-de-France. Ich hatte mir vorgestellt, wie Sie hoch oben auf gold- und seidenbetreßten Elephanten durch das malerische Indien gondelten.»

Le Gentil schilderte ihm sein Mißgeschick, die unsinnige Irrfahrt im Indischen Ozean bis zu den Ufern des Roten Meeres, das prahlerische Gehabe des jungen Kapitäns der *Sylphide* und die feige Weigerung, ihn irgendwo an der vom Krieg noch verschonten Koromandelküste abzusetzen.

«Warum sind Sie denn nicht beim Zwischenhalt in Ceylon von Bord gegangen?»

«Dieser Rüpel hatte mich in meiner Kajüte eingeschlossen.»

Mit einem Satz sprang Pingré auf und rannte wütend auf der Veranda hin und her. Seine Stimme vibrierte vor verhaltenem Zorn:

«Le Gentil, Guillaume Le Gentil, haben Sie vergessen, daß Sie ein Gelehrter sind, ein Geometer, ein ziemlich bedeutender Geometer, ein ziemlich bedeutender Gelehrter? Hätte sonst der König von Frankreich Ihnen persönlich sein Geld und seine Schiffe anvertraut? Sie vertreten den König von Frankreich, Sie sind der König von Frankreich, Guillaume Le Gentil! Und auch der Vertreter der Wissenschaft in einer Person. Und da geben Sie einfach klein bei, beugen sich dem erstbesten Dummkopf unter dem Vorwand, daß er das Fahrzeug befehligt, ich sage bewußt ‹das Fahrzeug›, das Sie zu dem Ort bringen soll, zu dem es Sie absolut bringen muß, denn es war seine Pflicht, Sie dort abzusetzen. Würden Sie auch Ihrem Kutscher gehorchen, wenn er sich weigerte, Sie zum Bordell zu fahren?»

«Was konnte ich denn tun? Dieser Kutscher, wie Sie sagen, war an Bord der Alleinherrscher – nach Gott natürlich.»

«An besagtem Bord war weder Gott noch ein Herrscher.

Aber da war das Akademiemitglied Guillaume Le Gentil, den man auf Befehl Seiner Majestät Ludwig des Fünfzehnten an den von ihm selbst bezeichneten Ort zu bringen hatte. Sie hätten ihm Ihre Beglaubigungsschreiben, Ihre Order unter die Nase halten, sie wie eine Flagge schwingen müssen, lauter brüllen als er, ihn drangsalieren, ihm zeigen, daß Sie der Herr, der Gott, der König waren. Das einzige Argument, das bei solchen Kerlen zählt, ist Autorität. Er hätte den Schwanz eingezogen, dieser jämmerliche Kretin, das können Sie mir glauben!»

«Hätten Sie das getan?»

«Ich habe es getan, noch vor sechs Monaten, als Monsieur Marion-Dufresne, der Kapitän, mit dem ich aus Frankreich gekommen war, mir plötzlich verkündete, sein Vorgesetzter Blain des Cormiers habe ihm den Befehl erteilt, nicht auf Rodriguez, wo er mich absetzen sollte, haltzumachen. Dem habe ich einen geharnischten Brief geschrieben! Etwa so: ‹Nehmen Sie hiermit zur Kenntnis, Messieurs, daß Wir fordern …› Ich werde es Ihnen gelegentlich zeigen. Sie haben mir auf der Stelle gehorcht. Und in der Folgezeit wurde Marion-Dufresne zu einem wahren Freund. Ich glaube, meine Initiative war ihm durchaus willkommen. Er hatte nicht das Recht, seinen Vorgesetzten nicht zu gehorchen. Aber ich, aber wir, Guillaume, wir haben bei diesen unseren Vorhaben keine anderen Vorgesetzten als den Minister, den König und die Akademie der Wissenschaften. Bei solchen Leuten müssen Sie sich immer dieser Waffe bedienen, dieser einzigen Waffe, die zählt: Sie tragen den Rang des von Seiner Majestät entsandten Akademiemitglieds. Ich weiß schon, Ihr Hochmut, Ihre adelige Herkunft lassen Ihnen diesen Titel ‹Gelehrter› recht albern erscheinen im Vergleich zu Admiral, Graf oder Marquis. Sie müssen sich entscheiden, auf welcher Seite Sie stehen wollen: Wissenschaft oder Abstammung. Nicht einmal nur Abstammung, es sind doch vielfältige Hierarchien, die die Struktur der Gesellschaft diktieren. Die Gelehrten gehören aber nicht zu dieser Gesellschaft. Außerdem haben Sie sich längst entschieden, und zwar an dem Tag, an dem Sie zum ersten Mal die Schwelle des Collège royal überschritten, um Delisles Vorlesung zu hören.»

«Sie lesen mir aber gewaltig die Leviten, Alexandre. Aber Sie haben ja recht. Ich habe mich wie ein Feigling benommen.»

«Feigling? Was Sie nicht sagen. Der Mann, der sein gemütliches normannisches Landhäuschen verläßt, um Paris zu erobern, soll ein Feigling sein? Ein Gelehrter von beachtlicher Reputation, der mitten hinein in Kriege zieht, um ein kurioses und amüsantes astronomisches Phänomen zu beobachten, ein Feigling? Na, hören Sie mal! Sie sind ein Held, Guillaume, und genau das werfe ich Ihnen vor. Wir brauchen nämlich keine Helden und ergo keine Märtyrer. Wir brauchen Gelehrte, die ihre Arbeit vollenden. Sie hingegen, Sie, Sie verheddern sich in Ihrem Ehrgefühl, Ihren Rangvorstellungen, mit Ihren gleich hinter Gott rangierenden Schiffskommandanten. Das ist es aber nicht, was die Wissenschaft von Ihnen verlangt, verdammt noch mal! Sie verlangt Resultate. Sie sind kein Ritter der Artusrunde. Sie sind ein Gelehrter mit dem Auftrag, ein Naturphänomen zu beobachten, das dem Fortschritt nützlich sein kann. Ich habe Sie hoffentlich nicht verletzt?»

«Absolut nicht. Sie haben mich aufgeklärt. Trinken wir darauf.»

Ich bin nicht sicher, daß Pingré ihm diese Standpauke gehalten hat. Ich jedenfalls hätte so mit ihm geredet. Aber ich war leider nicht dabei.

Wie es heißt, ist die am Horizont einer Tropeninsel untergehende Sonne eines der großartigsten Schauspiele für den Betrachter. Die beiden Männer waren verstummt. Der

Himmel hinter ihnen entrollte eine lückenlos schwarze Priestercapa. Vor ihnen schwoll das in den Ozean eintauchende Gestirn sichtbar an, färbte sich rosa und blutete, je tiefer es sank. Es übergoß das Meer und die von der Nacht noch verschonten Ränder des Himmels mit allen Schattierungen von Blau, Rosa und Gold. Dann erschlaffte es und hinterließ nur eine Narbe, die kurz danach auch verschwand. Angeblich weinen so manche in diesem Moment. Guillaume Le Gentil, in diesen Sonnenuntergang versunken, sagte kaum hörbar zu Alexandre Pingré:

«Ich bleibe.»

Acht Jahre! Jetzt war er bereit, acht Jahre zu warten, bis der grüne Planet wiederkam, um sich vor die Sonne zu schieben. Acht Jahre, fern von den Freunden, dem Arbeitsplatz, seinen Büchern, ja fern von Paris, wo sich doch alles abspielte. Würden denn nicht in Paris die einhundertzwanzig Ergebnisse der Beobachtungen zusammenlaufen, die ein Schwarm von Gelehrten aus allen vier Himmelsrichtungen mit Bienenfleiß zusammengetragen hatten? Seit Menschengedenken hatte es ein solches Gemeinschaftsunternehmen von Wissenschaftlern nicht gegeben – und Le Gentil verzichtete freiwillig auf seine Apotheose. Unsere Kunst würde doch wieder Auftrieb bekommen, unabhängig von den Resultaten. Zumindest würden die Fehler, die beim ersten Vorübergang vielleicht gemacht wurden, korrigiert werden, die Methoden verbessert, wenn nicht gar völlig erneuert, und bis zum zweiten Vorübergang wären womöglich, basierend auf den Erfahrungen des ersten, neue Meßinstrumente erfunden?

«Die Akademie wird sie mir schon schicken», verteidigte sich Le Gentil.

«An welche Adresse? ‹Zu Händen von Monsieur was-weiß-ich, Richter mit hübschem Landhaus am Indischen

Ozean, Gräberbucht, Ile-de-France› oder vielleicht ‹Zentralgefängnis des Königs von England, Pondichéry›?»

«Ich schwöre Ihnen, lieber Freund, daß dieser Krieg nicht andauern wird.»

«Selbst wenn mit diesem Krieg endlich Schluß ist, wissen Sie doch so gut wie ich, daß hier oder anderswo in diesen Breiten die Post nur unregelmäßig ankommt, alle drei oder sechs Monate, wenn überhaupt, denn ein Schiff ist ja keine Postkutsche. Wenn Sie bleiben, Guillaume, sind Sie abgehängt, dann gehen Sie unter. Kommen Sie mit mir zurück nach Frankreich. Ich beschwöre Sie!»

«Ich kann mich dort nach einem solchen Mißerfolg nicht mehr zeigen.»

«Unsinn! Man braucht Sie in Paris. Und bis 1769 ist noch Zeit genug, um sich erneut der Venus an die Fersen zu heften. Ich bin übrigens fest entschlossen, beim zweiten Mal auch wieder mitzumachen. Dann werde ich bald sechzig sein, das ideale Alter für derlei Abenteuer, finden Sie nicht? Und Sie?»

«Wir feiern gerade meinen sechsunddreißigsten Geburtstag. Ich werde also vierundvierzig sein, wenn sie wieder vorbeizieht.»

«Das beste Mannesalter, die Mitte, der Gipfel, der Zenit! Danach nimmt die Kraft ab, und Nadir kommt schneller, als man denkt, das dürfen Sie mir glauben.»

«Sie sind nicht alt.»

«Sie werden es vorzeitig sein, in diesem Klima, unter diesen Leuten. Als Gelehrter werden Sie Ihren Saft einbüßen, als Mann Ihr Blut, alles wird schal und faul – viel schneller als unter der Kuppel des Luxembourg.»

«Ich kenne diese Risiken, ich habe sie oft genug abgewogen seit meinem Mißerfolg. Aber mit leeren Händen will ich nicht zurück nach Paris.»

«Ach ja, da ist er ja wieder, der Ritter mit seinem Karren

und dem um Haaresbreite verpaßten Gral! Verbirgt sich dahinter nicht wenigstens eine Weibergeschichte?»

«Spielen Sie nicht den Narren», konterte Le Gentil. Reines Antlitz schnitt wie eine Rasierklinge in sein Gehirn.

«Mit leeren Händen! Wir alle, Sie Schwachkopf, können doch mit leeren Händen heimkommen. Duchoiselle vom Grand Mount, Cassini von Wien, der Jesuit Dolier aus Peking und Chappe aus Sibirien, um nur die Franzosen zu nennen.»

«Chappe in Sibirien! Und Lalande?»

«Der erwartet die Resultate in Meudon, in Pantoffeln, auf dem Schoß von Delisle. Oder unter den Röcken von Madame Lepaute.»

Bis zu seiner Abreise versuchte Pingré noch mehrmals, Le Gentil zur Rückkehr zu bewegen. Schließlich zeigte jeder von beiden dem anderen die kalte Schulter.

Aber sich mit Pingré zu überwerfen ist schwierig. Daher weinten sie beide beim Abschied. Und dennoch: Als Le Gentil am 17. Oktober der Fregatte *Le Boutin* nachblickte, fühlte er sich unendlich erleichtert: Jetzt war er frei! Plötzlich verkrampfte sich sein Bauch, ein gräßlicher Schmerz, Schweiß lief ihm übers Gesicht. Das Fieber, das ihn ein Jahr lang in Frieden gelassen hatte, packte ihn von neuem.

Nach fast dreiwöchiger Zwischenlandung auf der Insel Bourbon, wo er Muße fand, mit seinem Assistenten Thuillier Land und Leute zu erkunden, fuhr Pingré auf der *Boutin* wieder ins offene Meer hinaus. Von einem hübschen Nordwestwind getragen, umschiffte die Fregatte bald schon das Kap der Guten Hoffnung. Und während Thuillier sich um die naturgeschichtlichen Sammlungen kümmerte, die sie an den Küsten Afrikas und auf den Archipelen der Meere Indiens angelegt hatten – Muscheln, Pflanzen, Seeigel, Schildkröten, Papageien, Affen, die einen in Käfigen, woran die Matrosen ihren Spaß hatten, die anderen von Thuillier eigenhändig ausgestopft –, da begann Pingré bereits, sein Tagebuch in einen Reisebericht umzuwandeln. Abgesehen von seinen wertvollen astronomischen Ergebnissen und so mancherlei Informationen zur Schiffahrt, wurde dieser Bericht zum vergnüglichsten und lebendigsten Zeugnis dieses Venus-Abenteuers, das ich je zu lesen bekam.

Doch nach zwei Monaten friedlichen Navigierens entlang der afrikanischen Küsten mußte Pingré ein neues, ganz anders geartetes Kapitel in sein Werk aufnehmen: Ein englisches Schiff tauchte am Horizont auf. Die Schlacht war nicht zu vermeiden. Ein paar Kanonenkugeln flogen hin und her, und dann ließ der französische Kapitän trotz des Protests seiner Offiziere die Flagge senken, woraufhin die anderen die *Boutin* enterten. Höflichkeitsfloskeln wurden ausgetauscht zwischen den beiden feindlichen Kommandanten. Und dann kam ein englischer Marineoffizier an Bord, um Pingré zu holen. Unser Freund, gut bewacht inmitten der anderen Passagiere – Händler, die in geschäftlichen Angelegenheiten nach Frankreich reisten –, hielt seine Reisedokumente schon in der Hand. Der feindliche Kapitän empfing den Astronomen in der Offiziersmesse mit größter Ehrerbietung und warf nur einen flüchtigen Blick auf die vorgezeigten Papiere. Er war eindeutig informiert über Pingrés entrüstete Beschwerdebriefe an die Admiralty und die Royal Academy bezüglich der schlechten Behandlung auf der Insel Rodriguez. Daher zeigte der Sieger sich hochherzig, ihm und seinem Assistenten gegenüber. Während die anderen Passagiere und auch die französische Mannschaft aufs feindliche Schiff hinüberbeordert wurden – vermutlich ins lichtlose Unterdeck –, durfte Pingré bei seinen Instrumenten und Sammlungen, die ja eigentlich Monsieur Buffon zugedacht waren, an Bord der *Boutin* bleiben.

So segelten das englische Schiff und seine Beute zwölf Tage lang gemeinsam weiter, wobei der Gelehrte und sein Assistent ungestört arbeiten durften. Alles änderte sich jedoch, als beide Schiffe am 23. Februar im Hafen von Lissabon Anker warfen. Pingré erwartete auf dem Schanzheck der *Boutin* die Erlaubnis, von Bord gehen zu dürfen. Er betrachtete die Stadt und suchte nach Spuren des berüchtigten Erdbebens von 1755, das Tausende von Toten gefordert und ganz Europa erschüttert hatte. Keinerlei Ruinen, keine brandgeschwärzten Mauern. Vor seinen Augen breitete sich eine riesige Baustelle aus, gespickt mit Lastkränen, Gerüsten und Balken. Scharenweise sah er Handwerker zwischen Stapeln von Ziegeln und exakt behauenen Bruchsteinen, Palastfassaden ragten um einen bereits angedeuteten, weiträumigen, rechteckigen Platz empor, der den Blick aufs «Strohmeer» freigab. Und dort oben, auf dem Kamm eines Hügels, stand unbeschädigt und unerschütterlich die alte Stadtburg São Jorge und wachte über den Fluß.

Mit martialischem Schritt kam der englische Kapitän auf Pingré zu. Vorbei war's mit Bücklingen und Reverenzen.

«Monsieur! Schwerwiegende Ereignisse, von denen ich soeben Kenntnis erhielt, zwingen mich, Sie unverzüglich auszuschiffen.»

«Nichts ist mir lieber als das, Kapitän. Aber was sind das für Ereignisse?»

«Spanien ist soeben an der Seite Frankreichs in den Krieg eingetreten. Diese Umstände machen Ihre Passierscheine obsolet und zwingen mich, den Inhalt Ihrer Kisten und Gepäckstücke sowie all Ihre schriftlichen Unterlagen und Karten zu inspizieren.»

Mit verhaltenem Zorn verlangte Pingré immerhin, bei er Durchsuchung dabeizusein und die Inventarliste gegenzuzeichnen. Die Inspektion begann in der Kajüte. Aber abgesehen von ein paar persönlichen Dingen, ein paar Versen eines Gedichtentwurfs, einer Skizze des Turms von Belém, fand sich nichts – nicht das geringste Schriftstück.

«Ich verlange, daß Sie mir Ihr Tagebuch aushändigen, Monsieur, sowie die Zusammenstellung Ihrer Beobachtungen», befahl der englische Kapitän.

Mit breitem, arglosem Lächeln antwortete Pingré:

«Da ich befürchtete, die Feuchtigkeit an Bord könne sie beschädigen, bat ich Monsieur Thuillier, sie in die französische Botschaft zu bringen.»

«Wie? Ihr Assistent ist ohne meine Erlaubnis von Bord gegangen?»

«Der Arme fühlte sich gar nicht wohl. Ihre Posten hatten Mitleid mit ihm. Außerdem waren sie viel zu sehr in ihre spannende Würfelpartie vertieft, als daß sie ihm den Landgang hätten verbieten können.»

Zornbebend, weil man ihn zum Narren gehalten hatte, machte sich der Kapitän an die detaillierte Untersuchung der Instrumente. Er zerlegte die Teleskope, tauchte seine schmalen rosafarbenen Hände in den Fettnapf für die Pendeluhren, als suchte er darin geheime Botschaften, die das Schicksal der Nationen hätten wenden können. «Es fehlte nicht viel, und er hätte auch noch den Hintern der Affen sondiert», erzählte uns Pingré.

Da ihm nichts Brauchbares in die Finger gefallen war, befahl er nun dem Astronomen, *stante pede* sein Schiff zu verlassen, doch zuvor durchwühlte er noch dessen Taschen und konfiszierte Instrumente und Sammlungen als «Kriegsbeute».

Thuillier wartete schon auf dem großen Baustellenplatz. In einer Kutsche jagten sie zur französischen Botschaft, einem strahlend neuen Palais oberhalb des Hafens von Alcântara. Der außerordentliche Gesandte empfing sie ohne Verzug. Der diplomatische Zwischenfall, den Pingré ihm schilderte, kam ihm wie gerufen: Seit Anfang Januar, seit

Spanien sich aufgrund des «Familienpakts» an Frankreichs Seite gestellt hatte, versuchten die beiden Mächte, auch noch Portugal einzubeziehen.

Doch bisher blieb alles erfolglos, denn diesem Staat lag nichts daran, sein brasilianisches Gold und seine orientalischen Gewürze in einem Krieg, der ihn nichts anging, aufs Spiel zu setzen. Der Botschafter versprach Pingré, beim portugiesischen Premierminister, dem Marquês de Pombal, zu intervenieren, denn der war der wahre Herr des Landes und seines Marionettenkönigs. Bis dahin möge der Gelehrte sich still verhalten.

Da kannte er Pingré nicht, der sofort zu Felde zog. Weil Portugal noch keine Akademie der Wissenschaften hatte, suchte er als ersten Don Ciera auf, einen Astronomen, der den Vorübergang der Venus natürlich auch beobachtet hatte. Der war ein einflußreicher Mann. Um dem Engländer die Instrumente seines Kollegen zu entreißen, mobilisierte er sämtliche regulären oder säkularen Ordensgemeinschaften Lissabons. Als Pingrés treuestes Partisanenheer erwies sich ein Häuflein französischer Kapuzinerpatres. Nur die Jesuiten meldeten sich nicht: Sie waren zwei Jahre zuvor ausgewiesen worden.

Um selbst nicht untätig zu bleiben, wandte Pingré sich an seine Logenbrüder, die sich nun ihrerseits ins Zeug legten. «Der Diebstahl der Instrumente des französischen Gelehrten durch einen englischen Piraten» wirkte sich aus wie eine Sturzflut und überschwemmte die Stadt von neuem. Der englische Botschafter, dessen Hauptsorge der Neutralität Portugals galt, stieg höchstpersönlich an Bord der früheren *Boutin* und verlangte vom Kapitän das unverzügliche Ausladen der Kisten. Es war höchste Zeit, denn die Fregatte war kurz davor, wieder in See zu stechen. Die naturgeschichtlichen Sammlungen blieben an Bord. Die räudigen Affen und die gerupften Papageien waren aufgrund mangelnder Pflege ohnehin längst verendet. Von den Schildkröten war nur mehr der Panzer übrig. Sie waren schon lange vor dem Entern in den Mägen des französischen Offiziersstabs verschwunden – geköchelt vom Astronomen mit kundiger Hand. Pingré ließ seinem Zorn zwar freien Lauf, freute sich im Innersten aber durchaus über seine kleine Rache an Buffon. Der Intendant der Gärten des Königs hatte ihm nämlich vor der Abreise diesen naturkundigen Assistenten aufgezwungen und dadurch gleichzeitig einen nicht unbeträchtlichen Teil der vom Entscheidungskomitee des staatlichen Schatzamtes speziell für diese Expedition zur Verfügung gestellten Gelder in Anspruch genommen.

Pingrés Instrumente landeten in jämmerlichem Zustand im «Hafen der Gnade». Er selbst zog es vor, auf dem Landweg durch Spanien nach Paris heimzureisen. Von Abenteuern auf See hatte er für den Rest seines Lebens genug – glaubte er zumindest.

Wissenschaft und Politik

Als im Februar 1763 nach sieben Jahren Krieg endlich der Friede besiegelt wurde, war darüber zumindest einer rundum glücklich: ich, Jérôme Lalande. Natürlich war ich wie jeder anständige Mensch erleichtert, daß dieses stupide Massaker, das doch nur die Gelüste der Fürsten und die niedrigsten Instinkte ihrer Mitläufer befriedigte, endlich aufhörte. Mich aber befriedigte noch ein weiteres Motiv: Beobachtungen und Berechnungen zum Venustransit strömten von überall herbei, von China bis Kanada, von Uppsala bis zum Kap der Guten Hoffnung, aus der Feder von Amateuren oder echten Gelehrten, von Laien oder Priestern, darunter auffallend viele Jesuiten. Nur aus Pondichéry kam nichts. Wenn ich das so sage, bin ich ungerecht, denn auch andernorts hatten ungünstige Witterungsbedingungen oder sonstige mißliche Umstände die Beobachtung verhindert. Aber unter den von einer Königlichen Akademie offiziell Akkreditierten war Le Gentil der einzige, der nicht zurückkam. Ein erster kaum wahrnehmbarer Schatten legte sich über seinen Ruhm. Und ohne es zu beabsichtigen, färbte Pingré ihn noch eine Spur schwärzer, denn er erzählte überall und immer wieder, er sei einem völlig niedergeschlagenen Le Gentil begegnet und habe ihm «gehörig die Ohren langziehen» müssen. Sein Mitgefühl war nicht gespielt, er machte sich ehrlich Sorgen um unseren Freund. Vergeblich hatte er ihn zur Heimkehr bewegen wollen, und jetzt befürchtete er, Le Gentils Karriere könnte durch diese irrsinnige Halsstarrigkeit endgültig in die Brüche gehen.

Diese Befürchtungen teilte ich nicht, denn obwohl die Beobachtung mißlungen war, hatte Le Gentil seine Zeit im Indischen Ozean keineswegs vergeudet, und das Arbeitspensum, das er – wie er der Akademie mitteilte – in den kommenden acht Jahren zu absolvieren gedachte, zeugte an sich schon von klarem Verstand. In seinen Briefen fand ich nicht die geringste Spur von verletztem Stolz, wenn dies anfangs auch seine Entscheidung beeinflußt haben mochte. Mir war es nur recht, daß er für den 1769 zu erwartenden zweiten Venustransit in der Nähe seines Observatoriums blieb. Ich gebe zu, daß ich nach wie vor dumpfe Unruhe verspürte, wenn ich daran dachte, Reine könnte dem mit leeren Händen Heimkehrenden womöglich Mitleid entgegenbringen. Vor allem aber hatte ich dadurch eine materielle Sorge weniger: keinen Papierkram wie Pässe, keine Bettelei um Reisegeld beim Ministerium, keine Beschaffung von Gerätschaften und was sonst noch alles nötig sein würde für die nächste Expedition …

Oh, ja! 1769 würde ich nämlich als Nachfolger Delisles die gesamte Verantwortung tragen, wenn weltweit die Gelehrten sich von neuem über den Globus verteilten, um das Experiment zu wiederholen. Das würde in wenigen Jahren der Fall sein, und dafür hatte ich schon alles in die Wege geleitet. Na ja, alles … Reine vor allem hatte ich eingeschaltet.

Bereits 1760 hatte ich die Nachfolge des alten Helden der Astronomie auf seinem Lehrstuhl im Collège royal angetreten. Natürlich dank seiner Unterstützung, aber auch dank der Intrigen, die jene, die inzwischen meine offizielle und erklärte Mätresse war, gesponnen hatte.

Delisle starb im Alter von achtzig Jahren, kurz nach dem ersten Venustransit. So war ihm die Freude versagt geblieben, sämtliche Beobachtungsergebnisse noch in Händen zu halten, obwohl er die letzten zehn Jahre seines Lebens ausschließlich darauf hingearbeitet hatte. Clairaut, Cassini,

Chappe, Pingré, Reine Lepaute und ich haben dann mit vereinten Kräften sein Werk vollendet. Einer fehlte uns dabei: der Abbé La Caille, der mit neunundvierzig Jahren viel zu früh verstorben war, ausgelaugt von all den Mühen und all den Reisen im Dienste der Wissenschaft. Und Clairaut aus seiner Klause hervorzulocken, wo er mit seiner jungen Hausgenossin, seiner letzten großen Liebe, in völliger Abgeschiedenheit lebte, wurde auch immer schwieriger.

Die Ergebnisse waren nicht ganz so befriedigend ausgefallen, wie wir es uns erhofft hatten. Es stellte sich nämlich heraus, daß Venus wohl eine Atmosphäre hatte, die die Berechnung der Parallaxe beeinträchtigte, weil sie die präzise Messung der Berührungsmomente mit der Sonnenscheibe unmöglich machte. Diesem Phänomen mußte beim nächsten Mal Rechnung getragen werden, damit sich nicht die gleichen Fehler wiederholten. Ich machte mich fast unverzüglich an die Arbeit. Eine Eigenschaft war Le Gentil und mir gemeinsam: Wir bereiteten uns lange im voraus und gründlich vor.

Dabei war mein Zeitplan eigentlich ohnehin schon dicht gedrängt. Meine Astronomievorlesungen am Collège royal fanden großen Anklang und machten mir selbst ungeheuren Spaß, wovon die Zuhörer, wie ich meine, nur profitierten, zumal sie meine Freude an der Materie teilten. Beim Almanach *La Connaissance des temps* hatte ich die Nachfolge des ebenfalls verstorbenen Maraldi angetreten und das Blatt grundlegend verändert, um ein größeres Lesepublikum anzulocken. Vor allem aber legte ich letzte Hand an jene Schrift, die mein Hauptwerk werden und unanfechtbar beweisen sollte, daß ich würdig war, mich Delisles Nachfolger zu nennen: Es sollte *Traité d'astronomie* heißen. Ich war vor kurzem dreißig geworden, und obwohl ich nicht der Gesündeste war und unsere schrecklichen Monate der Kometenberechnung immer noch Nachwirkungen zeigten, gierte ich nach Arbeit und war wie besessen von Ehrgeiz. Ich kannte meine Grenzen und wußte genau, daß ich nie eine jener messianischen Gestalten sein würde, einer jener großen Entdecker mit den blitzartigen Eingebungen wie Kepler, Newton, Clairaut oder d'Alembert. Ich war auch kein Herkules der Wissenschaft, kein Held, Abenteurer oder Märtyrer, kein Delisle, Pingré, Le Gentil oder Chappe, stets bereit, alles – die Annehmlichkeiten eines seßhaften Lebens, die Frau oder Mätresse – zu opfern und ans Ende der Welt zu reisen und dort einen Stern wie eine Blume zu pflücken. Nein, meine Aufgabe bestand darin, das Wissen zu sammeln, es zu verbreiten, an Studierende weiterzugeben und unters Volk zu bringen. Nicht gerade eine kleine Aufgabe. Um diesen Plan umzusetzen, scharte ich, wie die Cassinis, ein zuverlässiges Geschwader junger Leute um mich. Darf ich es wagen, sie meine Schüler zu nennen? Sie waren nur ein paar Jahre jünger als ich. Aber ich konnte sie anstecken mit meiner Begeisterung, und so bildeten wir eine geballte Front, die vorrückte, alles umzustürzen und das Observatorium, die Akademie und die überalteten Ideen im Sturm zu erobern.

Reine wirkte im Schatten, strahlte allerdings in den flammendsten Farben des Herbstes. Die leidenschaftliche Geliebte der Nacht verwandelte sich bei Tage in die klügste Ratgeberin und unentbehrliche Gehilfin. Inzwischen lebten wir fast wie Mann und Frau. Ich sage ‹fast›, denn den Konventionen mußte Tribut gezollt werden. Lepaute, ihr vor Gott angetrauter Gatte, hatte sich mit der Situation abgefunden. Ob es wirklich Resignation war? Ich bin mir nicht sicher. Wie dem auch sei, wenn wir Arm in Arm in die Stadt gingen, nahm jedenfalls niemand Anstoß daran. Es war eine unbeschwerte Zeit.

Als Chappe Ende des Jahres 1762 aus Sibirien zurückkam und nachdem er den familiären Verpflichtungen Genüge getan hatte, galt sein erster Besuch Reine. An jenem Tag hielt ich gerade meine Vorlesung am Collège royal, während sie im Luxembourg ihrer Tabelle der parallaktischen Winkel, an der sie seit langem arbeitete und die zu Beginn des nächsten Jahres in *La Connaissance des temps* erscheinen sollte, den letzten Schliff verlieh. Dieser unangekündigte Besuch störte sie bei der Arbeit. Es war genau jener Zeitpunkt am Vormittag, da der Geist, klar und ausgeruht, von den Nebeln des Schlafs befreit, den höchsten und hellsten Punkt seiner Bahn erreicht. Reine gehörte nicht zu den Menschen, die sich mit Schönfärberei lange aufhalten. Kühl und ruppig empfing sie Chappe und zeigte ihm damit sofort, daß er störte. Er merkte es nicht. Wie jeder Reisende, der nach langer Abwesenheit in die Heimat zurückkommt, war auch er überzeugt, jedermann habe auf ihn wie auf den Messias gewartet, das ganze Jahr über habe man nur von ihm gesprochen und sich um ihn gesorgt, und sogar die Zeit sei hier inzwischen stehengeblieben. Außerdem hatte er sich eingebildet, daß sein unvermitteltes Auftauchen bei der Frau seiner Träume eine solche Erschütterung auslösen würde, daß sie sich ihm hingab. Reine riß sich zusammen, um nicht allzu sauertöpfisch dreinzublicken, hörte sich die Sibirienabenteuer des Störenfrieds an, zeigte sogar ein gewisses Interesse, ließ ihm Kaffee und Kuchen anbieten und ermunterte ihn, während sie ihn freundlich in Richtung Tür dirigierte, doch sofort seinen Bericht niederzuschreiben. Dann nahm sie ihre Arbeit wieder auf, obwohl sie wußte, daß dieser Vormittag verloren war.

Erst als er wieder draußen vor der Tür stand, begriff Chappe, wie ungeschickt sein Besuch gewesen war. Er verfluchte sich insgeheim.

Als Véron, der es übernommen hatte, unseren Freund wieder zu akklimatisieren, ihm wenig später mitteilte, ich sei seit bald zwei Jahren Reines erklärter Liebhaber, nahm Jean-Baptiste das sehr übel auf. Wer immer es hören wollte, dem erklärte er, ich hätte erst, nachdem er mir kurz vor seiner Abreise im Vertrauen seine Liebe zu Reine bekundet hatte, ein Auge auf sie geworfen. Aus seiner Sicht gehörte ich also zu jenen Menschen, die aufgrund einer bizarren Manie alles daransetzen, dem besten Freund die Frau seiner Träume auszuspannen. Einige Jahre früher wären diese Anschuldigungen vielleicht gerechtfertigt gewesen. Doch die Zeit solcher Spielchen war vorbei, was Chappe nicht so recht einleuchten wollte. Pingré informierte mich: Mein Kommilitone von einst sei dabei, in den Kreisen, die wir frequentierten, meinen Ruf zu untergraben. Seinen weisen Ratschlägen folgend, beschloß ich, die Lage nicht noch schlimmer werden zu lassen. Chappe entzog sich mir immer wieder, doch eines schönen Tages gelang es mir, ihn zu einem Vieraugengespräch in einem Séparée des von unseren Akademiekollegen nicht frequentierten Cafés *Procope* zu zwingen. Und da erzählte ich ihm dann in allen Details die Geschichte meiner Liaison mit Reine, angefangen bei meinen ersten schmachtenden Seufzern und ihren ersten schroffen Zurückweisungen über unsere erstmals entfachte Leidenschaft beim Aufenthalt in Béziers zur Zeit des Kometen, ihre neuerliche Kälte, meine neuerlichen Avancen, ihr Rendezvous mit Venus bis hin zu unserer seit jenem Tag lükkenlosen Zweisamkeit. Während ich redete, warf er immer wieder ein: «Ich wußte doch nicht ... wenn du mir gesagt hättest ... ich bin ein elender Wicht ...» Er erbot sich sogar, sich bei Reine zu entschuldigen. Das verbot ich ihm natürlich, und schließlich gelang es mir, ihn zu überzeugen, daß wir doch wahrlich anderes zu tun hätten, als uns mit derlei Kindereien aufzuhalten. Und dann schilderte er mir mit Begeisterung Katharina, die Herrscherin aller Reussen, der er helfen, der er Unterstützung leisten wolle in ihrem reformerischen Werk, und zwar durch sein zukünftiges Buch über Sibirien, das großes Aufsehen erregen werde. Seit dieser Unterredung befleißigte Chappe sich Reine gegenüber einer manirierten Höflichkeit, was sie und mich insgeheim belustigte.

Habe ich je erfahren, wie tief der Schmerz war, den ich Chappe mit dieser Enthüllung zugefügt hatte? Gekränkter Stolz, Kummer, Unglück – alles schien in seinen kolossalen Körper nur so weit einzudringen wie Pfeile in einen Schwamm. Es prallte von ihm ab, oder er absorbierte es lachend, ohne Schmerz zu zeigen, wechselte aber sofort das Thema. Wir hielten ihn für unverwundbar, unbekümmert gegenüber gesellschaftlichen Gepflogenheiten. Er versagte sich auch die Attitüde des strengen und seriösen Gelehrten. Wir, wir fanden es ein wenig lächerlich, daß derjenige, der in unseren Augen doch der beste Beobachter unserer Generation war, noch mit über dreißig Jahren den gutmütigen Trampel, ja fast den Prügelknaben spielte und nicht die Respektsperson darstellte, die aufgrund seiner Talente gerechtfertigt gewesen wäre. Mich brachte diese Pose zur Weißglut, denn schon lange kämpfte ich darum, daß auch der gemeine Sterbliche unserer Kunst ebensoviel Anerkennung zollte wie der Medizin oder der Philosophie. Wenn ich mir dieses von Leprince gemalte Portrait von Chappe ansehe, bei dem man den Eindruck gewinnt, er erzähle dem Maler gerade einen seiner deftigen Scherze, möchte ich am liebsten auch heute noch fragen: «Wen willst du täuschen, Jean-Baptiste, mit diesem lachenden Gesicht? Dich selbst?»

Sechs Monate nach seiner Rückkehr legte er den Zensoren seinen Reisebericht durch Sibirien vor. Obwohl der Friede besiegelt war, verlangte man von ihm, etliche Passagen zu streichen. Diese nahmen Bezug auf die Regierung, die doch längst gestürzt war, und auf die landesüblichen

Sitten, insbesondere die Leibeigenschaft. Die neue Zarin Katharina war in der Tat noch die schwächste unter den Verbündeten des Königs von Frankreich. Daher war es, bevor die Zeit der Revanche nicht gekommen war, unnötig, ihr in den Rücken zu fallen. Chappe mühte sich vergeblich zu beweisen, daß sein Buch ganz im Gegenteil der jungen Zarin den Rücken stärken würde. Man ließ seinen Einwand nicht gelten. Daraufhin riet ihm Monsieur de Malesherbes, der Direktor der Hofbibliothek, aus seinem Buch nur die Auszüge zu veröffentlichen, die rein wissenschaftlicher Natur waren. Wie es seine Art war, gab Chappe sich den Anschein, als bekümmerte ihn dieses Verbot nicht sonderlich. Doch als er mir davon erzählte, wirkte er schon sehr betroffen, da er vieles geschrieben hatte, was ihm am Herzen lag. So prangerte er die Leibeigenschaft an, die grauenvollen Lebensbedingungen des russischen Volkes, die Dummheit und Grausamkeit der herrschenden Kaste, verhehlte aber auch nicht all seine Hoffnung, die er in Katharinas Thronbesteigung setzte. Er fragte mich, ob ich bei Voltaire vorsprechen könne, damit sein Buch vielleicht in der Schweiz gedruckt und unter der Hand dann auch in Frankreich vertrieben werde, oder ob ich nicht zufälligerweise einen Drukker in Holland kenne, der … Ich erwiderte ihm, es sei mir unter den gegebenen Umständen und bei der Menge der Arbeit, die uns in den kommenden Jahren bevorstehe, weitaus lieber, ihn unter der Kuppel der Observatorien des Luxembourg und Sainte-Geneviève zu wissen als in Vincennes oder der Bastille. Sein Buch könnte doch wirklich ein paar Monate oder ein paar Jährchen warten, bis die Allianzen der Fürsten sich wieder umkehrten. Er willigte ein und publizierte nur *Auszüge der Sibirienreise zur Beobachtung der Venus vor der Sonnenscheibe, aufgezeichnet in Tobolsk am 6. Juni 1761*. Trotz allem brachte er es fertig, ein paar Informationen zu Leben und Sitten der einheimischen Bevölkerung darin unterzubringen und diese Andeutungen unter Bezugnahme auf Montesquieu sorgfältig zu kaschieren, was bei den Zensoren vermutlich guten Eindruck machte.

Als ich ihn überredete, die Veröffentlichung des gesamten Reiseberichts aufzuschieben, habe ich mich wahrscheinlich durch übergroße Vorsicht versündigt. Wie ich schon sagte, war ich am Ende jenes Jahres 1763 bereits Delisles Nachfolger als Organisator der zweiten Venusexpedition, wobei ich recht verwegen zu Werke ging, indem ich außer Cassini und Reine niemand anderen zu Rate zog. Ich wollte die Akademie der Wissenschaften vor vollendete Tatsachen stellen. Ich wußte ja, daß sie aus Gründen der Schicklichkeit für eines der sechs ständigen Mitglieder aus den Reihen der Astronomen oder Geometer votiert hätten – und ich war schließlich erst Associé. Sie hätten für einen erfahreneren, besonnenen Mann optiert – und ich war erst dreißig Jahre alt. Sie hätten an eine Berühmtheit gedacht, deren Name allein schon sämtliche Türen zwischen Sankt Petersburg und London geöffnet hätte – und mein *Traité d'astronomie* war noch nicht einmal erschienen. Und da Clairaut und Cassini aus unterschiedlichen Gründen eine so gewaltige Verantwortung ablehnten, blieb eigentlich nur einer übrig: d'Alembert. Aber nie im Leben hätten Reine und ich es ertragen, als seine Untergebenen zu fungieren.

Ich mußte also Vorsicht walten lassen, sollte mein Husarenstück gelingen. Und der Eklat, den Chappes Buch unter Umgehung des Verbots ausgelöst hätte, wäre meinem Vorhaben nur abträglich gewesen, da man wußte, daß er auf meiner Seite stand. Ich erfuhr erst später, daß er auch Pingré konsultiert und dieser ihm den gleichen Rat gegeben hatte wie ich. Mein spontaner Gedanke war, daß dieser aufgrund von Autorenneid wohl eher befürchtete, Chappes Buch könnte seinen eigenen Reisebericht in den Schatten stellen, aber da hatte ich die unverbrüchliche Redlichkeit unseres braven Bibliothekars unterschätzt.

Alexandre-Gui Pingrés *Bericht meiner Reise von Paris zur Insel Rodriguez* fand großen Anklang. Sehr geschickt hatte er die Details und die Bestandsaufnahme seiner Beobachtungen für die Akademie reserviert, um die Schilderung seiner Reise mit Anekdoten, unvorhergesehenen Ereignissen, Abenteuern und Mißgeschicken zu würzen. Sachlichkeit und Ernsthaftigkeit auf der einen und Phantasie, Komik, Spaß, Spott und Exotik auf der anderen Seite. Er schrieb heiter und frisch von der Leber weg, und seine Gelehrsamkeit in allen Bereichen gefiel den meisten. Sein Buch bestätigte und rechtfertigte die große Begeisterung, die die Öffentlichkeit dem ersten Venustransit entgegengebracht hatte, und schürte gleichzeitig die Ungeduld, auch den zweiten mitzuerleben. Sein Talent fegte sämtliche Vorbehalte der Zensoren hinweg. Er riskierte auch nicht viel: Die meisten Hiebe zielten auf die Engländer ab, den Erzfeind, und auf die Marine royale de France, die sich mit ihren Niederlagen in Québec, im Karibischen und Indischen Ozean in der öffentlichen Meinung ohnehin schon selbst diskreditiert hatte. Außerdem – aber das hatte keiner von uns beabsichtigt – erschien sein Bericht kurz nach Eröffnung des Prozesses gegen Lally-Tolendal, den man des Hochverrats anklagte, weil er den Engländern Pondichéry ausgeliefert hatte. Natürlich hatte Pingré kein Wort über diese Affaire verloren, die Frankreich über ein Jahrzehnt in Atem halten sollte. Aber im Grunde kam es Versailles nicht ungelegen, daß ein in Kriegsdingen eher unbedarfter Gelehrter ein paar von diesen Hanswursten, die nicht einmal Konteradmiräle waren, öffentlich an den Pranger stellte. Man brauchte ja Prügelknaben, um von den wahren Verantwortlichen für eine der größten Niederlagen, die Frankreich zu Wasser und zu Land je erlitten, erfolgreich abzulenken. Die wahren Schuldigen saßen natürlich anderswo. Sie waren Marineminister und Kriegsminister, Admiräle und Marschälle. Sie hießen Ludwig XV., hießen Versailles. Von diesem Moment an wurde Pingré äußerst populär und mit ihm diese Gelehrten, die die Gefahren des Krieges außer acht ließen, um nur ihrer Kunst zu huldigen. Le Gentil hätte von dieser Schwärmerei profitieren können, aber er schickte uns nur sehr selten arg nüchterne Darstellungen und Skizzen von der Küste Madagaskars. Wie sollten sich die Gazetten für derlei trockene Materie interessieren? Der Bericht von seiner abenteuerlichen Schiffsreise bis zu den Küsten Indiens und seines astronomischen Mißerfolgs war derartig verworren, voller Anspielungen und Unterschwelligkeiten, daß nicht einmal ich etwas verstand und gar nicht erst versuchte, ihn zu veröffentlichen. Pingré hatte recht: Le Gentil war im Meer verschollen oder ließ sich von der einlullenden Luft unter Kokospalmen wiegen. Auf ihn brauchte man nicht mehr zu zählen.

Um die Geschichte mit Chappes Buch abzuschließen, will ich noch folgendes mitteilen: Als wieder Friede eingekehrt war, änderte Zarin Katharina II. ihre Allianzen, sie rückte näher an Preußen heran, hievte Graf Poniatowski, einen ihrer Liebhaber, auf den polnischen Thron und beschloß, den Türken zu bekriegen, der sich am Kaspischen Meer ein wenig zu vorwitzig gebärdete. Es kam zwar nicht zum Krieg, aber ein Weilchen nannte man einander nicht mehr «Cousin» und «Cousinchen». Jemand von der Hofbibliothek trat an Chappe heran, den die Scharmützel am Bosporus weiß Gott kaltließen, und beteuerte ihm, jetzt könne er seine Rußlandreise nach Herzenslust in allen Farben schildern und brauche auch kein Blatt mehr vor den Mund zu nehmen.

Zu diesem Zeitpunkt war Chappe aber gerade mit der Überprüfung von Berthouds Chronometern und Pendeluhren sowie von Bordas Arbeiten beschäftigt. Das war alles andere als eine Kleinigkeit, denn wie die Zukunft zeigen sollte, würden wir dank der Erfindungen dieser beiden Männer endlich auf See und überall die Längengrade berechnen können, also dieses Titanenproblem lösen, über das seit fast drei Jahrhunderten Geographen, Uhrmacher und Seeleute gestolpert waren, schon seit der Entdeckung Amerikas durch Christoph Kolumbus, ach, was sage ich, seit zweiundzwanzig Jahrhunderten, seit Pytheas aus Massilia die Meerenge von Gibraltar durchfuhr und bis nach Island gelangte. Damit will ich Ihnen nur erklären, warum uns, uns allen, die Beziehungen zwischen der Hohen Pforte, Rußland und Frankreich schnurzpiepegal waren. Dennoch fragte Chappe Pingré und mich ab und zu, ob er ein wenig Zeit abknapsen dürfe, um sein Manuskript druckfertig zu machen.

«Na ja», erwiderte ich, «die Veröffentlichung käme zum jetzigen Zeitpunkt nicht ungelegen und würde vielleicht ein wenig Reklame für uns machen.»

«Wenn du willst, Jean-Baptiste», ergänzte Pingré, «könnte ich dir ein wenig zur Hand gehen, um den Brei deiner Erstfassung ein wenig umzurühren. Du mußt doch zugeben, daß er geradezu sündhaft nach Demonstration schmeckt. Er braucht Pfeffer und eine Prise Phantasie.»

Chappe gab es zu, und sie machten sich ans Werk. Aber auch dieses Werk ging zäh voran, zog sich über ein Jahr lang hin, denn beide mußten nicht nur ihr laufendes Arbeitspensum bewältigen, sondern gleichzeitig ihre Reisen vorbereiten. Den zweiten Venustransit im Jahre 1769 sollte der eine in Mexiko, der andere in Santo Domingo beobachten. Und ich als Organisator wollte nichts, absolut nichts, der Improvisation überlassen. Ich hielt sie alle an der Kandare, meine Venussoldaten! Wohlgemerkt: mit freundschaftlicher Zuwendung und großzügiger Gastlichkeit!

Zu Beginn des Jahres 1768, als Chappe schon wieder zur Abreise rüstete, erschien mit Zustimmung der Zensur seine *Sibirienreise im Auftrag des Königs im Jahre 1761, nebst Aufzeichnungen über Sitten und Gebräuche der Russen und den augenblicklichen Zustand des Zarenreichs.*

Es war der richtige Augenblick, denn er verstärkte den Trommelwirbel, den ich im Hinblick auf den zweiten Venustransit wohldosiert orchestriert hatte. Entgegen meiner Befürchtungen war das Interesse der Öffentlichkeit nicht verpufft, ganz im Gegenteil.

Man stürzte sich allenthalben auf Chappes Buch, und die Polemik ließ auch nicht auf sich warten. Grimm und der Bildhauer Falconnet, bei dem Katharina II. die Kolossalstatue Peters des Großen in Auftrag gegeben hatte, veröffentlichten sehr bald schon Protestbriefe gegen die – wie sie sagten – Lügen von Chappe, sie beschuldigten ihn, für Rom und die Jesuiten die Feder zu führen und Front zu machen gegen die Orthodoxie und die Aufklärung. Dabei hatte Chappe sehr sorgfältig immer wieder betont, er schildere das Rußland des Jahres 1761 und sei gewiß, daß die Zarin alles daransetze, diesen erbärmlichen Zustand zu beheben. Er behauptete allerdings auch, die Russen seien von Natur aus und aufgrund der klimatischen Bedingungen zu wissenschaftlichem Arbeiten und philosophischer Spekulation nicht fähig, was wohl tatsächlich etwas zu weit ging. Denn damit unterstellte er ja, daß jede Bemühung, ihnen das Licht der Aufklärung zu bringen, vergeblich sei, was die ortsansässigen Reformatoren, deren Wegweiser zu sein Katharina sich rühmte, nicht gerade ermutigen konnte. Wie dem auch sei, er zeichnete so drollig die geistige Trägheit der Moskauer, daß sogar seine etwas geschraubten Theorien durchaus zu verdauen waren. Und seine Beschreibung der entsetzlichen Armut und Ignoranz, in der die Bauern dort lebten, löste in Frankreich, zumindest in den aufgeklärten Kreisen, eine Woge des Mitgefühls aus. Als Grimm und Falconnet merkten, daß ihren Schmähschriften der nötige Biß fehlte, wandten sie sich hilfesuchend an Diderot.

Das Dekret des Philosophen war schneidend, brutal: «Chappe ist ein Narr», schrieb er in der *Correspondance littéraire*. Als er dies las, war unser Freund tatsächlich wie erschlagen. Der Mann, dessen Denken er – nach Montesquieu – die größte Verehrung zollte, hatte ihn niedergemacht. Er wollte sich nicht einmal verteidigen, denn nun war ihm bewußt geworden, daß er durch ungezügelten Schwung und durch Spaß am gelungenen Wortwitz nicht nur aus ihm zwar unbegreiflichen Gründen dem Philosophen mißfallen hatte, sondern auch und vor allem derjenigen, die er auf ein Podest aus hoffnungsloser Liebe und rückhaltloser, an Idolatrie grenzender Verehrung erhoben hatte: Katharina, die Semiramis des Nordens, wie er zu sagen pflegte. Unter diesem Aspekt hatte Diderot vielleicht nicht unrecht: Chappe war wirklich ein Narr, wenn er nicht begriffen hatte, daß Fürsten – und auch Fürstinnen – sich für Gelehrte nur dann interessieren, wenn sie ihnen dienlich sein können.

Ich beschloß, Diderot aufzusuchen, damit er die häßlichen Worte über meinen Kollegen zurücknahm. Mir lag absolut nicht daran, daß er das von mir organisierte Venusfest verpatzte. Außerdem zeichnete sich immer deutlicher ab, daß ich für die Neuausgabe der *Encyclopédie* sämtliche Artikel über Astronomie und Mathematik neu bearbeiten würde. Was ich übrigens sehr bald schon und mit größtem Genuß tun sollte: Die veralteten Texte von d'Alembert würden samt und sonders im Papierkorb landen! Und damit wäre Clairaut gerächt.

Gutmütig und unprätentiös wie immer, empfing Diderot mich in seiner bescheidenen Behausung. Er trug seinen abgewetzten Schlafrock und keine Perücke. Aber diesmal war seine Zunge nicht so flink wie üblich, und was er erklärte, klang irgendwie konfus. Wie einst Voltaire war auch er in die Fänge von «aufgeklärten Despoten» geraten, wenn auch aus unterschiedlichen Gründen. Seine waren ausschließlich pekuniärer Natur. Diderot schien, wenn nicht gar arm, so doch zumindest bedürftig. Als guter Familienvater wollte er seiner Tochter eine anständige Mitgift offerieren, und dieser Gedanke stand ihm wie ein Schreckgespenst vor Augen. Um ihm zu helfen, aber auch um ihn in Abhängigkeit zu halten, hatte Katharina von Rußland ihm auf Grimms Rat hin seine Bibliothek auf Leibrentenbasis abgekauft. Im Laufe unseres Gesprächs über Chappe wurde ihm allmählich klar, daß er einen Teil seiner heißgeliebten Freiheit eingebüßt hatte und daß sein von allen Mächten – die nicht sein eigenes Denken waren – lebenslang unabhängiges Wort sich diesmal materiellen Zwängen unterworfen hatte. Doch vor mir weigerte er sich, sein Verdikt zurückzunehmen. Ich vermute, daß es ihm noch sehr schwer fiel, sich seinen Fehler, diese doch nicht so gewichtige Unredlichkeit, einzugestehen. Als ich ihn verließ, war ich enttäuscht über sein Verhalten, und gleichzeitig schwor ich mir, mich niemals in Abhängigkeit von den Großen dieser Welt zu begeben. Fehler habe ich genug, aber in diesem Punkt hielt ich Wort.

Tropische Irrfahrten

Von Le Gentil hörten wir nichts mehr oder nur selten, und zwar durch das korrespondierende Akademiemitglied Lanux auf der Insel Bourbon. Er streune an den Küsten Madagaskars entlang, erkunde das Innere dieser großen unbekannten Insel und werde gelegentlich auch auf der Ile-de-France und auf Bourbon gesehen. Das böse Gerücht, das sich wie ein Schatten um ihn ausgebreitet hatte, nahm Gestalt an: Le Gentil war für die Wissenschaft verloren. Angewidert durch seinen Mißerfolg, habe er beschlossen, in Indien zu bleiben und dank der königlichen Finanzhilfen durch Gewürz- und Sklavenhandel in die eigene Tasche zu wirtschaften. Selbst ich schenkte dem Gerede allmählich Gehör: Unser Astronomiekorsar hatte sich also zum Piraten gewandelt. Und Pingré raufte sich die Haare und unternahm nichts, um meine Zweifel zu zerstreuen. Er seufzte nur immer wieder: «Ich hatte ihn gewarnt.»

Erst im letzten Drittel des Jahres 1766 erhielten wir wieder Post von ihm. Er hatte sie sieben Monate zuvor auf der Ile-de-France aufgegeben. Einer der Briefe war an mich als Organisator des nächsten Venusrendezvous adressiert und sollte in der Akademie verlesen werden. Als Begleitschreiben nur ein unpersönliches, knappes Wort, keine Spur von einstiger Komplizenschaft. Der zweite Brief war für den Duc de Chaulnes bestimmt. Ein eifriges, fleißiges Akademiemitglied, dessen Meriten für Le Gentil offenbar darin bestanden, daß er leichter als jeder andere bei den verschiedenen interessierten Ministerien Gelder und Passierscheine erwirken könnte, die unser Freund für seine Unternehmung brauchte: Damit war sein Plan gemeint, auf östlicher Route rund um die Welt zu reisen, wenn Venus erst einmal vorüber war. Ihm übergab er auch als erstem die Resultate seiner vierjährigen Arbeiten, vor allem eine komplette Skizze der Ostküste Madagaskars sowie einen ausführlichen Bericht über diese Insel, die es seiner Meinung nach verdienen würde, daß Frankreich sie abermals okkupierte und ausbeutete.

Hätte Le Gentil mich verletzen, mich in meinem Selbstwertgefühl treffen wollen, er hätte es nicht anders anstellen können. Moment mal! Ich sollte nicht einmal fähig sein, selbst in Versailles vorzusprechen und an bestimmte Türen zu klopfen? Nur weil ich nicht von Adel war? Er zog einen Herzog vor, obwohl dieser doch nur ein Bausteinchen auf meiner großangelegten Planungsskizze war?

Reine mahnte mich zur Vernunft: Wie konnte Le Gentil nach sechsjähriger Abwesenheit wissen, welchen Platz und welchen Einfluß ich mittlerweile innehatte? Was war seitdem nicht alles passiert, allein schon in Frankreich! Der Dauphin Ludwig und die Pompadour waren gestorben – das dürfte er erfahren haben, aber mit wieviel Zeitverspätung? Er dürfte sich gedacht haben, daß diese Ereignisse und so manche andere, von denen er nichts wußte, zu Umstürzen und damit zusammenhängenden Intrigen geführt haben. Und durch dieses Intrigengespinst müßte ich mich wohl erst hindurchkämpfen, zum höchsten Ruhme der Venus. Zu Recht vermutete Le Gentil, daß der vorsichtige Duc de Chaulnes sich nie und nimmer in so etwas verstrickt und es mit Erfolg abzuwenden verstanden hatte, bei einer neuen königlichen Muse in Ungnade zu fallen. Aber wie wäre es bei einem Lalande, ohne Familienwappen, ohne Vorfahren?

«Nein, Jérôme», rügte Reine, «Le Gentil beweist damit ganz im Gegenteil große Klugheit. Ich glaube, er ist sich völlig bewußt, daß er in einer ganz anderen Welt lebt. Alle Nachrichten kommen dort mit riesiger Verspätung an. Dieser dritte Brief, an Clairaut adressiert, ist doch der beste Beweis.»

Als Le Gentil seine Post abschickte, war Clairaut schon seit fünfzehn Monaten tot, ganz plötzlich war er verstorben, mit zweiundfünfzig Jahren, obwohl er bei der Arbeit zu seinem alten Schwung, zu seinem früheren Feuereifer zurückgefunden hatte. Reine und ich machten ihm schon längst keinen Vorwurf mehr, daß er auf Betreiben von Mademoiselle de Lespinasse in seinem damaligen Buch über den Kometen die gewaltige Arbeitsleistung meiner jetzigen Lebenspartnerin einfach nicht erwähnt hatte. Dabei hatte er die Bande zu seiner damaligen Mätresse, die inzwischen einen literarischen Salon eröffnet hatte, nicht gelöst und schon gar nicht mit ihr gebrochen. Das konnte er auch nicht, denn in jenem Jahr wurde die schöne Julie von den Pocken heimgesucht und für immer entstellt, woraufhin sie sich der Wohltätigkeit verschrieb und mit Eleganz erklärte, nur für die Liebe und um Gutes zu tun, lohne es sich zu leben. Wie dem auch sei, unser aller Herr und Meister war viel zu vornehm, als daß er sie unter diesen Umständen ihrem Schicksal überlassen hätte.

Allerdings erregte es Aufsehen, daß am Tag seiner Beerdigung Julie de Lespinasse nicht anwesend war, d'Alembert übrigens auch nicht. Böse Zungen behaupteten, genau an dem Tag, da sämtliche Gelehrten und Philosophen von Paris um einen der größten Mathematiker des Jahrhunderts weinten, hätten d'Alembert und Lespinasse ihre Liaison besiegelt, eine Liaison, über die noch viel geschrieben werden sollte.

Le Gentils Brief an den verstorbenen Clairaut verletzte mich noch mehr als der an den Duc de Chaulnes. Ohne jeglichen Vorbehalt vertraute er sich dem Mathematiker an, dem er sogar ein paar Texte über seine Abenteuer beilegte, damit dieser sie zur Veröffentlichung an die Gazetten weiterleite, insbesondere an *Le Mercure de France*. Hierbei konnte Le Gentil sich nicht mit Unwissenheit und Entfernung entschuldigen. Er wußte ganz genau, daß Clairaut außerhalb seines Fachgebiets keinerlei Kompetenz besaß und daß ich weitaus qualifizierter war, das Blatt auszuwählen, in dem diese Art von Bericht publiziert werden konnte. Aus diesem Grunde entschied ich kurzerhand und ohne jemanden um Rat zu fragen – Reine schon gar nicht –, diese Artikel seien völlig uninteressant, weswegen ich sie in der Akte, die ich über jeden Reisenden, also auch Le Gentil, angelegt hatte, verschwinden ließ. Es wurde so viel gemunkelt über seine tatsächliche oder vermeintliche Umtriebigkeit, daß ich mich mit einer Publikation seines Geschreibsels womöglich selbst kompromittiert hätte. Das war schäbig und engstirnig von mir, aber damals vermochte ich die Konsequenzen noch nicht zu ermessen. Natürlich konnte und wollte ich nicht genauso verfahren mit den Mitteilungen, die ich in seinem Namen der Akademie vortragen sollte: Darin ging es ausschließlich um den bevorstehenden zweiten Venusdurchgang. Er schlug vor, mit seiner Sternwarte noch weiter gen Osten zu ziehen, nach Manila oder auf die Marianeninseln, denn dort würde, wie er erklärte, im Augenblick der Finsternis die Sonne höher am Horizont stehen und exaktere Berechnungen ermöglichen. Nach Überprüfung unserer eigenen Tabellen – derer von Clairaut, La Caille, Delisle und Halley – hatten Reine und ich gegen diesen Vorschlag keinerlei Einwendungen.

Andere hingegen hatten welche. Kaum war ich mit der Lesung von Le Gentils Bericht vor meinen Kollegen fertig, blieb mir gerade noch Zeit, mich positiv zu seinem Vorschlag zu äußern, bevor Pingré sich zu Wort meldete: Seinen Erfahrungen und seinen eigenen Berechnungen nach würde Le Gentil, wenn er die Philippinen oder Marianen Pondichéry vorzöge, zu weit nach Osten ziehen, in Gegenden, deren geographische Längen und Breiten noch nicht genau genug bestimmt seien, da die Spanier seit fast zweihundert Jahren ihren morbiden Hang zu Heimlichkeiten noch immer nicht aufgegeben hätten. Außerdem sei es für die Sicherheit und Bequemlichkeit unseres Reisenden doch wahrlich sinnvoller, sein Observatorium auf französischem Boden aufzubauen, da «die Herren Engländer so taktvoll gewesen sind, uns Pondichéry und gleichzeitig Monsieur Lally-Tolendal zurückzugeben». Wie bei allen seinen Einwürfen konnte der Abbé es sich auch diesmal nicht versagen, das Jahrhundert in unsere wissenschaftlichen Spekulationen einzubeziehen. Und so begriff auch diesmal die ganze ehrwürdige Versammlung, daß «der Genovefa-Anhänger mit den fünf königlichen Geheimbefehlen» den ungerechten und somit sündigen Richtern des Pariser Parlaments, die wenige Monate zuvor den Besiegten von Pondichéry hatten hinrichten lassen, seine Lanze in die Rippen stieß.

Alles in allem waren Pingrés Argumente gegen Le Gentils Vorschlag nicht unbegründet. Die Akademie schien ihm recht geben zu wollen, zumal der Bibliothekar von Sainte-Geneviève kurz nach seiner Rückkehr vom Venustransit 1761 eine harte Polemik mit zwei englischen Astronomen ausgefochten und ihnen falsche Berechnungen nachgewiesen hatte. Letztlich mußte die Royal Academy – wie natürlich auch wir – Pingré recht geben, was ihm bei unseren Kollegen Nichtastronomen große Autorität eingebracht hatte. Der einstige Häftling der Insel Rodriguez, der auf diese Weise mit dem Engländer abrechnete, war gleichzeitig zum Experten multinationaler Beziehungen und deren Auswirkungen auf Reisen im Dienste der Wissenschaft geworden. Er war mir daher eine wertvolle Hilfe bei der Vorbereitung künftiger Reisen unserer französischen und ausländischen Kollegen.

Ich schlug also vor, mit ihm Le Gentils Plan nochmals zu prüfen und die Entscheidung auf die nächste Sitzung zu vertagen. Wie Pingré mir später bekannte, waren seine Einwände gegen ein Observatorium auf spanischem Boden nicht ausschließlich politisch oder wissenschaftlich motiviert gewesen. Er fühlte sich vielmehr nach wie vor verantwortlich für «die tropischen Irrfahrten Le Gentils», da es ihm damals nicht gelungen war, ihn zur Heimkehr zu bewegen.

Kurz nach dieser Debatte erschien ein Diener des Duc de La Vrillière bei mir, um mir mitzuteilen, man erwarte mich dringendst und unter äußerster Verschwiegenheit im Pariser Stadtpalais seines Herrn. Ein solcher Befehlston paßte gar nicht zu den Manieren dieses liebenswürdigen Mannes, der selbst Mitglied der Akademie und mein zuverlässigster Fürsprecher im Kronrat war, dem er unverrückbar seit ewigen Zeiten angehörte.

Als er mich empfing, wirkte der Herzog irgendwie abweisend, als sei ihm das Ganze äußerst peinlich. Für gewöhnlich gab er sich nämlich betont leutselig und ungekünstelt, wenn er mit jemandem zu tun hatte, der nicht seines Standes war. Eine gute halbe Stunde lang – und ich hatte doch so viel dringliche Arbeit zu erledigen – redete er um den heißen Brei herum, wenn ich mir diesen für eine so hochgestellte Persönlichkeit unpassenden Ausdruck gestatten darf. Er erkundigte sich nach meinem Vater, dessen Gesundheitszustand mir in der Tat Sorgen bereitete, fragte, wie weit ich mit meiner Arbeit sei, und sprach über Italien, von wo ich ein paar Wochen zuvor zurückgekommen war. Endlich dann stützte er die Ellenbogen auf den Tisch, faltete die Finger vor dem Mund und seufzte. Nach einem Augenblick des Schweigens sagte er schließlich:

«Es ist mir schrecklich peinlich, mein lieber Lalande, wirklich peinlich. Ich war heute morgen in Versailles und sah mich im Kronrat plötzlich dem geballten Angriff von Kriegs-, Marine- und Außenminister ausgesetzt. Dabei bemühe ich mich doch stets, in dieser Versammlung so blaß und farblos wie möglich zu erscheinen. Es ging um Ihre gestrige Mitteilung vor der Akademie.»

«Was habe ich denn gesagt, um das Mißfallen des Kronrats zu erregen?»

«Sie? Nichts, mein Freund, und vermutlich hat keiner von denen auch nur ein Sterbenswörtchen von Ihrer ausgezeichneten Rede verstanden. Es ging eher um die Intervention unseres Mitbruders Pingré. Seine Anspielung auf den angeblichen Verräter Lally hat den Herren mißfallen. Sie hörten heraus, Pingré unterstelle Seiner Majestät einen Rechtsbruch. Daß der Prozeß des seligen Gouverneurs von Indien jeder Vernunft entbehrte, ist wohl wahr. Der König kann nichts dafür, aber wie Sie wissen, ist Seiner Majestät absolut nichts daran gelegen, sich eine neue Calas-Affaire aufzuhalsen. Auch nicht mit Pingré in der Rolle Voltaires. Apropos Voltaire, wissen Sie, daß unser Freund soeben erneut zu Felde gezogen ist? Die vom Pariser Parlament vorigen Juli angeordnete Hinrichtung des Chevalier de la Barre hat unseren alten Schmähredner erneut veranlaßt, sich aufs hohe Roß zu schwingen. Auch diesen Streit will er ausfechten. Er hat natürlich recht, aber er sollte gegen diese Hampelmänner im Parlament antreten und nicht Versailles aufs Korn nehmen. Dort kann man nämlich wieder nichts dafür.»

Im Umgang mit den Großen dieser Welt hatte ich gelernt, die Rolle zu spielen, die sie von mir erwarteten und die sie immer aufs neue entzückte: die des menschenverachtenden, rauhbeinigen, groben und ungehobelten Gelehrten.

«Hoppla, in was für ein Sammelsurium wickeln Eure Hoheit mich denn da ein? Voltaire, Calas, Parlament, Hinrichtung von Lally, vom Chevalier de la Barre, den ich überhaupt nicht kenne! Pingré müßte hier in diesem Sessel sitzen, nicht ich!»

«Nicht so aufbrausend, Lalande, ich werde Ihnen ja alles erklären. Sie kennen doch Pingré. Impulsiv, wie er ist, halte ich es durchaus für möglich, daß er in ganz Paris herumposaunt, der König wolle dem Vorübergang der Venus eine politische Note geben.»

«Eine politische? Ich verstehe nicht.»

«Seine Majestät und der Marineminister wünschen nicht, daß ein Gelehrter und folglich Philosoph, wie sie sagen, sich monatelang in Pondichéry aufhält, zumindest nicht lange genug, um Informationen über die Belagerung dieses Stützpunktes im Jahre 1760 und das Verhalten des seligen Lally zusammenzutragen. Sie wollen nicht, daß dieser Prozeß und die Hinrichtung nochmals aufgegriffen werden.»

«Als ob Le Gentil sich mit so etwas abgeben würde! Das ist doch absurd!»

«Ich weiß es nicht. Ich kenne ihn nicht so gut wie Sie. Und der König und Monsieur de Choiseul kennen ihn noch weniger. Der Gedanke hingegen, daß er nach Manila will, findet höchste Zustimmung. Sie wissen vermutlich, daß Monsieur de Bougainville in Kürze zur ersten französischen Weltumrundung aufbrechen wird?»

Das wußte ich in der Tat! Ich hatte es schwer genug gehabt, Pingré, der mir für ein solches Unternehmen zu alt schien, endlich zu überreden, Véron seinen Platz zu überlassen, und genauso mühsam war es gewesen, für Commerson in Rochefort eine Passage auf der *Etoile* zu erwirken.

«Bei allem, was uns verbindet, Monsieur», fuhr der Herzog fort, «muß ich Sie noch einmal um absolute Verschwiegenheit hinsichtlich dessen, was ich Ihnen verraten werde, ersuchen: Unser Freund Bougainville wird unter anderem die Aufgabe haben, auf den Philippinen mit der Hauptstadt Manila eine Zwischenlandung zu machen, um dort abzuwägen, ob es sich lohnen würde, wenn Frankreich diesen von der spanischen Krone vernachlässigten Archipel gegen eine unserer letzten amerikanischen Besitzungen, die nichts einbringt, einzutauschen versuchte. Wie Sie wissen, mangelt es uns ganz erheblich an Gewürzen, und bisher müssen wir uns notgedrungen unter das holländische Joch beugen. Es wäre daher äußerst vorteilhaft, wenn Ihr Freund Le Gentil, schon bevor Bougainville auf den Philippinen landen wird, das Terrain bereitet hätte.»

«Bah! Ich soll von einem unserer besten Astronomen und mutigsten aller Männer verlangen, sich in einen Spion zu verwandeln? Wollen Sie das sagen ...?»

«Spion! Wie dick Sie gleich auftragen! Beobachter, simpler Beobachter, nichts weiter. Sie brauchen im übrigen gar nichts von ihm zu verlangen. Als gewissenhafter Gelehrter wird er neben seinen Aufgaben als Astronom gewiß von allein die einheimische Flora und Fauna studieren, die Sitten und Gebräuche der Eingeborenen aufzeichnen, geographische und hydrographische Karten erstellen und sicher auch Auskünfte einholen über die spanische Verwaltung und die Militärstreitkräfte. Die Ergebnisse dieser Beobachtungen müßte er dann allerdings an die Regierung weiterleiten, wie jedermann, den der König mit einer Mission im Ausland betraut. So haben es schon vor ihm Maupertuis, Delisle, La Condamine, Chappe d'Auteroche und selbst Pingré gehalten. Sind sie in Ihren Augen deswegen Spione?»

«Unter diesem Blickwinkel ... nein. Mit einer Ausnahme: Diesmal zwingt der Kronrat der Akademie den Zielort auf, und zwar aus Gründen, die nichts mit Wissenschaft zu tun haben.»

«Bah! Sie waren doch sonst nicht so kleinlich, mein lieber Lalande. Und ist es nicht der ausdrückliche Wunsch unseres Freundes, nach Manila zu reisen? Sie selbst haben doch gestern noch erklärt, Sie hätten keinen Einwand gegen die Wahl dieses Ortes. Und Pingré werden Sie schon herumkriegen, daß er seinen Widerstand aufgibt. Mit ihm über unser Gespräch zu reden ist allerdings unnütz. Es muß streng vertraulich bleiben. Ich verlasse mich auf Sie.»

Ich konnte mich dem nur beugen. Am gleichen Tag noch erklärte ich Pingré, Druck von höchster Stelle zwinge uns, Le Gentils Vorschlag anzunehmen, und davon hingen vielleicht sogar sämtliche Expeditionen des Jahres 1769 ab. Der Abbé war hellhörig genug, um zu verstehen, daß weiteres Drängen unpassend war. Dann schrieb ich an Le Gentil, mir sei es egal, ob er Pondichéry, Manila oder die Marianen als Beobachtungsstützpunkt wähle, und daß ich seiner Wahl vertraue. Diese Großzügigkeit à la Pontius Pilatus kompensierte ich allerdings, indem ich ihm Pingrés Einwände mitteilte. Dann informierte ich ihn noch über die neuen Richtlinien zur Beobachtung des Phänomens aufgrund der Erfahrungen von 1761 und gab meinem Schreiben einen besonders freundschaftlichen Ton, indem ich ihm allerlei Neuigkeiten aus Paris erzählte, wozu auch Clairauts Tod gehörte. Da ich den Burschen ja kannte und wußte, daß er ohnehin nur tun würde, was er wollte, versiegelte ich das Schreiben und adressierte es an: «Monsieur Le Gentil de La Galaisière, assoziiertes Mitglied der Königlichen Akademie der Wissenschaften, Gesandter Seiner Majestät Ludwig des Fünfzehnten in den Meeren Indiens, zu Händen des Vertreters von Frankreich bei der spanischen Regierung der Philippinen, Manila».

In den Meeren Indiens

Während der vier Jahre, die er auf der Ile-de-France ausharrte, blieb Le Gentil nicht untätig. Kaum länger als einen Monat verweilte er ohne Unterbrechung in dem vom Richter Nihil gemieteten kleinen Haus. Dort erholte er sich von den Strapazen, mal in den Armen seiner reizvollen Gastgeberin, mal in den unvergleichlich liebevolleren einer jungen Negerin, die er dem Intendanten Poivre abgekauft und freigelassen hatte. Die übrige Zeit verbrachte er auf See.

Stets begleitet von seinem getreuen Gratot, der sich mit erstaunlicher Leichtigkeit zu einem wertvollen Mitarbeiter gemausert hatte, erkundete er systematisch und im Laufe zahlreicher Reisen von Süden nach Norden die ganze lange Küste Madagaskars. Dabei studierte er nicht nur die Geographie, die Hydrographie, die Strömungen und das Klima, sondern auch Fauna und Flora, den Unterboden, die Gebräuche und die Regierungsform der zahlreichen Eingeborenenstämme. Gern wäre er noch weiter ins Inland vorgedrungen, wo, wie man ihm erzählt hatte, ein mächtiges Königreich bestand, mit dem die Küstenvölker durch ein komplexes Netz von Vasallentum verbunden waren. Aber mehr vermochte er nicht in Erfahrung zu bringen, denn die Kapitäne waren zwar bereit, ihn an Bord zu nehmen, hinderten ihn aber schon im voraus daran, mit dem geheimnisvollen König oder auch nur seinen Getreuen Kontakt aufzunehmen: Wenn er das beabsichtige, dürfe er nicht an Bord! Ein solches Ansinnen hätte die fragilen Handelsbeziehungen, die sie mit König Sakalawa geknüpft hatten, womöglich zunichte gemacht. Sie tauschten nämlich allerlei Tand, aber auch Feuerwaffen gegen Sklaven ein. Diese Kapitäne entpuppten sich zum großen Teil als Angestellte der Ostindienkompanie und belieferten überwiegend die französischen Inseln und Bourbon mit Madagassen-Sklaven. Um ihren Sold aufzubessern, spielten sie Piraten und kaperten ab und zu mit Gewürzen beladene imposante Handelsschiffe der Holländer oder Portugiesen. Jeder wußte von den zwielichtigen Aktivitäten auf diesen von der Ostindienkompanie angeheuerten Schiffen, so auch der Intendant Poivre und der Gouverneur Desforges-Boucher, doch solange dieses Tun der Kolonie Nutzen brachte, zogen die Vertreter Frankreichs es vor, beide Augen zuzudrücken. Auch Le Gentil war im Bilde. Als Mann mit Herz empörte er sich über den Sklavenhandel und über die Grausamkeit, die diese armen Kreaturen erdulden mußten. Aber an die große Glocke hängte er seine Entrüstung nicht, denn das hätte seinem anderen großen Plan, der in ihm heranreifte und den er gleich nach seiner Rückkehr nach Frankreich dem König unterbreiten wollte, nur schaden können: Frankreich sollte die gesamte Ostküste Madagaskars kolonisieren und ausbeuten.

Die Kunst der Navigation beherrschte er mittlerweile wie kaum ein anderer. Er hielt flammende Reden zu diesem seinem neuen Fachgebiet, wenn er in Port-Louis mit den wenigen höheren Offizieren der Königlichen Marine, die in diesen Gewässern kreuzten, zu Tische saß. All diese hohen Persönlichkeiten redeten auf ihn ein, er solle doch mit ihnen nach Frankreich zurückkehren, dort wäre er im Arsenal oder im Marineministerium doch viel nützlicher als hier. Aber Le Gentil lehnte dieses beharrlich vorgetragene Angebot ab. Er mußte erst noch Venus bezwingen, das allein zählte.

Nach drei Jahren hielt er seine Mission als Naturforscher für beendet. Er hatte einen Schatz von acht großen Kisten mit Mustern und Proben aller Art zusammengetragen, sich an verdorbenem Rindfleisch in der Bucht von Antongil eine Augenkrankheit geholt und in Foulpoint einen Sklaven gekauft. Gratot hatte ihn sozusagen dazu gezwungen, denn seit er stolzgeschwellt den Titel Assistent tragen durfte, hatte er für häusliche Aufgaben nur mehr Verachtung übrig. Seitdem ließen auch die Frische von Le Gentils Hemden und der Glanz seiner Stiefel zu wünschen übrig. Und sobald sein Herr ihm den Rücken kehrte, malträtierte er mit Vergnügen die dicke Sklavin, die einst Pingré so gefallen hatte. Aber auch die von Poivre abgetretene und freigelassene junge beklagte sich eines Nachts über die brutale Zudringlichkeit, mit der Gratot sie verfolgte. Am nächsten Morgen verabreichte Le Gentil seinem Assistenten eine gehörige Tracht Prügel und drohte ihm an, ihn rauszuschmeißen. Der junge Mann schrieb es sich hinter die Ohren, strafte von nun an beide Dienerinnen mit Verachtung und ließ sich nicht einmal mehr herbei, ihnen die Befehle seines Herrn auszurichten.

Mit dem madagassischen Sklaven ging er viel, viel sanfter um. Die beiden waren gleichaltrig und strotzten vor Lebenslust. Von der ersten Minute an hatten sie einander gemocht. Es war eine Freude, den jungen, stämmigen, strohblonden, rotbackigen Normannen mit den plumpen und doch lebhaften Bewegungen lachen zu sehen und in einer Sprache, die sie beide füreinander erfunden hatten, mit diesem hochaufgeschossenen, gertenschlanken und in seinen Bewegungen lässigen Schwarzen scherzen zu hören. Le Gentil nannte sie insgeheim Girafon und Patapouf, dieses Duo könnte tolle Erfolge einheimsen auf den Planken der Schiffe am Pont-Neuf.

Der Neuankömmling trug völlig mühelos einen haarsträubenden Familiennamen, den ich für eine Wette auswendig gelernt habe: Adrianampoinimenerina. Da er laut eigener Aussage von kaiserlichem Geblüt war, taufte sein neuer Herr ihn um in Hadrian, was man sich leichter merken konnte.

Das Jahr 1765 war soeben abgelaufen. Le Gentil befand, nun sei es Zeit, an Venus zu denken. Es waren zwar noch dreiundeinhalb Jahre, aber er war ein gebranntes Kind … Sobald er nach seiner alljährlich wiederkehrenden Durchfallerkrankung, die schon Routine geworden war, wieder auf den Beinen stand, teilte er dem Gouverneur Desforges-Boucher und dem Intendanten Poivre seine Absicht mit, sich auf dem ersten Schiff, das gen Osten fuhr, Plätze zu reservieren.

Diesmal glaubte er wirklich, das Glück auf seiner Seite zu haben, denn kurz nach dieser Audienz lief ein spanisches Kriegsschiff mit sechsunddreißig Geschützen unter dem Namen *Bueno Consejo* in die Reede von Port-Louis ein. Es kam aus Cadiz und hätte geradewegs nach Manila fahren sollen, aber schwerwiegende Schäden hatten den Halt auf der Ile-de-France erforderlich gemacht. Der Gouverneur gab zu Ehren des Offiziersstabs einen Empfang, zu dem er auch Le Gentil einlud.

Er ging in Begleitung von Aphrodite Nihil dorthin. Der Richter hatte, um dieser Einladung nicht Folge leisten zu müssen, einen Gichtanfall vorgeschützt, der ihn ans Bett fesselte, wohingegen sämtliche anderen Honoratioren von Port-Louis sich um dieses Erlebnis rissen. In Wahrheit verabscheute der gehässige Nihil, der ranghöchste Regierungsrat vor Ort, generell alle Fremden, in denen er Feinde Frankreichs sah, die nichts anderes im Sinne hatten, als ihm seine Kolonien zu rauben. Da er seine Gattin aber nicht davon abhalten konnte, bat er seinen Mieter, sie als Kavalier zu begleiten, eine Aufgabe, die Le Gentil natürlich wie üblich bereitwillig übernahm.

In den Gärten, unter der Veranda und in den Salons defilierten Sklaven mit Perücke und in roter Livree, um im gleichen Rhythmus langstielige Fächer zu schwingen – eine lächerliche Waffe im Kampf gegen die belastende Hitze des Sommers auf der südlichen Halbkugel. Unter den Perücken lief der Schweiß herab und zeichnete dünne mehlweiße Streifen auf die Gesichter. Man trat zur Seite, um eine Gasse freizugeben für Le Gentil und die Gemahlin des Richters, die aus Gründen des Anstands als erste den spanischen Marineoffizieren vorgestellt werden mußten, die, wie Zwiebeln aufgereiht, am Eingang zum großen Salon Spalier standen.

«Na, so was! Don Juan de Langara! Hätte ich das gewußt ...»

«Le Gentil! Aber was treiben Sie denn hier, *hombre,* auf dieser Insel am Ende der Welt?»

Die beiden Männer fielen sich in die Arme und trommelten einander auf den Rücken, während die ganze Festversammlung ihren Augen nicht zu trauen wagte. Vor Jahren, als er seine Reise vorbereitete, hatte Le Gentil Juan de Langara in Paris kennengelernt und, da der Spanier sämtliche Meere befahren hatte, ihm von seinem Plan erzählt, nach der Beobachtung des Venustransits über die Ostroute heimzufahren, denn dann hätte er die Welt umrundet. Der Galizier war begeistert gewesen von dieser Idee und hatte dem Astronomen viele wertvolle Informationen geliefert, vor allem über die Häufigkeit spanischer Schiffe zwischen den Philippinen und den Marianeninseln und der Westküste von Mexiko und Peru. Damit hatte er eigentlich Staatsgeheimnisse verraten, aber der französische Gelehrte und der spanische Seefahrer hatten die Pyrenäenbarriere sehr schnell vergessen. Aufgrund seiner Talente und trotz seiner Jugend war Langara inzwischen zum zweiten Kommandanten der *Bueno Consejo* befördert worden.

Jegliche Etikette mißachtend, faßte Langara Le Gentil am Arm, zog ihn an sämtlichen Offizieren seines Schiffes vorbei und stellte ihn mit hymnischen Worten seinem Kapitän Don Juan de Caseins vor.

Da schoß es Le Gentil durch den Kopf, er könnte doch Pondichéry fallenlassen und auf spanischem Territorium, in Manila oder auf den Marianen, sein Observatorium errichten. Dieser Wechsel ließ sich wissenschaftlich kaum begründen, aber das reparaturbedürftige spanische Schiff lag in Reichweite, und ein französisches war noch reine Hypothese. Wer weiß, wie lange er die Enge dieser kleinen Kolonie noch aushalten müßte?

Dennoch hatte er Gewissensbisse. Daher berechnete er zunächst einmal den genauen Zeitpunkt, da Venus vor der Sonne über Manila vorbeiziehen würde, und kam sehr bald schon zu der Überzeugung, daß dieser Ort weitaus besser geeignet sei als die Koromandelküste. Als er seiner Sache ganz sicher war, teilte er mir seinen neuen Plan mit, und wie ich ihn gezwungenermaßen akzeptieren mußte, habe ich bereits erzählt.

Am Tag nach besagtem Empfang wurde Le Gentil an Bord der *Bueno Consejo* zum Dîner geladen. Während des Gesprächs erwähnte er wie beiläufig den Vorübergang der Venus vor der Sonnenscheibe, den in drei Jahren jeder beobachten könne. Vor allem die spanischen Offiziere in Manila hätten es dabei viel leichter als die anderen in Pondichéry.

«Ja, dann kommen Sie doch gleich mit uns», rief Don Langara ihm zu. «Das heißt ... wenn unser Kommandant es gestattet. Was halten Sie davon, Don Caseins?»

«Na ja», entgegnete der Kapitän der *Bueno Consejo*, «Leutnant Langaras Einladung widerspricht zwar gänzlich den protokollarischen Gepflogenheiten, kann aber das Verdienst der Spontaneität für sich in Anspruch nehmen. A priori scheint es mir durchaus möglich. Was denken Sie denn darüber, Monsieur Le Gentil? Sie wären doch der eigentliche Nutznießer, oder?»

Le Gentil beeilte sich zu protestieren, formulierte Einwände, wies auf eine denkbare Weigerung des Gouverneurs hin, ihm die Passage auf einem ausländischen Schiff zu gestatten, aber vor allem würde ja die Königliche Akademie der Wissenschaften vermutlich ewig lang nichts von seinem Ortswechsel erfahren ... Die Spanier wiesen seine Argumente eines nach dem anderen zurück, und so ging Le Gentil höchst erfreut über seinen gelungenen Coup nach Hause.

Sein Freund, der Gouverneur Desforges-Boucher, fand die Idee, nach Manila zu gehen, hervorragend. Nur Intendant Poivre wirkte ablehnend. Er fühlte sich in seiner Ehre gekränkt, weil Le Gentil ihn nicht gleichzeitig mit seinem Rivalen konsultiert hatte. Vor allem aber war er enttäuscht, denn wenn der Gelehrte nach der Venusbeobachtung nicht zur Ile-de-France zurückkehren, sondern gen Osten weiterreisen würde, bekäme er ja nie die so heiß ersehnten holländischen und spanischen Gewürzpflanzen!

Da Le Gentil sich seiner Sache nun sicher fühlte, konnte er die oben erwähnten drei Briefe an den Duc de Chaulnes, den verstorbenen Clairaut und mich abschicken. Doch im Laufe des Monats April, als das Abreisedatum schon greifbar nahe war, änderten die spanischen Offiziere plötzlich ihr Verhalten: Sie verlangten alle Arten von Dokumenten, die in so kurzer Frist unmöglich zu beschaffen waren, hätte er sie aber nicht, wäre ihm sowohl die Reise auf der *Bueno Consejo* als auch das Ausschiffen in Manila untersagt.

Die Erklärung für diese Kehrtwendung lag in den Ereignissen, die sich schon etliche Monate zuvor und Tausende von Meilen entfernt zugetragen hatten. «Jemand» hatte Kapitän Caseins informiert, auf den Malwineninseln im Südatlantik hätte Bougainville auf eigene Faust und eigene Kosten fünfundsiebzig französische Siedler, die die Engländer aus ihrer Heimat Akadien vertrieben hatten, angesiedelt. Bis dato hatte noch keine Nation auf diese paar gottverlassenen Inseln Eigentumsanspruch erhoben. Aber als Madrid erfuhr, Frankreich habe die Malwinen in Besitz genommen, da sandte Seine Allerkatholischste Majestät Karl VII. ein empörtes Protestschreiben an seinen Cousin Ludwig XV. Der kleine abgelegene Archipel, behauptete man im Escorial, gehöre seit 1494 Spanien, da eine päpstliche Bulle zu jenem Zeitpunkt eine Linie gezogen und die Welt zwischen diesem Königreich und Portugal geteilt habe. Da man also bis zu Alexander Borgia zurückmußte, erinnerte der Duc de Choiseul, unser Marineminister, die Spanier daran, daß die Philippinen, die ja an den Antipoden lagen, zu den Lissabon zugeteilten Gebieten gehörten. Und da Portugal ja ganz andere Sorgen habe und mehr oder minder mit England liiert sei, könne man vielleicht ja *en famille,* unter Bourbonen, einen Tausch vornehmen: die Malwinen gegen die Philippinen? Diese Philippinen, die ja Spanien viel mehr kosteten, als sie einbrachten. Madrid zögerte, diesen Vorschlag anzunehmen, denn das Heilige Offizium leistete erbitterten Widerstand. Bougainville seinerseits bereitete inzwischen seine Weltumseglung vor und war fest entschlossen, sich all diese Orte einmal anzusehen, um zu entscheiden, ob es sich überhaupt lohnte. Zudem war auch noch durchgesickert, daß eine englische Expedition unter Führung von Wallis sich anschickte, in den Pazifischen Ozean vorzudringen.

So viele Fremde, die in so kurzer Frist spanische Besitztümer zertrampeln wollten! Und jetzt wollte auch noch so ein kleiner französischer Gelehrter seine Nase nach Manila hineinstecken und bestimmt wertvolle Informationen erschnüffeln!

Die Verhandlungen zwischen dem Gouverneur Desforges-Boucher und Don Caseins dauerten über einen Monat. Endlich, am 30. April 1766, am Abend vor der Abreise, durfte Le Gentil an Bord des spanischen Schiffes, mitsamt seinem Assistenten Gratot, seinem Sklaven Hadrian und all seinen Apparaturen. Die Kisten mit Gesteinsproben von Bodenschätzen, mit Pflanzen und Muscheln aller Art übergab er zu treuen Händen seinem Hausherrn, dem Richter, der ihm versprach, sie so bald wie möglich an die Königliche Akademie der Wissenschaften weiterzuleiten.

Nachdem sie schon einige Tage auf See hinter sich hatten, gestanden Caseins und Langara ihrem Gast, daß sie ihm all diese Scherereien nicht eingebrockt hatten, um ihm zu schaden, sondern um sich selbst zu schützen: Dieser «jemand», der ihnen die Malwinen-Affäre hinterbracht hatte, würde jetzt bestimmt in Madrid herumerzählen, daß sie beide alles darangesetzt hatten, um den Franzosen von seinem Plan, nach Manila zu gehen, abzubringen. Im Anschluß daran philosophierten die drei Männer noch ausführlich über den Irrsinn, die Habgier und die Dummheit der gekrönten Häupter.

Die Überfahrt war lang und gefahrvoll. Sie machten nur drei kurze Zwischenlandungen in Häfen, die den Holländern gehörten. Ein spanisches Schiff, das sich in ihre Gewässer vorwagte? Sie sahen es mit Mißtrauen, denn hier pochten sie auf ihr Monopol im Gewürzhandel. Le Gentil experimentierte mit verschiedenen Methoden, um auf See die Position des Schiffes zu bestimmen, studierte das System der Monsunwinde, die Strömungen, die Klimata und führte zahlreiche astronomische Beobachtungen durch.

Als sie sich mitten im ostchinesischen Meer, etwa auf der Höhe von Borneo, befanden, brach ein heftiger Sturm los, der sieben Tage lang anhielt. Als er mit höchster Kraft wütete, warfen sich sämtliche Seeleute und sogar der Kapitän auf die Knie und stimmten ein Ave-Maria an. Le Gentil, der aus Achtung vor seinen Gastgebern es ihnen gleichgetan hatte, sah staunend, ja fast mit Erschütterung, wie inbrünstig diese Spanier beteten. Don Caseins gelobte hoch und heilig, wenn sie in diesem Sturm nicht umkämen, würde er, um der Jungfrau Maria und allen Heiligen für ihre Rettung zu danken, gleich nach Landung auf den Philippinen die gesamte Schiffsbesatzung barfüßig vom Hafen Cavite zur drei Meilen im Land gelegenen Kathedrale von Manila führen. Wie Le Gentil später feststellen konnte, war dieser in so vielen Punkten höchst aufgeklärte Mann ehrlich und zutiefst fromm. Wollte man vergleichen, hätte man den abergläubischsten bretonischen Seemann als Libertin bezeichnen müssen.

Der einzige, der nicht gebetet hatte, war der Sklave Hadrian. Er war halb Heide, halb Muslim, aber vor allem elendig seekrank. Fast während der gesamten Reise lag er in der Kajüte seines Herrn auf dem Boden. Daher sah die Mannschaft in diesem Madagassen, in dieser Ausgeburt der Hölle, den Verantwortlichen für all ihr Mißgeschick. Es kam der Tag, da einige von ihnen ihn mit Fausthieben ins Unterdeck schleiften und ihn zwangen, Gebete zu sprechen und sich zu bekreuzigen. Der armselige Wilde, der nicht verstand, was man von ihm wollte, wiederholte artig die lateinischen Worte, die man ihm vorsprach, und kam auf diese Weise noch recht glimpflich davon. Seit diesem Tag verlangte Le Gentil von Hadrian, die Kajüte so selten wie möglich zu verlassen, und wenn, dann nur in Begleitung von Gratot. Endlich, am 10. August, nach hundertundzwei Tagen auf See, warf die *Bueno Consejo* Anker im Hafen von Cavite.

Caseins bat Le Gentil, so lange an Bord auszuharren, bis der Gouverneur der Philippinen, ein gewisser Don José Raon, der als argwöhnisch galt, seine Zustimmung gegeben habe. Le Gentil beugte sich, denn es kam ihm durchaus gelegen, nicht barfüßig bis Manila pilgern zu müssen. Später könnte er immer noch, in Begleitung des Kapitäns, ein paar Kerzen in der Kathedrale anzünden. Er blickte den Männern nach, wie sie sich da auf dem Kai zur Prozession aufstellten und davonzogen. An Bord blieben nur vier Wachtposten, er, sein Sklave und sein Assistent.

Am ersten Abend, als er sich gerade eine Mahlzeit mit Fleisch und Obst gönnen wollte, die an Bord geliefert worden war, kam eine Handvoll Soldaten an Deck. Deren Unteroffizier ersuchte ihn, seine Kisten und Gepäckstücke zu öffnen. Der Gouverneur persönlich habe diese Durchsuchung angeordnet. Danach zogen die Soldaten wieder ab. Der Unteroffizier nahm die Tagebücher und Papiere des Franzosen an sich, beteuerte aber, er bekomme sie selbstverständlich zurück, sofern sie nichts enthielten, was dem Königreich Spanien und seinen Kolonien zum Schaden gereichen könne. Le Gentil fand dieses Vorgehen zwar recht verwegen, protestierte aber nicht, da er sich auf derlei Zwischenfälle ja lange genug vorbereitet hatte.

Um sich die Langeweile zu vertreiben, plauderte er tags darauf von Bord zu Bord mit den Seeleuten eines kleinen Dreimasters, der ein paar Schwimmzüge von der *Bueno Consejo* entfernt lag. Er konnte gut genug Spanisch, um zu verstehen, daß seine Nachbarn in Kürze zu den Marianeninseln auslaufen würden, um die dortigen Missionsstationen und Garnisonen mit Proviant zu versorgen.

Die Marianen! Der dritte der von Le Gentil zur Beobachtung ausgewählten Orte. Auch Caseins und Langara hatte er von dieser Alternative berichtet. Beide hatten schon die Möglichkeit gehabt, diesen Archipel im Meer des Südens zu besichtigen, und in ihrer Stimme schwangen Seufzer mit, wenn sie davon erzählten. Schenkte man ihnen Glauben, wäre dieses Inselreich ein wahres Paradies, bevölkert mit lammfrommen, erst vor kurzem christianisierten Wilden und Blumenmädchen, die jede Scheu ablegten, sobald die Missionare den Rücken kehrten.

Die kleine Kolonie der Weißen, Priester inklusive, hätte sich bereitwillig dem glückseligen Rhythmus des dortigen Lebens und des stets nachsichtigen Himmels angepaßt. Daher entschied Le Gentil kurzerhand, er würde zu den Marianen reisen! Dort würde man ihn zumindest in Frieden seine Arbeit tun lassen, fern von parteilichen Zänkereien und Feindseligkeiten, von denen er ja soeben wieder einmal einen Vorgeschmack bekommen hatte. Die Seeleute vom Nachbarschiff beteuerten, der Gouverneur von Manila würde ihm bestimmt ohne Schwierigkeiten einen Paß aushändigen, damit er mit ihnen fahren könne. Andeutungsweise gaben sie ihm zu verstehen, daß es seit der Ernennung Seiner Exzellenz José Raon als Oberhaupt der Philippinen nicht ratsam sei, sich als Ausländer hier herumzutreiben. Diese Aussage bestärkte Le Gentil in seinem Bestreben, lieber weiterzufahren.

Noch zwei volle Tage verbrachte er in Langeweile und Ungeduld an Deck der *Bueno Consejo*. Endlich kam Don Caseins zurück und schwenkte die provisorische Aufenthaltsgenehmigung. Gleichzeitig teilte er aber auch mit, der Gouverneur Raon erwarte ihn unverzüglich in seiner Residenz. Während der Kutschfahrt von Cavite nach Manila erzählte ihm der spanische Kapitän, was der Herr des Archipels alles an Einwänden und Widerständen vorgebracht hatte.

«Dieser Raon ist ein gefährlicher Mann. Vor ihm sollten Sie sich unbedingt in acht nehmen. Ich meinerseits werde, sobald ich wieder in Spanien bin, alles in meiner Macht Stehende tun, damit er seines Amtes enthoben wird. Noch vor wenigen Jahren war er nichts weiter als Handlanger des Vizekönigs von Mexiko. Wie Sie wissen, ist dieser Archipel nur eine Dependance Neu-Spaniens und hat daher praktisch keine direkte Verbindung mit Madrid. Raon hat es durch massive Intrigen geschafft, diesen Posten zu ergattern. Die Stelle war nämlich vakant, seit sein Vorgänger während der Belagerung Manilas durch die Engländer im Jahre 1762 gestorben war. Kein vernünftiger Mensch hätte dieses Amt haben wollen. Aber für ihn war es die Krönung seiner Stümperkarriere. Kaum war er da, hat er auch schon eine Tyrannenherrschaft eingeführt: Korruption auf allen Ebenen und Spione überall, auf dem Land wie auch in der Stadt.»

«Ein typischer Fall von Inselkönigkrankheit, wie sie unser Gouverneur Desforges-Boucher diagnostiziert hat.»

«Das glaube ich gern. Raon hat sich außerdem noch in den Kopf gesetzt, die Hochheilige Inquisition nach Manila zu holen. Fanatisch, wie er ist, hält er an seiner Überzeugung fest, daß die Philippinen zum Zufluchtsort der Marranen sämtlicher spanischen Länder geworden sind. Wie Sie wohl wissen, nennt man so die neuen Christen, diese von Isabella der Katholischen zwangskonvertierten Juden, die angeblich noch insgeheim ihre Religion ausüben.»

«Darüber habe ich gelesen. Ich glaube, es war ein Buch des Marquis d'Argens. Aber nach fast dreihundertjähriger Verfolgung hielt ich die hebräische Religion in Ihrem Heimatland für ausgerottet.»

«Ist ja auch nicht so wichtig», erwiderte Caseins, doch sein Gesicht verriet, daß ihm etwas peinlich war. «Ihr Name Le Gentil hat seinen Verdacht erregt. Ich weiß, das ist lächerlich, aber er nimmt an allem Anstoß. Bisher hat Mexiko auf sein Ansuchen noch nicht reagiert, und das Heilige Offizium wird auch nicht so schnell hierherkommen. Die Philippinen verursachen dem Vizekönig Scherereien genug und kosten ihn nicht weniger als einhundertzehntausend Piaster jährlich. Also ... Was nun Sie anbetrifft, so werden Sie nichts zu befürchten haben, wenn Sie erst einmal die Dokumente, die Sie aus Frankreich und Spanien erwarten, in Händen halten. Bis dahin aber sollten Sie höchste Vorsicht walten lassen. Zumal Raon, wie ja auch uns allen, zu Ohren gekommen ist, daß Madrid die Philippinen durchaus an Ihr Land abtreten könnte. Und das wäre das Ende seiner Herrschaft und würde vermutlich seinen endgültigen Sturz bedeuten.»

«Welch düsteres Bild! Meinen Sie, ich könnte ihm von meinem Plan mit den Marianeninseln erzählen?»

«Aber sicher, es wird ihm ein Vergnügen sein, Sie so schnell wie möglich aus seinem Hoheitsgebiet verschwinden zu sehen. Aber bevor Sie weiterreisen, vergessen Sie nicht, was Sie mir versprochen haben, die genaue Position von Manila, die haben Sie doch errechnet, und die müssen Sie mir noch geben. Ach, übrigens, Don Langara hat einen Aussichtspunkt entdeckt, der Ihnen gefallen wird, einen Wohnturm in bestem Zustand, der auch noch den unbezahlbaren Vorteil hat, einem *odior* des Königlichen Thronrats zu gehören. Dieser Mann ist somit nicht auf Raon eingeschworen. Mein Adlatus hat auch ein Obdach für Sie gefunden. Sie werden beim einzigen französischen Kaufmann des Archipels, bei Monsieur Pignon, logieren. Aber da müssen Sie wieder auf der Hut sein. Wie wir in Erfahrung bringen konnten, hat dieser schwerreiche Mann seine Tochter mit dem ersten Sekretär des Gouverneurs verheiratet. Dieser Allianz dürfte er es verdanken, in Ruhe gelassen zu werden … Dieser Allianz und den üppigen Summen, die der nicht gerade von Skrupeln geplagte Kaufmann regelmäßig Seiner Exzellenz Don José Raon für wohltätige Zwecke zur Verfügung stellt. Kurzum: Seien Sie Ihrem Landsmann gegenüber nicht allzu vertrauensselig.»

Während der Audienz, die ein Vieraugengespräch mit dem Gouverneur war, tendierte Le Gentil dazu, Caseins' Warnungen für übertrieben zu halten. Raon sprach perfekt Französisch und war der typische Aragoneser, rundlich, charmant, drollig und mit sanft klingender Sprechweise. Er entschuldigte sich tausendmal, daß er wegen der «Vorschriften vorsichtshalber» in seinen Sachen habe schnüffeln und seine Aufzeichnungen habe lesen müssen, die ja hochinteressant und fabelhaft geschrieben seien, obwohl, das gebe er gerne zu, dieser wissenschaftliche Jargon seinen Horizont weit übersteige. Noch freundschaftlicher gab er sich, als Le Gentil ihn fragte, ob er sich auf dem kleinen Dreimaster, der in Kürze zu den Marianen aufbreche, einschiffen dürfe. Raon versprach, ihm in kürzester Frist die Reisepapiere auszuhändigen, denn dieses Versorgungsschiff sei das einzige, das alle drei Jahre dorthin fahre.

«Er hat gelogen», rief Caseins empört, als Le Gentil ihm das Gesagte wiederholte. «Die Galeonen, die zweimal pro Jahr zwischen Acapulco und Manila pendeln, machen auf dem Hin- und Rückweg immer bei den Marianen halt.»

In diesem Punkt hatte Caseins recht, was Le Gentil bald selber nachprüfen konnte. Daher ließ er besagten Dreimaster ziehen. Er hatte gut daran getan, denn schon wenige Tage später havarierte dieses Schiff am Ausgang der Meerenge. Es gab zwar nur drei oder vier Tote, aber wäre er an Bord gegangen und dann ertrunken oder auch nicht, seine Geräte und seine Tagebuchaufzeichnungen wären mit Sicherheit verloren gewesen.

Er hatte sich nicht sonderlich bemüht, die Papiere für dieses Schiff rechtzeitig zu erhalten, denn er wollte ja vor allem noch sein Caseins gegebenes Versprechen einlösen: die exakte Lagebestimmung von Manila. Das schlechte Wetter gestattete ihm nur vier Beobachtungen zur Längengradbestimmung, aber wie ich nach Erhalt seiner Post achtzehn Monate später feststellen konnte, waren seine Ergebnisse, die er approximativ nannte, bis auf wenige Bogensekunden exakt. Er wollte sie, wie er schrieb, noch korrigieren, sobald die Trockenperiode einsetzte.

Diese Wolken und dieser Regen, die seit Ende August die Sicht trübten, hatten ihn eine Zeitlang besorgt gestimmt hinsichtlich der Venusbeobachtung im Juni. Aber man beruhigte ihn, ab April sei bestimmt schönes Wetter und das bliebe auch so, mindestens fünf Monate lang. Don Caseins konnte nicht so lange warten und stach etwa Mitte Februar 1767 erneut in See. Er empfahl Le Gentil aber noch, eine Kopie seines Memorandums anzufertigen und sie an die interessierten spanischen Ministerien weiterzuleiten.

Als ich im Jahre 1768 sein Memorandum in der Akademie vorlas, in dem er zusätzlich sämtliche Beobachtungen aufgelistet hatte, die er seit seiner Abreise von der Ile-de-France hatte durchführen können, erfuhr ich, daß unser Marineminister, der Duc de Choiseul, meinem Kollegen an den Antipoden sein Mißfallen ausgesprochen hatte: Er habe, indem er strategische Informationen an eine fremde Macht weitergegeben habe, eine an Landesverrat grenzende Untat begangen. Eine absurde Behauptung, da besagte Informationen soeben öffentlich vorgetragen worden waren und bald schon zu lesen sein würden. Ich enthielt mich dennoch des Protests, da ich schon genug Schwierigkeiten hatte mit Versailles, um die für die anderen Venusreisenden notwendigen Gelder lockerzumachen. Aber der Vorwurf blieb haften. Das Gerücht, das Le Gentils lange Abwesenheit schon einmal umschattet und seit zwei Jahren, nachdem ich seinen ersten Bericht verlesen hatte, wieder abgeflaut war, bekam neuen Auftrieb. Jetzt hieß es, er habe sich von den Spaniern bestechen lassen. Und als dann noch durchsickerte, er wohne bei dem schwerreichen französischen Kaufmann, wurde gemunkelt, er betreibe so manch zwielichtiges Geschäft, um endlich zu Vermögen zu gelangen. Niemand wußte, woher diese diffamierenden Gerüchte kamen, aber sie schwollen an, breiteten sich aus und gelangten schließlich sogar bis Coutances.

Der Tyrann von Manila

Wie überall, wo er Zwischenlandungen machte, war der berühmte französische Gelehrte auch hier sehr bald schon von den Gebildeten umringt. Le Gentil gab sich stets Mühe, sich auf ihr Niveau einzustellen und sie nicht durch seine Überlegenheit herabzuwürdigen. Diesmal jedoch staunte er, wie klar sie dachten, mit wieviel Geschick und Fleiß sie alles betrieben, wie umfangreich ihre Bibliothek und ihre naturgeschichtlichen Sammlungen waren und wie überaus freimütig sie vor allem Don José Raons Regierung kritisierten. Die drei Männer, aus denen diese kleine improvisierte Akademie bestand, waren allerdings auch wichtige Persönlichkeiten, zumindest auf lokaler Ebene, denen gegenüber der «Tyrann von Manila» sich keinerlei Verfolgung, bestenfalls ein paar hämische Sticheleien leisten konnte.

Das erste Mitglied dieses Trios, Don Andrès Roxo, war kein Geringerer als der Neffe des Erzbischofs von Manila. Als rechtmäßiges Mitglied der philippinischen Regierung hatte er die Tochter einer der mächtigsten Familien Spaniens geheiratet. Der zweite war Don Estavan Roxas, Kanonikus des Domkapitels und vor allem ein begabter Karthograph, der auch die Natur- und Menschengeschichte des Archipels von Grund auf kannte. Der dritte war Don Marquez, Oberingenieur von Manila. Bald schloß sich ihnen auch Pater Enamarchi an, ein italienischer Theatinermönch, der sich eher für Astronomie interessierte und den Vorteil hatte, ein ausgezeichnetes Französisch zu sprechen. Er gab Le Gentil von

Zeit zu Zeit die Möglichkeit, sich von der Sprache Cervantes' freizumachen, die er aus Höflichkeit gegenüber seinen Gastgebern hier ständig zu sprechen pflegte.

Von nun an pendelte Le Gentil zwischen seinem Observatorium und den Häusern von Roxo und Roxas, die bald zu treuen Freunden wurden, hin und her. Sie verheimlichten ihm nichts von ihren vielfältigen wissenschaftlichen Tätigkeiten auf dem gesamten Archipel: Landkarten, weitaus präziser als die, die man in Europa besaß, Gutachten über die Fruchtbarkeit des Bodens, den Reichtum an Bodenschätzen, Pläne für Häfen und Bergbau, Erwägungen zu möglichen Handelsbeziehungen mit China und den so nahen und gewürzreichen holländischen Molukken, Auflistungen zur Häufigkeit des Schiffverkehrs, kritische Bewertung von schwerwiegenden strategischen Fehlern der spanischen Flotte und Garnisonen gegenüber den englischen Streitkräften, Entrüstung über Spaniens Desinteresse an diesem Landstrich, der so viel Potential barg, aber leider auch sehr viel kostete. Denn seit der Inbesitznahme im Jahre 1565 war Seine Katholische Majestät durch päpstliche Order verpflichtet, eine Überfülle von Missionsorden zu unterhalten, die eine sich der Christianisierung widersetzende recht große chinesische Kolonie zur Hinrichtung oder Ausweisung trieben. Kanonikus Roxo, der Neffe des Erzbischofs, und der Theatinermönch Enamarchi beklagten diese Allmacht der Kirche, in deren Händen der Gouverneur Raon nur eine Marionette war. Mit einer von Freiheit und Humanität geprägten Nation wie Frankreich könnte dieses unglückliche Land wirklich zu Wohlstand gelangen, sagten sie seufzend.

Sie traten nicht demonstrativ als Spanier auf. Der in Lima geborene Roxas gab sich als Peruaner, und der aus Veracruz stammende Roxo hatte den Neologismus «Neu-Spanien» gänzlich aus seinem Wortschatz verbannt. «Ich bin Mexikaner und nichts anderes», pflegte er zu sagen. Und Le Gentil dachte bei sich, das spanische Reich stehe eigentlich auf recht wackeligen Füßen.

Mit den ersten Schönwettertagen im April begannen seine Probleme mit dem Gouverneur. Der Ingenieur Marquez hatte ihm den Vorschlag gemacht, ihn doch bei einer Inspektionsreise rund um die Hauptinsel zu begleiten. Le Gentil wollte Raon zuvor in Kenntnis setzen, doch der Ingenieur belehrte ihn eines Besseren:

«Der wird Ihnen nur Steine in der Weg werfen. Nehmen Sie ihn einfach nicht wichtig. Sie genießen in diesem Land hinreichend Protektion von einflußreichen Personen, um ihn nicht fürchten zu müssen. Dieser Kerl ist verrückt. Das bedauere ich um so mehr, als auch ich Katalane bin wie er. Um die Wahrheit zu sagen: Er ist ein Renegat, der Kastilien die Füße leckt.»

Als Le Gentil drei Wochen später zurückkehrte, empfing ihn sein Gastgeber, der französische Kaufmann Pignon, mit Entsetzen und Vorwürfen.

«Sie waren da!» schrie er. «Haben alles durchwühlt! Haben mir gedroht, mich des Landes zu verweisen! Daran sind Sie schuld und Ihre Ungeniertheit, einfach abzureisen, ohne zuvor die Behörden zu verständigen. Wäre mein Schwiegersohn nicht Regierungssekretär, säße ich jetzt womöglich hinter Schloß und Riegel ... Sie sind mein Landsmann, Monsieur Le Gentil, und deswegen muß ich Sie auf Verlangen des Königs von Frankreich unter meinem Dach wohnen lassen. Aber ich werde auch verpflichtet sein, nach Paris zu schreiben, um über Ihr Tun und Lassen zu berichten.»

Le Gentil bezwang sich und zeigte nicht einmal ein Schulterzucken. Weil es keinen Besseren gab, hatten Frankreich und die Ostindienkompanie diesem Pignon zwar den nichtssagenden Titel «Repräsentant in Manila» verliehen, aber der schlechte Ruf dieses Händlers war von Pondichéry über Port-Louis längst bis Versailles gelangt. Trotzdem bezwang Le Gentil sich abermals, er wollte keinen Streit. Diese Wohnung hier hätte nicht angenehmer sein können und war außerdem noch kostenlos. Er vermied es, wo es nur ging, die ihm vom Königreich bewilligten Gelder unnötig auszugeben. Daher redete er lieber beruhigend auf Pignon ein und erklärte, er persönlich habe auch Gewährsleute, und die seien mächtig genug, so daß er vom Gouverneur nichts zu befürchten habe. Dann verschwand er in seinen Gemächern und machte sich auch keine Sorgen wegen der Durchsuchung, denn seine Tagebuchaufzeichnungen und die Informationen über die Philippinen, die er so nach und nach zusammengetragen hatte, befanden sich an sicherem Ort bei seinem Freund Roxo.

Doch wenige Stunden später machte er eine höchst unangenehme Entdeckung: Seine im Wohnturm neben dem Dom gut versteckte Sternwarte hatte offenbar auch Besuch erhalten. Einige Instrumente waren auseinandergenommen, und mit anderen war so grob umgegangen worden, daß die Absicht, ihm Schaden zuzufügen, deutlich erkennbar war. Jetzt bekam er es mit der Angst. Wer wußte denn schon, ob nicht in zwei Jahren, in der Nacht vor dem Venusvorübergang, eine Horde Unbekannter hier auftauchen würde, um ihn daran zu hindern, diese Beobachtung, für die er so viel geopfert hatte, korrekt durchzuführen? Über Raon und seine Schergen hatte man ihm ja übelste Dinge erzählt. War es nicht klüger, schon jetzt nach einem Ausweg zu suchen, bestenfalls die Marianen, schlimmstenfalls eben doch Pondichéry? Er teilte seinen Freunden Roxo und Roxas seine Befürchtungen mit, und diese versprachen, den Erzbischof persönlich einzuschalten, denn diesem gegenüber sei Raon ein Nichts. Daher habe er von nun an wirklich nichts mehr zu befürchten.

Sie hatten sich nicht geirrt: Drei Monate lang, bis zum 10. Juli 1767, ließ der Gouverneur ihn in Frieden. Die Sonne war noch nicht aufgegangen an jenem Tag, als Le Gentil von seinem Observatorium heimkehrte, wo er die Nacht hinter dem Teleskop verbracht hatte. Es war eine vollkommen transparente Nacht gewesen, wie alle Nächte seit Mitte April. Eingerahmt von Gratot und Hadrian, die beide, wie auch er selbst, mit Pistole und Schwert bewaffnet waren, betrat er die Nebengebäude des Hauses Pignon, die tief hinten im Garten lagen und ihnen als Unterkunft dienten. Sein Herz machte einen Satz, als er auf dem Tisch in seinem Schlafzimmer einen demonstrativ dort hingelegten Packen Briefe entdeckte. Mit einem Schlag war seine Müdigkeit verflogen. Doch schon packte ihn der Zorn: Sämtliche Briefe waren entsiegelt und trugen den Stempel des Gouverneurs Raon. Ihm war, als hätte man ihm ins Gesicht gespuckt.

Der erste, den er las, war der des Duc de Chaulnes. Unser ehrenwerter Kollege teilte ihm mit, er habe mit Zustimmung des Duc de La Vrillière sämtliche notwendigen Demarchen ausgeführt, so daß er bald Empfehlungsschreiben vom spanischen Hof in Händen halten würde. Bald … Sechs Monate hatte diese Post gebraucht, von Frankreich über Mexiko, was eigentlich wenig war, wenn man all die Gefahren und Verzögerungen einer solchen Reise bedenkt. Jetzt mußte er also wirklich auf die offizielle Protektion durch Madrid warten, denn das war die sicherste Waffe gegen den Tyrannen Raon.

Der zweite Brief war von mir. Le Gentil war froh über die Bürgschaft der Akademie, auf die er wenig Wert zu legen schien, als er ohne Absprache mit uns einfach nach Manila aufgebrochen war. Immerhin bestärkte sie ihn in der Rechtmäßigkeit seiner Entscheidung und bot ihm Garantien, falls der Gouverneur ihm weiterhin Schwierigkeiten machen sollte. Lächeln mußte er über Pingrés Einwände. Das war wieder der Mann, der sich weitaus mehr als um sich selbst um den Erfolg und die Sicherheit seiner Freunde sorgte. Die neuen Richtlinien für die Venusbeobachtung ließ er erst einmal beiseite und amüsierte sich über all die Neuigkeiten aus Paris, die ich ihm erzählte. Die letzte amüsierte ihn allerdings nicht mehr. Um ihn zu schonen, hatte ich sie ans Ende gesetzt: Clairauts Tod.

Er legte den Brief auf den Tisch. Draußen krähte ein Hahn. Was war das für ein Schraubstock, der ihm plötzlich das Herz abdrückte und ihm Tränen in die Augen preßte? Wieso tanzten vor seinen Augen all die Bilder, das Gesicht unseres verstorbenen Freundes, das Antlitz von Reine, von mir, von Chappe, die improvisierten Vorlesungen Clairauts im Kaffeehaus, das disziplinierte Gedränge am Ausgang des Collège royal, unser frenetisches Arbeiten über den Kometen? All das defilierte vor seinen geschlossenen Augen vorbei, womöglich noch krasser, als wenn die Bilder Wirklichkeit gewesen wären. Plötzlich bekam er Angst vor diesem unbekannten Schmerz, Angst vor seiner abrupten Todessehnsucht. Er ballte die Fäuste, wischte sich die Tränen vom Gesicht und sagte mit lauter Stimme:

«Lassen wir Gratot das Heimweh pflegen und sehen wir lieber nach, mit welch poetischer Ader uns der liebe Maître Tringlot, der würdige Staatsanwalt von Coutances, die Geldgeschäfte und Rentenaffären vorträgt.

Lieber und hochverehrter Monsieur Le Gentil,
Es bereitet mir größten Kummer, Ihnen
mitteilen zu müssen …

«Maman ist tot!» Le Gentil stieß einen Schrei aus, hämmerte mit der Stirn gegen den Tisch und schluchzte hemmungslos. Es war nicht mehr das Heimweh, das ihn so erschütterte, es waren die Gewissensbisse, weil er der schon sehr alten Mutter in ihren letzten Augenblicken nicht beigestanden, weil er sie aus Ruhmsucht und Begeisterung für die Wissenschaft viel zu sehr vernachlässigt hatte. Er richtete sich auf, las das Todesdatum noch einmal und legte den Kopf wieder auf den Tisch.

«An jenem Tag», schoß es ihm unwillkürlich durch den Kopf, «umfuhren wir von Süden her den Archipel der Malediven, geographische Breite ...»

Dann sank er in den Schlaf, das Gesicht auf dem Brief, die Arme gekreuzt.

Erst gegen Mittag wachte er unter Schmerzen wieder auf. Er wollte seine Briefe nochmals lesen, mit kühlem Kopf und trockenen Auges. Doch da klopfte es. Sein Gastgeber trat ins Zimmer.

«Verzeihen Sie, daß ich Sie in Ihrer Trauer belästige ...»

«Sie haben meine Briefe gelesen?»

«Nein, nein, das heißt, ja schon. Nicht ich ... Aber mein Schwiegersohn, auf Befehl des Gouverneurs, er mußte sie ihm übersetzen. Und ich mußte dieser Lektüre beiwohnen, für den Fall, daß er eine Nuance nicht richtig verstand.»

«Erstaunlich rücksichtsvoll! Und wann sind diese Briefe angekommen?»

«Vorgestern abend, mit der *San Carlos* aus Acapulco. Aber entgegen Ihrer Gewohnheit waren Sie nicht da, als die Postsäcke ausgeladen wurden. Das war wirklich Pech! Dabei war zum ersten Mal etwas für Sie dabei.»

Das Pech, immer das Pech!

«Ich nehme an, Don Raon ist jetzt beruhigt bezüglich meiner Absichten und erwartet ebenso ungeduldig wie ich die Empfehlungsschreiben, die der spanische Hof für mich ausgestellt hat.»

«Eben nicht. Er behauptet, Sie hätten Fälschungen nach Frankreich geschickt.»

«Fälschungen? Wie kann er derartige Behauptungen wagen?»

Monsieur Pignon erschrak vor der Heftigkeit dieser Äußerung. Seit er durch Nachforschungen erfahren hatte, daß sein Gast das Ohr des Erzbischofs und seines Mitstreiters besaß, befleißigte er sich ausgesuchter, fast schon an Diensteifer grenzender Liebenswürdigkeit. Und da in diesen Briefen ständig von Herzögen, Admirälen, französischen und spanischen Ministern die Rede war, hielt er Le Gentil für eine höchst einflußreiche Persönlichkeit und war schon fast geneigt, seinen Schwiegersohn zu verstoßen. Le Gentil war ja offenbar Junggeselle …

«Cher Monsieur, gnädiger Herr, bewahren Sie ruhig Blut. Raon ist völlig verblendet von seinem Haß gegen Sie, und ich fürchte, wenn Sie jetzt etwas gegen ihn unternehmen, wird die Protektion *unserer* Freunde sinnlos sein. Von nun an ist ihm jeder Franzose verhaßt. Ich fürchte sogar schon um meine Geschäfte.»

«Ihre Geschäfte sind mir scheißegal! Aber Sie haben recht: Versuchen wir die Dinge in Ruhe zu betrachten und herauszufinden, auf welch gewundenen Wegen sich der Gedanke mit den Fälschungen in sein krankes Gehirn eingeschlichen hat. Aber er hat doch gesehen, daß diese Briefe über Acapulco kamen, da er sie ja gleich nach Landung der *San Carlos* beschlagnahmt hat.»

«Daß die Post aus Frankreich so schnell hier war, hat ja seinen Verdacht erregt. Seiner Ansicht nach ist das unmöglich. In seinem Wahn, überall Komplotte zu sehen, hat Raon schon eine ganze Fabelsammlung zusammengesponnen, über die Sie sich unter anderen Umständen bestimmt köstlich amüsieren würden.»

«Ersparen Sie sie mir … Ihr Schwiegersohn, was hält der von alledem?»

«Ach, der! Wie konnte ich nur aus lauter Gutmütigkeit meine einzige Tochter solch einem Affen zur Frau geben?! Er müßte bald heimkommen. Wenn ich nicht fürchten müßte, Sie bei Ihrer Arbeit zu stören, würde ich Sie ja bitten, ihn mit mir abzupassen. Er kommt ja direkt vom Gouverneurspalast und hat vielleicht neue Nachrichten.»

Monsieur Pignon wollte schon rücklings aus dem Zimmer gehen, blieb aber plötzlich noch einmal stehen.

«Beinahe hätte ich es vergessen … Gestatten Sie mir, Ihnen mein Beileid auszusprechen. Ihre beklagenswerte Mama … gewiß ein grausamer Verlust für Sie.»

«Ja, ja, schon gut. Bis nachher.»

Wenige Minuten später tauchte Raons Sekretär auf, klopfte sich den Staub von den Ärmeln, plusterte die Spitzenmanschetten wieder auf und ließ die Bänder flattern.

«Nun», fragte sein Schwiegervater, «was ist jetzt los mit diesen Briefen und der ganzen Affäre?»

«Vater! Wir hatten Stillschweigen von Euch verlangt! Offensichtlich geht Ihr sehr leichtfertig um mit Geheimnissen …»

«Ich erinnere Euch, daß Ihr mir Respekt schuldet, mein Lieber! Ich bin es nämlich leid, seit Jahren Eure Taktlosigkeiten zu erdulden, die meine Tochter nur unglücklich machen.»

«Friede, meine Herren», Le Gentil versuchte zu schlichten. «Ich will Euren familiären Zwist nicht anhören. Wissen Sie etwas Neues über meine Affäre, Don Manuel?»

«Was Neues? Seine Exzellenz widmet ja nicht jeden Gedanken nur Ihrer ehrenwerten Person. Don José hat weiß Gott andere Sorgen, mit den immer arroganter werdenden Holländern, den Chinesen … Ach, übrigens, das wird Euch interessieren, Vater: Wir haben vorhin eine Dschunke, die von den Molukken kam, überprüft. Sie war bis zum Deck beladen mit Sandelholz. Die Regierung verkauft Euch die Ladung zum halben Preis und den anderen üblichen Bedingungen.»

«Endlich mal eine gute Nachricht!» rief Pignon erfreut. «Die Kommission beträgt nach wie vor ein Viertel?»

«Ein Drittel, Vater, die Zeiten sind hart.»

«Friede, meine Herren», schalt Le Gentil von neuem.

«Da Sie es unbedingt wissen wollen», schleuderte ihm Don Manuel entgegen, «Seine Exzellenz und ich, wir haben die Kopien Ihrer angeblichen Briefe aus Frankreich nochmals mit großer Aufmerksamkeit gelesen. Für ihn steht außer Zweifel, daß es Fälschungen sind. Und in gewisser Weise teile ich diese Meinung. All diese Minister, all diese Herzöge, all diese Gelehrten sollen sich für einen Spaziergang eines Sterns über die Sonne interessieren? Da haben Sie doch wirklich ein wenig zu dick aufgetragen, mein Lieber! Doch der Brief des sogenannten Staatsanwalts, der ist ein Geniestreich, das muß ich zugeben. Der Tod Ihrer Mutter! Fast hätten Sie bei einem so sensiblen Mann wie Raon so etwas wie Mitleid erregen können, wenn ...»

Mit einem Satz sprang Le Gentil auf und ohrfeigte den jungen Stutzer. Diese Ohrfeige dürfte einem Fausthieb ähnlich gewesen sein, denn der andere flog gegen die Wand und ging der Länge nach zu Boden. Wie eine Furie rannte der Astronom aus dem Zimmer, weckte Gratot und Hadrian, befahl ihnen, sich zu bewaffnen und ihm zu folgen! Wohin eigentlich? Das beschwingte Treiben auf der Straße, der leichte Wind, der allerlei Düfte mit sich trug und die Nachmittagshitze linderte – dies alles half ihm, wieder zur Besinnung zu kommen.

Seine Ehre als Edelmann stachelte ihn an, in der Residenz des Gouverneurs die Türen einzuschlagen und Raon die Stirn zu bieten; seine Gelehrtenweisheit riet ihm indes, doch lieber zuerst Menschen aufzusuchen, die die Gepflogenheiten dieses Landstrichs besser kannten als er, also Roxo und Roxas.

Im Wohnhaus des erzbischöflichen Neffen wurde Kriegsrat gehalten. Ingenieur Marquez und Pater Enamarchi waren ebenfalls anwesend. Sie entschieden, die höchsten kirchlichen Autoritäten der Insel abermals um Hilfe zu ersuchen. Anschließend erbot sich Roxo, Le Gentil bis zum Ende seines Aufenthalts bei sich zu beherbergen. Der Astronom lehnte ab, und zwar unter dem Vorwand, er wolle den Freund doch schließlich nicht kompromittieren. In Wirklichkeit sollten Pignon und sein Schwiegersohn nicht den Eindruck gewinnen, er laufe vor ihnen davon, zumal die heftige Ohrfeige sich in Manila schon herumgesprochen haben dürfte.

Den Tod seiner Mutter erwähnte er nicht. Als alle gegangen waren und er mit dem gütigen peruanischen Kanonikus noch ein Weilchen plauderte, klopfte ihm dieser plötzlich auf den Schenkel und sagte liebevoll:

«Ich glaube die Menschen zu kennen, mein Freund. Irgend etwas bedrückt Sie. Sie wollen mir doch wohl nicht weismachen, daß diese windige Geschichte mit den Briefen der einzige Grund ist.»

Seine Kulleraugen, die sich aus dem zottigen Bart an die Oberfläche zu schieben schienen, flammten aus tief empfundenem Mitgefühl. Le Gentil, der doch eigentlich ein Skeptiker war, glaubte rund um dieses in Haaren ertränkte Gesicht einen Heiligenschein leuchten zu sehen. Und da er vor Kummer fast zusammenbrach, erzählte er von dem Trauerfall am anderen Ende der Welt. Roxas sagte kein tröstendes Wort. Der Freund sollte seinem Schmerz freien Lauf lassen. Aber die unbeschreibliche Art, wie der Kanonikus ihm zuhörte, war für diesen verwaisten Vierzigjährigen wohltuender als alle Beileidsbezeugungen der Welt.

Nun häuften sich die Geschehnisse. Anfangs glaubte Le Gentil, er litte an Verfolgungswahn, weil er so isoliert war in diesem fremden Land; das war an jenem Tag, als genau vor seiner Nase ein Dachziegel zerschellte. Kurz danach hätte ihn beinahe ein Faß zerquetscht, das von einem Karren heruntergerollt war. Ein andermal wurde er auf dem Weg zu seinem Observatorium von zwei scheinbar Betrunkenen angerempelt. Instinktiv ging er auf diese Provokation nicht ein. Eine Prügelei in der Gosse, wohin hätte das geführt? Zumal ein paar Tage zuvor Gratot, obwohl sein Herr zur Vorsicht gemahnt hatte, bei einem Zechgelage in ein Seemannsgerangel geraten war, dann eine Nacht im Kerker zugebracht hatte und nur freigelassen worden war, weil sein Kerkermeister ein ehemaliger Polizist war, mit dem der ehemalige Matrose bei einer seiner Vergnügungstouren durch die Bordelle von Manila sich zusammengetan hatte. Seither war Gratot vorsichtiger geworden, ja sogar übertrieben argwöhnisch. Es gelang ihm schließlich, Le Gentil zu überzeugen, daß man sie drei ständig überwachte: Immer hockte jemand auf einem Stein vor ihrer Tür, ging jemand auf der Straße hinter ihnen her. Da sie nichts zu verbergen hätten, wären all diese Späher umsonst, beruhigte Le Gentil seinen Assistenten. Hadrian, bis an die Zähne bewaffnet, blieb seinem Herrn immer auf den Fersen und schlief auf einer Strohmatte vor seiner Zimmertür.

Le Gentil wehrte sich gegen dieses Klima von Angst und Schrecken rings um seine Person. Ihn würde man damit nicht einschüchtern! Er war ja auch nicht die einzige Zielscheibe von Raon, dessen willkürlicher Despotismus immer größere Ausmaße annahm. Man munkelte, am anderen Ende der Insel würden Chinesen massakriert, jedes spanische oder fremdländische Schiff, das es wagte, im Hafen von Cavite anzulegen, würde in Quarantäne genommen, und die Haudegen von Raons Sohn und Don Manuel würden die Offiziere in brutalster Weise verhören. Pignons Schwiegersohn berauschte sich nämlich an seiner zunehmenden Macht. Die Gefängnisse seien voll, die Freudenhäuser und Bordelle würden der Reihe nach geschlossen, und darüber freue sich der Erzbischof, zumal Raon mit Übereifer die Jesuiten hatte ausweisen lassen. Doch in seiner fixen Idee, die Heilige Inquisition ins Land zu holen, unterstützte Raon nun schamlos die Dominikaner, weswegen Monseigneur Roxo sich nun unablässig die Klagen der anderen auf dem Archipel tätigen Missionsorden anhören müsse. Das war garantiert ein schwerwiegender Fehler, der Raon in Ungnade stürzen würde. Roxas und Enamarchi, Le Gentils geistliche Freunde, ließen sich von diesem Benehmen nicht beeindrucken: Die Kirche war eintausendsiebenhundert Jahre alt und Raon erst zweiundfünfzig. Und Le Gentil hatte nur noch einundzwanzig Monate bis zum Vorübergang der Venus.

Eines Nachts, als er das Auftauchen eines Jupiter-Satelliten beobachtete, stieg ihm aus dem Erdgeschoß des Wohnturms Brandgeruch in die Nase. Gratot, Hadrian und er rannten die Treppe hinunter. Die Eingangstür stand in Flammen. In der Ferne verlor sich das Geräusch flüchtender Füße. Ein Haufen Lumpen und Holz war mit Alkohol übergossen und angezündet worden. Mühelos gelang es den dreien, den Brandherd zu löschen. Aber diesmal hatte Le Gentil wirklich Angst bekommen: Man hatte es nicht mehr auf den Franzosen, sondern auf den Wissenschaftler abgesehen.

Ohne sich mit jemandem zu beraten, schrieb er gleich am nächsten Morgen an den Gouverneur und bat um eine Audienz. Schließlich teilte der Privatsekretär ihm mit, Seine Exzellenz sei derartig überlastet, daß er ihn nicht empfangen könne. Aber wenn er sein Anliegen schriftlich vorbringen wolle, werde man versuchen, es zu bearbeiten. Sofort griff Le Gentil erneut zur Feder und ersuchte um die Erlaubnis, das erste Schiff nach Acapulco nehmen zu dürfen, mit anderen Worten die *Santa Rosa*, die in einigen Wochen auslaufen würde. Er hielt es für geraten, seine Anfrage mit diplomatischen Argumenten zu untermauern: Aufgrund des zwischen den Bourbonen Frankreichs und Spaniens seit sechs Jahren bestehenden Familienpakts seien die Staatsbediensteten beider Länder gehalten, den Angehörigen der anderen Nation nach Kräften Hilfestellung zu leisten. Damit glaubte er Raon in die Enge zu treiben. Doch dieser antwortete eigenhändig, von der Ausweitung besagten Pakts auf Manila sei ihm nichts bekannt. Ferner teilte er mit, Le Gentils Hartnäckigkeit, auf spanischem Boden seine Arbeiten durchzuführen, werde von Tag zu Tag verdächtiger. Im übrigen hätten doch seine Kollegen und Landsleute erklärt, der Astronom könne seine Beobachtungen genausogut in Pondichéry, also auf französischem Territorium, durchführen. Daher verbiete er ihm jegliche Passage auf einem Schiff Seiner Allerkatholischsten Majestät! Mag sein, daß er verrückt war, der Gouverneur von Manila, aber daß er ein geschickter Taktiker war, kann man nicht bestreiten. Und Le Gentil verfluchte Pingré, der in bester Absicht dazu beigetragen hatte, die Hölle vorzubereiten, in der er nun schmorte.

Die *Santa Rosa* verließ Cavite. Le Gentil blieb an Land. Diese Partie hatte er verloren. Was nun? Hier abwarten, noch monatelang, unter Bedrohung und Furcht, bis Venus geruhte vorüberzuziehen? Vor diesem elenden Wicht den Rückzug anzutreten wäre feige gewesen. Sein Ehrgefühl sagte ihm, er müsse bleiben, und außerdem war es ja Tatsache, daß er hier unter besten Bedingungen den Vorübergang würde beobachten können. Wie das Klima in dieser Jahreszeit in Pondichéry war, wußte er nicht, und was man ihm erzählt hatte, war nicht gerade ermutigend. Und dank seines kleinen Freundeskreises hatte er diesen Landstrich hier liebengelernt, mit seinen Siedlern, mit seinen Eingeborenen; dies hier könnte durchaus ein irdisches Paradies werden, wenn die Tyrannen und die Priester erst einmal weg wären. Nein! Er mußte weg, zurück zu den Seinen. Wegen des Krieges hatte er den ersten Venusvorübergang verpaßt – das ließe sich vor den Kollegen leicht begründen. Verpaßte er aber den zweiten nur wegen des Satrapen von Manila, dann würde man ihm doch vorwerfen, er sei eben doch, als er noch die Wahl hatte, allzu große Risiken eingegangen. Es war entschieden: Er würde weichen und nach Pondichéry fahren!

Er teilte diesen Beschluß Roxo, Roxas und Co. mit. Sie schrien laut auf, öffneten ihm ihre Börsen, erboten sich, ihn bis zum Ende seiner Mission unentgeltlich zu beherbergen. Warum sich neuen Gefahren auf See aussetzen? Hier war doch schon alles und so lange im voraus bestens vorbereitet, und zu entdecken hatte er doch auch noch so viel! Außerdem erwartete man doch in Bälde das Eintreffen jener französischen Expedition, die sie vielleicht doch alle von dem jetzigen Joch befreien würde! Le Gentil blieb unbeugsam. Trotz der wiederholten Versuche seiner Freunde, ihn zum Bleiben zu bewegen, belauerte er den Hafen, setzte aber gleichzeitig seine Erkundungen des Archipels fort und trug wertvolle Informationen zusammen, die Frankreich eines Tages – so hoffte er – veranlassen würden, dieses Land in Besitz zu nehmen. Würde er auf diese Weise dazu beitragen, das Königreich um zwei so reiche Gegenden wie Madagaskar und die Philippinen zu vergrößern, dann hätte er sein Leben doch wahrlich nicht vergeudet, dachte der friedliebende Conquistador bei sich.

Im Laufe des Monats Dezember 1767 landete, aus Macao kommend, ein portugiesisches Schiff. Le Gentil griff tief in seine immer flacher werdende Börse, um seine Passage zu bezahlen. Am 2. Februar verließ er diese Inseln, die ihm trotz des Kummers, die sie ihm bereitet hatten, ans Herz gewachsen waren. Doch er reiste ruhigen Gewissens: Wochenlang hatte er Roxo, Roxas und Enamarchi ausführlich erklärt, wie der Venusvorübergang zu beobachten war, und seine Schüler hatten ihn zutiefst befriedigt.

Doch schon nach wenigen Stunden mußte das portugiesische Schiff umkehren. Die Ladung war nicht fachmännisch festgezurrt. Kaum waren sie wieder in der Reede von Cavite, wurde ihm eine Nachricht des Kanonikus Roxas ausgehändigt: Man flehe ihn an, an Land zurückzukommen und auf diese Reise zu verzichten! War diese Havarie nicht ein göttlicher Fingerzeig? Einen Augenblick lang war Le Gentil verwirrt. Der kleine Dreimaster, der ihn zu den Marianen hätte bringen sollen und Schiffbruch erlitten hatte, war ihm eingefallen. Forderte er das Schicksal heraus? Das Meer macht selbst die Vernünftigsten abergläubisch. In seiner Antwort an den Kanonikus versprach er, er würde wieder an Land kommen, wenn sich abermals ein Fehler beim Verstauen der Ladung zeigen sollte. Bald schon legte das portugiesische Schiff wieder ab, und dann ging die Fahrt durch die Malakkastraße sehr schnell voran und war außerdem sehr aufschlußreich.

Am 27. März 1768 hatten sie Pondichéry schon fast vor Augen. Noch vierzehn Monate bis zum Rendezvous mit Venus! Und der Plan der Weltumseglung? «Ach, bis dahin werde ich mit etwas Glück schon ein Schiff finden, das mich bis Mexiko bringt», sagte er sich.

Mit etwas Glück.

Herr der Venus

Hätte es Reine nicht gegeben, ich wäre auch auf große Fahrt gegangen. Dabei gewann ich mit zunehmender Dauer unserer Verbindung mehr und mehr Einfluß auf sie, zumindest in privaten Dingen, die mit unserer Arbeit nichts zu tun hatten. Sie hatte die Vierzig, das kritische Alter der Frauen, überschritten und begann sich erst allmählich auf heitere Abgeklärtheit einzustellen. Vorerst versammelte sie noch eher hektisch, da sie selbst keine Kinder hatte, Jugend um sich herum, aus der eigenen, aus der ihres Gatten und meiner Familie, und so hing auch mein Neffe in seiner frühen Kindheit ein paar Jahre lang an den Rockschößen von Madame Lepaute.

Sie war überzeugt, mathematische Begabung zeige sich schon im Windelalter, womit sie ja wohl recht hatte. Und damit sie nicht abflaute, müsse man sie sehr früh schon pflegen, weswegen sie einen Neffen ihres Gatten vom sechsten Lebensjahr an aufzog und ihn astronomische Berechnungen durchführen ließ. Allerdings waren Wunderkinder damals in Mode, was allein schon die Zurschaustellung des kleinen österreichischen Musikers Mozart in Versailles beweist. Reine beabsichtigte wohl nicht, ihren Neffen wie eine Schaubudenfigur vorzuführen, doch nach einiger Zeit holte die Mutter ihr Kind zurück, weil sie ähnliches befürchtete. Inzwischen ist er Notar in Montmédy. Reines Ehrgeiz wäre es gewesen, eine Gelehrtendynastie zu begründen, die Lepaute-Lalande, nach dem Vorbild der Cassini oder Jussieu. Zum Teil gelang es ihr ja. Selbst wenn ich schon lange entwöhnt war, blieb ich doch das älteste ihrer Küken, und auch deswegen wollte sie mich nicht aus ihrem Nest entlassen. Um das zu erreichen, war ihr jede List recht, auch mit einer Prise Hinterhältigkeit.

Eines Tages, im Januar 1766, sah ich mit Erstaunen bei meiner Jahresabschlußvorlesung im Collège royal, wie mein Freund Louis-Antoine de Bougainville in Paradeuniform in der ersten Bankreihe Platz nahm. Dann kam er auf mich zu, gratulierte mit den üblichen Formeln und erzählte, er komme gerade zurück vom Spanischen Hof, wo er wegen der Malwineninseln zähe und harte Verhandlungen geführt habe.

«Mon cher maître, gestatten Sie mir, meiner tiefen Bewunderung Ausdruck zu verleihen. Erst vor kurzem hatte ich Gelegenheit, Ihren *Traité d'astronomie*, den Sie mir vor mehr als zwei Jahren zukommen ließen, gründlich zu studieren, und nun sage ich Ihnen, dieses Werk müßte auf allen Schiffen der Welt zur Hand sein! Noch nie habe ich solch wertvolle Informationen zur Kunst der Navigation gelesen.»

Ein solches Kompliment von diesem Mann war Gold wert, selbst wenn meine *Astronomie* schon in allen Akademien Europas als Standardwerk galt. Wir plauderten weiter über meine Arbeiten und schlenderten Arm in Arm über die Seinebrücke bis zum Restaurant des Palais Royal, wo unser Erscheinen Aufsehen erregte, wir uns aber in einem Séparée isolierten.

Während des Essens verriet Bougainville mir – und wie er sagte, als erstem – jenes Vorhaben, das in der ganzen Welt Aufsehen erregen und seinen Ruhm begründen sollte: die erste französische Weltumseglung, aber auch die erste Expedition der Welt mit (fast) ausschließlich wissenschaftlicher Zielsetzung.

«Ich will an Bord meiner Schiffe nur die besten und angesehensten Gelehrten Frankreichs haben. Sie kennen sie doch alle, cher Maître, wen schlagen Sie vor?»

Mir war sofort klar, worauf er hinauswollte. Aber eine solche Entscheidung war nicht so leicht zu treffen. Vor allem aber wollte ich es von ihm selbst hören. Daher gab ich mir erst einmal den Anschein, gründlich nachzudenken. Dann sagte ich:

«Als Botaniker käme natürlich zwingend Jussieu der Jüngere in Frage, aber ob er mit über fünfundsechzig ... Ich werde ihn fragen. Als Mineraloge ...»

«Sie gehen aber ran! Um eine ganze Akademie mitzunehmen, sind meine Schiffe nicht groß genug. Ich hatte an einen möglichst vielseitigen Naturkundler gedacht ...»

«Da habe ich jemanden!» rief ich begeistert. «Meinen Freund Philibert Commerson, er ist zwar noch nicht Akademiemitglied, weil er sich dagegen sträubt, aber er ist jung, kräftig, weiß alles über Mineralien, Flora und Fauna. Er hat gerade ein sehr nützliches Buch über die Fische des Mittelmeers veröffentlicht. Das schwierigste dürfte sein, ihn aus seiner Einsiedelei in der Bresse herauszulocken, wo er sich untröstlicher Witwerschaft hingibt. Aber ich werde es schon schaffen.»

«Gut.»

«Und als Astronom ... da scheint mir der beste Beobachter zur Zeit der Abbé Chappe zu sein. Aber auch Monsieur Véron hat seine Talente als Kartograph schon unter Beweis gestellt.»

«Den Abbé Chappe lehne ich ab. Engländer, Holländer und Spanier stehen meinem Unterfangen ohnehin schon mißtrauisch gegenüber, daher kann ich mir nicht auch noch die Feindschaft Rußlands aufhalsen. Und Monsieur Véron, den ich zwar nicht kenne, weise ich ebenfalls zurück. Reden wir nicht lange um den heißen Brei herum: Sie will ich, Lalande, und keinen anderen! Im November schiffe ich mich auf *La Boudeuse* ein, somit haben Sie Zeit genug zum Nachdenken. Sie hätten sogar noch eine etwas längere Frist, da mein zweites Schiff, *L'Etoile,* erst zu Beginn des nächsten Jahres an den Küsten Brasiliens zu mir stößt.»

In jener Nacht tat ich kein Auge zu. Ich kannte die Risiken eines solchen Vorhabens, wußte um die langen Jahre der Trennung von meinen Lieben und den liebgewonnenen Gewohnheiten. Ich wußte auch, daß mein Körper eher kleinmütig war, Anstrengung und Schmerz gerne mied, obwohl ich in anderen Bereichen, wie ich meine, durchaus Mut bewiesen hatte.

In jener Zeit durchlebte ich ohnehin eine Periode voller Zweifel und Selbstbefragung. Mit meinen vierunddreißig Jahren hatte ich weitaus mehr erreicht, als der einstige ehrgeizige Student sich erhofft hatte. Mein Weg schien mir von nun an vorgezeichnet. Vom Associé würde ich zum ständigen Mitglied der Akademie aufsteigen, sobald einer der drei für die Astronomen vorgesehenen Sessel frei würde. Mein Name stand für Autorität, und niemand hätte gewagt, eine Polemik gegen mich anzuzetteln: Wer mich nicht bewunderte, fürchtete mich. Auch mein häusliches Leben verlief in geordneten Bahnen; unbeschwert, ruhig und der Arbeit zuträglich. Kurz gesagt, ich langweilte mich.

Bougainvilles Vorschlag war die Verlockung schlechthin. Die Gefahren, denen zu trotzen war, wurden mehr als ausgeglichen durch die Perspektive, neue Welten, neue Sterne zu entdecken, und dann noch in Begleitung von Commerson, dem besten Freund, den ich hatte. Außerdem ließen meine Arbeit und meine Korrespondenten mich ja schon jahrelang auf dem Papier durch Gegenden mit berauschenden Namen schippern: Sansibar, Chandernagor, die Nikobaren, die Lakkadiven – wie sollte da nicht längst auch in mir die Reiselust erwacht sein? Aber die Versuchung wurde noch gesteigert durch die Vorstellung ewigen Ruhms nach meiner Rückkehr: Jérôme Lalande, französischer Astronom und Mathematiker, erster Weltumsegler. Diese Traumvorstellung besiegelte meinen Entschluß.

Kaum war Reine wach, setzte ich sie von meinem Gespräch mit Bougainville in Kenntnis. Wie erwartet, stieß sie gellende Schreie aus, fand sofort die typisch weiblichen Argumente wie «die innigst liebende Frau, die man einfach im Stich läßt», und erklärte anschließend kategorisch, eine Abwesenheit von mehreren Jahren bedeute definitiv das Ende meines Aufstiegs zu den Gipfeln des Ruhms.

«Diese Reise wirst du nicht überleben», warf sie dann noch ein. «Hast du deinen Schwindel vergessen, deine Rükkenschmerzen, über die du doch so oft klagst? Du bist nicht gesund genug, mein Jérôme, solche Strapazen hältst du nicht aus!»

Es gehe mir blendend, protestierte ich mit einem Anflug von Bosheit. Nun wurde sie aber böse:

«Hast du eine Ahnung! Jetzt bist du also auch noch Arzt, dein eigener Leibarzt? Sei doch nicht kindisch! Laß dich wenigstens von deinem Akademiekollegen Doktor Bourdelin untersuchen.»

«Was glaubst du denn? Das habe ich doch längst bedacht! Dazu brauche ich doch nicht dich! Jetzt gleich gehe ich zu ihm, um einen Termin auszumachen. Er wird dir schon sagen, daß deine Befürchtungen nur Hirngespinste sind, weil du besitzergreifend bist. Ein Krake bist du, ein Polyp! Ich kriege ja jetzt schon keine Luft mehr!»

«Mein armer Schatz! Da ist dein Schwindel ja schon wieder.»

«Sehr witzig! Zisch wenigstens, bevor du zubeißt, Nicole!»

Der gute Doktor Bourdelin diagnostizierte ein paar Schwachpunkte, schrieb sie aber meinem Lebensstil, meinem Arbeitspensum und mangelnder Bewegung an frischer Luft zu. Dies ließ ich mir nicht zweimal sagen: Frische Luft würde ich mit Bougainville genug bekommen! Und beflügelt von frenetischer Begeisterung, die ich an mir gar nicht kannte, lief ich überstürzt zu dem großen Seefahrer und verkündete ihm, ich käme mit, die Akademie sehe keinen Hinderungsgrund, ich hätte ja ganz im Gegenteil Gewicht genug, um beim Schatzmeister die nötige Geldsumme für Commerson und mich lockerzumachen. Ausführlich besprachen wir dann noch die Reisevorbereitungen, und er gab mir wertvolle Ratschläge, von denen einige meiner Kollegen später profitieren sollten. Logischerweise kamen wir auch auf den Venustransit zu sprechen, der am 4. Juni 1769 zu erwarten war. Wo genau wir zu jenem Zeitpunkt sein würden, vermöchte er allerdings nicht zu sagen. Die Reise könnte zwei oder auch vier Jahre dauern, je nach Launen des Meeres und eventuellen Entdeckungen. Aber dieses unverbindliche Spiel der Spekulation gefiel ihm schließlich doch, so daß er zu dem Schluß kam, mit größter Wahrscheinlichkeit wären wir zu jenem Zeitpunkt auf der Höhe von Manila.

Ich kehrte zu meinem Observatorium zurück und bestätigte ihm wie vereinbart postalisch meinen Wunsch, mit ihm an Bord zu gehen. Kaum hatte ich diesen Brief aufgegeben, stellte ich mich Reine. Ein Donnerwetter brach über mich herein, die Details dieser Szene übergehe ich lieber. Eine geschlagene Woche lang mußte der gesamte Luxembourg unser Gezänk und unser Spektakel mit anhören. Der gute Chappe machte sich Sorgen, kam zu mir und fragte, was denn los sei und ob er mir helfen könne. Einsilbig wies ich ihm die Tür.

Nach einiger Zeit kam Antwort von Bougainville. Ein Keulenhieb! Er entschuldigte sich tausendmal, mir mitteilen zu müssen, daß er zu seinem großen Bedauern mich nicht als Passagier zulassen könne. Er bewundere zwar meinen Mut, mit dem ich meinen Gesundheitszustand verschleiert hätte, könne es sich aber nicht erlauben, bei einem so gefahrvollen Unternehmen das Risiko einzugehen, mitverantwortlich zu werden für den Tod eines so eminenten Gelehrten, dessen Leben ihm kostbarer sei als alles andere.

«Das Opfer, das zu bringen Sie bereit waren, erfordert mehr als Respekt, man sollte Sie wie einen Märtyrer verehren. Doch bedenken Sie, mein Freund, im Namen der Vernunft, daß der Wissenschaft mit einem weniger eminenten, dafür aber lebendigen Astronomen mehr gedient ist als mit dem Leichnam eines Gelehrten, auch wenn er genial war. Ihr Platz ist nicht auf See, er ist in Paris, inmitten all Ihrer Bücher und all Ihrer spröden und trockenen Materie. Ihr Platz ist aber auch an der Seite einer Person, die aus schier unermeßlicher Liebe zu Ihnen Schritte unternommen hat, die man bei einer Dame ihres Standes landläufig als unangemessen bezeichnen würde. Für mich war es Heldentum. Zwischen der eigenen Ehre und der Rettung Ihres Lebens hat sie nicht lange abgewogen. Lieben Sie sie, beten Sie sie an! Niemals werden Sie am Himmel einen der Bewunderung ebenso würdigen Stern entdecken.»

Dieses Biest! Was hatte sie ihm bloß eingeredet? Daß ich in Agonie lag? Und dieser Schlappschwanz von Bourdelin, der ihr schon jahrelang nachstellte, hat sich natürlich auf ihr Spiel eingelassen, sich zum Komplizen gemacht und sogar den hippokratischen Eid gebrochen! Wie durch Zufall war sie abends zuvor abgereist: Die Universität sei ja nun geschlossen, und sie wolle sich ein wenig Erholung in Montmédy gönnen, in der Familie ihres Gatten. Das tat sie jedes Jahr zum gleichen Zeitpunkt, was war schon Besonderes daran? Dann werde eben auch ich verreisen! Ewig lang wollte ich schon nach Italien! Doch kurz vor meiner

Abreise schickte ich Reine noch einen Brief: Dies sei der endgültige Bruch.

Nach fünfmonatigem Herumreisen in Italien kehrte ich nach Paris zurück. Wenn ich heute daran zurückdenke, muß ich sagen, ich hätte Bougainville durchaus nochmals beknien können. Aber meine so plötzliche Berufung zum Weltreisenden war wohl nicht stark genug gewesen. Außerdem hatte Pierre-Antoine Véron sich mit dem Feuereifer der Jugend schon als Freiwilliger gemeldet. Daher bemühte ich mich lieber, meinen Freund aus Kindertagen, diesen sturen Maulesel von Commerson, zu überreden. Ganz abgesehen von dem, was uns verband, hielt ich Philibert wirklich für den Geeignetsten. Der bodenständige Siebenunddreißigjährige aus der Bresse war inzwischen der angesehenste Botaniker Frankreichs, nachdem es ihm gelungen war, ohne jemals das Land zu verlassen, die umfangreichste private Pflanzensammlung der Welt anzulegen.

Doch der fröhliche Jugendgefährte war zutiefst verwandelt. Seine junge Gattin war im Kindbett verstorben und hatte ihm einen Sohn hinterlassen, der inzwischen auch schon vier Jahre alt war. Um ihn großzuziehen, lebte Commerson völlig abgeschieden von der Welt in seinem Garten in Châtillon-les-Dombes, inmitten seiner Herbarien, und hatte als einzige Gesellschaft nur seine Haushälterin, seinen Schwager, Gemeindepfarrer in der Nachbarschaft und die Besuche seines Zeichners Jossigny. Nach Paris, um bei Buffon oder Jussieu zu arbeiten, kam er so selten wie möglich. Trotz seiner Reputation hatte er sich stets geweigert, auch nur das Geringste zu unternehmen, um in die Akademie der Wissenschaften aufgenommen zu werden. Ehrungen ging er aus dem Wege, er wollte seine Trauer ausleben. Ich war einer der wenigen, die er durch den Gitterzaun seines Gartens einließ. Da ich meiner Sache sicher war, hatte ich

Commerson schon für die Weltreise angemeldet – ohne ihn zu fragen. Ich wollte ihn ganz bewußt vor vollendete Tatsachen stellen.

Ich fuhr also nach Châtillon – zum ungünstigsten Zeitpunkt: Er war unvorstellbar schlecht gelaunt, weil sein Junge soeben beim Spielen eines seiner kostbarsten Beete zertrampelt hatte. Dann ging sein Zorn auf Jeanne Baret nieder, seine Haushälterin und Geliebte. Die junge Frau war nicht auf den Mund gefallen. Ich mußte intervenieren, damit sie nicht handgreiflich wurden. Nach einiger Zeit beruhigten sie sich zwar wieder, aber ich zog es dennoch vor, den nächsten Tag abzuwarten, um mit Philibert Verhandlungen zu führen, die sich allerdings als weitaus zäher und härter erwiesen als die mit sämtlichen Botschaftern der Welt. Eine Woche lang feilschten wir. Zum Glück fand ich in Jeanne Baret die beste aller nur denkbaren Verbündeten. Endlich, eines Morgens, als ich gerade in der Küche einen Kanten Käse aus der Bresse in eine von Jeanne zubereitete Hühnerbouillon tauchte, um mit Genuß zu frühstücken, polterte er zerzaust und mürrischer denn je zur Türe herein, goß sich ein Glas Wein ein, kippte es hinunter und knurrte:

«Abgemacht. Da ihr mich ja alle loswerden wollt, werde ich mit deinem Bougainville abhauen. Aber zu meinen Bedingungen!»

«Im voraus genehmigt!»

«Zweitausend Livres Besoldung. Die gleiche Summe für meinen Jungen, den ich bei meinem Schwager, dem Pfarrer, in Pension geben werde. Ferner verlange ich, daß Monsieur Jossigny mich als mein Zeichner begleitet.»

«Das alles dürfte sich machen lassen, wenngleich die Summe ... Na ja! Ich will mich stark machen, um sie beim Marineministerium durchzusetzen.»

«Ich bin noch nicht fertig. Ich brauche einen Diener.»

«Selbstverständlich.»

«Sie!»

Jeanne Baret, jede Zurückhaltung mißachtend, warf sich ihm an den Hals:

«Mon chéri, wie lieb du bist!»

«Aber Jeanne ist eine Frau!» rief ich dazwischen.

«Sie wird sich verkleiden.»

Ich konnte mich dem nur beugen. Doch kaum war ich in Paris zurück, machte Philibert über meinen Kopf hinweg beim Ministerium neue Schwierigkeiten, so daß schließlich der Duc de Choiseul-Praslin höchstpersönlich eine definitive Antwort innerhalb von drei Tagen von ihm verlangte. Commerson schraubte seine Ansprüche nochmals in die Höhe, und so kam es, daß letzten Endes der Minister und ich die einzigen waren, die wußten, daß Jeanne Baret die erste Frau sein würde, die die Welt umsegelte.

Die Königliche Fregatte *La Boudeuse* legte im Herbst 1766 in Brest ab. Bougainvilles Weltumseglung würde im ganzen Land mit Spannung verfolgt werden, und dieses Prestige würde Balsam sein für die Demütigung und die Wunden, die der Siebenjährige Krieg geschlagen hatte. Dieser Forschungsreisende würde ja vielleicht jenen mythischen Kontinent im Südmeer und andere Landstriche entdecken und ein zur Zeit zerstückeltes französisches Imperium neu zusammenfügen. Ganz abgesehen von diesem Aufschwung des Nationalstolzes, war diese Reise ja auch die erste wissenschaftliche Expedition, die die Welt je gesehen, selbst wenn die Abreise etwas überstürzt erfolgte, da die englischen Schiffe von Wallis und Carteret schon auf Entdekkungsfahrt waren. Véron schiffte sich auf dem zweiten, der Fleute *L'Etoile* ein, die an den Küsten Brasiliens mit der *Boudeuse* zusammentreffen sollte. Für den Fall, daß beim zweiten Venusvorübergang im Juni 1769 beide Schiffe schon wieder Frankreich erreicht haben sollten, dürfte Véron – das hatte ich ihm ausdrücklich gestattet – sich an dem Ort absetzen lassen, der ihm für die Beobachtung des Phänomens am geeignetsten schien.

Nachdem ich so etliches erledigt hatte, vor allem die Korrekturen von *La Connaissance des temps* fürs nächste Jahr und meine Freistellung von Lehrverpflichtungen am Collège royal, fuhr ich, ohne Reine überhaupt gesehen zu haben, erneut nach Italien. Bei einem Essen zu dritt, am Abend vor meiner Abreise, versuchten Chappe und Pingré mich wieder zur Vernunft zu bringen. Ganz Paris würde schon über dieses Zerwürfnis reden, meine fortgesetzte Abwesenheit gelte als Wahnsinnstat, woraus meine Feinde womöglich Nutzen ziehen könnten. Chappe meinte hinzufügen zu müssen, Reine sei völlig verzweifelt. Die bekamen was zu hören, meine braven Samariter! Hatte ich etwa nicht auch das Recht auf ein eigenes Leben?

Die Festtage verbrachte ich in Bourg-en-Bresse bei meinem armen alten Vater. Wieso arm? Trotz seines hohen Alters war er noch immer ebenso lebhaft und streng wie die Kälte bei uns auf dem Land, wo wir spazierengingen. Manchmal hatte ich Mühe, mit ihm Schritt zu halten. Danach fuhr ich weiter gen Süden. In Palermo erhielt ich einen Brief von Reine. Keinen Liebesbrief, sondern ein kollegiales Schreiben mit weisen Ratschlägen. Vor allem sollte ich nach Frankreich zurückkehren, bevor mir ein anderer die Organisation der Venusreisen aus der Hand nahm. Ferner sei Sir Maskelyne von der Royal Academy an einem Treffen mit mir außerordentlich interessiert. Ich antwortete erst aus Venedig. Es war Anfang Februar 1767, mitten im Karneval. Von meinem Zimmer aus, das auf den Canal Grande schaute, hörte ich das Festgetümmel, während an meinen Fenstern Regentränen herabliefen und sich die Farben des Feuerwerks spiegelten. Das Lachen und Singen dort unten ließ mich meine Einsamkeit immer schwerer ertragen. Daher wurde mein Brief an Reine ein reiner Liebesbrief. Sehr bald schon fuhr ich nach Paris zurück und klopfte an ihre Tür. Kaum waren wir allein, preßte sie sich wortlos an mich.

Astronomische Ereignisse gab es kaum in diesem Jahr 1767. Ich nutzte die Zeit, um meine *Italienreise* zu schreiben, die im Jahr darauf erschien. Aufgrund von Reines Ratschlägen bemühte ich mich, diesen Bericht so seriös wie möglich abzufassen und viele praktische Hinweise zu geben. Er sollte ein für jeden Reisenden, der in meine Fußstapfen treten würde, unentbehrliches Kompendium werden. Ich empfahl die sichersten und praktischsten Reiserouten, fügte die Fahrpläne der Poststationen und die Zimmerpreise hinzu und zählte für jede Stadt, die man besichtigen wolle, die gewissen Örtlichkeiten auf. Natürlich auch die antiken Ruinen, die Paläste und sonstigen Sehenswürdigkeiten. Ich glaube, daß die Art, wie ich mein Thema behandelte, recht originell war und für den Reisenden nützlicher als die bis dato verfügbaren Berichte und Schilderungen über dieses Land. Allein schon der Publikumserfolg war der beste Beweis.

Gleichzeitig kümmerte ich mich weiterhin um die Organisation der Vorbereitung für die zweite Venusbeobachtung, korrespondierte regelmäßig mit allen Botschaften, Akademien, Missionsstationen und Ministerien rund um den Globus. Bei ihnen lief alles bestens, was man von Versailles nicht sagen konnte: Die Schatztruhen blieben mir verschlossen – sie waren nämlich leer. Das Königreich Frankreich war bankrott, ärger noch als gewöhnlich, und machte nur tröpfchenweise Gelder flüssig. Daher kam ich zu dem Schluß, es sei doch sinnvoller, bequemer und wirtschaftlicher, als Beobachter jene auszuwählen, die sich schon an den bezeichneten Orten oder in deren Nähe befanden, anstatt noch länger nationaler Eitelkeit zu frönen. Was soll's, wenn Jesuiten oder simple Bürger, die nur an ihrem Ort als Gelehrte galten, sich als Amateurastronomen betätigten, selbst wenn sie bloß mittelmäßige oder gar schadhafte Geräte zur Hand hatten? Nachdem ich die Liste zusammengestellt hatte, schickte ich jedem ein Merkblatt mit Hinweisen zur Durchführung dieser Aufgabe.

Ich hatte alle meine Kräfte aufgeboten, so daß meine Rolle als einziger Organisator für die Akademien in Sankt Petersburg, Berlin, Madrid, Wien und Rom längst selbstverständlich geworden war, nur London wollte meine Autorität nicht gelten lassen.

Ein Jahr nach Bougainvilles Abreise erfuhr ich dann auch durch die Royal Academy, mit der ich in ständigem Briefkontakt stand, daß auch England eine neue Expedition vorbereitete.

Nun legte ich mich noch stärker ins Zeug, damit wenigstens ein von Frankreich offiziell entsandter und bezahlter Repräsentant der Königlichen Akademie der Wissenschaften als Beobachter fungieren könne. Wenn das nicht gelänge, wäre es für mein britisches Alter ego namens Maskelyne ein leichtes, die Welt glauben zu machen, er habe im Namen der Royal Academy weitaus mehr Berechtigung als ich, die Funktion des weltumspannenden Organisators zu beanspruchen. Gewiß, ich hatte Véron, der mittlerweile wohl jenseits der Magellanstraße unterwegs war, aber wo würde er im Augenblick des Venustransits sein? Und welches Gewicht hatte Bougainvilles Expedition im Vergleich zu der, die Captain Cook gerade zusammenstellte? Eine von deren Hauptaufgaben war es doch, das Phänomen auf der von seinem Landsmann Wallis erst kürzlich entdeckten

Insel O-Taheiti zu beobachten. Wenn die Berechnungen von Wallis richtig waren, wäre dieser Ort einer der besten zur Beobachtung der Sonnenfinsternis. Das hatte auch Pingré bestätigt, der die Engländer ja weiß Gott nicht liebte.

Ich war wütend über den Geiz der französischen Regierung, rannte von einem Ministerium zum anderen, malte in den schillerndsten Farben die auf ewig unvergängliche Aureole, die über den Häuptern all dieser hohen – inzwischen längst vergessenen – Persönlichkeiten schweben würde, wenn sie nur jetzt tief in ihre Börse greifen wollten! Vergeblich, sie blieben zugeknöpft. Bougainville hätte sie schon ausgeraubt.

Wieder war es Reine, die mir aus der Klemme half. Trotz meines Sträubens und ungeachtet der Feindschaften, die sie sich womöglich einhandeln würde, begab sie sich nach Versailles, wo sie mit Jeanne Bécu, der neuen königlichen Favoritin, die noch nicht Comtesse du Barry hieß, Bekanntschaft schloß. Kurz danach wurde bezahlt. Die du Barry, der daran lag, ihre illustre Vorgängerin, die verblichene Marquise de Pompadour bis aufs I-Tüpfelchen zu kopieren, gab sich schier vernarrt in Kunst und Wissenschaft. Sie wußte, wie sie es anstellen mußte, um tief in Ludwigs XV. Börse zu greifen und das herauszufischen, was ich so dringend benötigte. So kam es, daß eine Dirne zur Schutzpatronin der Venusliebhaber wurde.

Das Geld hatte ich jetzt, aber die Zeit wurde allmählich knapp. Alle meine Leute waren an Ort und Stelle, vom bescheidensten Missionar an, wie Pater Dollières in Peking, bis zum berühmtesten Gelehrten, wie dem Mathematiker Euler, der zum russischen Orsk unterwegs war. Le Gentil hatte ich abgeschrieben. Vergessen hatte ich ihn nicht. Aber ich war immer noch ohne Post von ihm und schenkte den bösen Gerüchten, die um ihn kursierten, allmählich Glauben. Da keine Nachricht kam, tat ich so, als gäbe es ihn nicht mehr. Aber die Akademie mußte doch vertreten sein! Es fehlte mir noch ein Beobachter für die mexikanische Pazifikküste, genauer gesagt, für Baja California. 1767 waren die Jesuiten von dieser Halbinsel vertrieben worden, wo sie, wie schon in Paraguay, einen echten Gottesstaat gegründet hatten. Daher hatte auch mein dortiger Korrespondent, ein ehemaliger Mitschüler aus Lyon, den Ort verlassen müssen, den wir unseren Berechnungen nach für unentbehrlich hielten. Chappe meldete sich freiwillig.

Für den anderen Beobachtungsposten, den auf den Antillen, hatte sich jemand gemeldet, dem ich nicht im geringsten vertraute. Es war jener Wirrkopf Trébuchet, der beim ersten Transit La Caille und Delisle so viele Stolpersteine in den Weg geworfen hatte. Pingré, der mit diesem windigen Burschen noch ein Hühnchen zu rupfen hatte, erklärte sich bereit, nach Santo Domingo zu fahren. Gleichzeitig sollte er dabei kontrollieren, ob Berthouds Schiffsuhr und der Bordasche Kreis zuverlässig funktionierten, denn damit würden sie die geographischen Längen äußerst exakt bestimmen können. «Diese Aufgabe wäre bei mir in besten Händen», rief Pingré großherzig aus. «Kommen Sie doch mit mir nach Santo Domingo», schlug er vor. Ich lehnte ab, würde doch nur seekrank …

In Wirklichkeit standen mir noch andere Aufgaben bevor. Ich fuhr nach London und traf den jungen Captain Cook, einen wunderbaren Mann. Gäbe es in Frankreich doch mehr Seeleute seines Kalibers … Es stimmt schon, sein Vater war Knecht, er aber ein großer Seemann und ein sehr guter Geograph, und unsere Gespräche waren außerordentlich anregend. Manchmal bedauere ich es, nicht als Engländer geboren zu sein … Die Erfolge dieser Leute in den verschiedensten Epochen und vor allem im Krieg von 1761 haben doch hinreichend bewiesen, daß die Überlegenheit der Marine häufig über den Ausgang der Kriege entscheidet. Wie schon Themistokles gesagt hatte: «Wer Herr des Meeres ist, ist auch Herr der Erde.» Neptuns Dreizack ist ja auch das Zepter der Welt. Und die Engländer, die überzeugt sind, daß es ohne Astronomie weder Handel noch Marine gibt, haben Unsummen ausgegeben, um dieser Wissenschaft zur Perfektion zu verhelfen.

Captain Cook nahm einen Astronomen auf seine Reise mit. Er hätte auf ihn verzichten können, da er selbst hervorragende Fachkenntnisse besaß. Sir Maskelyne gegenüber gab ich meiner Verwunderung darüber Ausdruck, daß Cook nicht die Schiffsuhr mitnahm, die John Harrison zwei Jahre zuvor erfunden und die ihm doch die recht beträchtliche Belohnung von zwanzigtausend Pfund Sterling eingebracht hatte, die ein halbes Jahrhundert zuvor demjenigen, der die beste Methode zur Bestimmung der Längengrade auf See entdeckte, versprochen worden war. Meine Frage schien Maskelyne peinlich, er entzog sich der Antwort. Jetzt hatte ich gewonnen: Niemand würde meine Autorität bestreiten, nicht einmal ein Engländer. Ich war also unangefochten Herr der Venus – hier auf der Erde zumindest.

Kaum zurück in Paris, richtete ich es so ein, daß auf Befehl der französischen Regierung unsere Kriegsschiffe Captain Cook und seine *Endeavour* vorbeiziehen ließen, denn deren Mission diene «dem Wohle der Menschheit». Die Organisation des weltweiten Rendezvous mit Venus war ein Jahr vor dem Stichtag perfekt geregelt. Natürlich hatte ich mir Halleys und Delisles Erbe zunutze gemacht, wie auch unsere Erfahrungen beim ersten Vorübergang. Diesmal würde der große Wurf gelingen! Der von Lalande! Bald schon würde die ganze Welt mit Teleskopen gespickt sein, darunter auch das von Le Gentil. Hoffentlich …

Die Reise nach Kalifornien

Chappe hatten die heftigen Kritiken seines Sibirien-Buchs weitaus tiefer getroffen, als er zeigen wollte, aber seine kultische Verehrung für Katharina von Rußland war dadurch nicht geschmälert worden. Er tröstete sich, indem er sich sagte, die Zarin habe ihn nur so hart ins Gebet genommen, um ihren Thron zu festigen, aber eines Tages, wenn die Leibeigenschaft erst einmal beseitigt und aus ihrem Reich eine moderne und aufgeklärte Nation geworden sei, würde sie aller Welt verkünden, wie hilfreich er dabei gewesen sei. Doch die Attacken von Diderot, Grimm und Falconnet hatten ihn zutiefst verletzt. Diese Leute, deren Ideen er doch teilte, hatten öffentlich seine Redlichkeit und Intelligenz in Zweifel gezogen. Daher hielt er sich während all der Monate zwischen der Publikation seines Buches und dem zweiten Venustransit völlig zurück, antwortete nicht auf die harschen Angriffe, wenngleich ich ihn dazu ermutigte, und begnügte sich mit der Anerkennung von seiten der Kollegen.

Sobald ihm zu Ohren kam, eine der wenigen französischen Expeditionen zum zweiten Venustransit habe als Ziel die Westküste Mexikos, die Spitze der Halbinsel Baja California, packte er die Gelegenheit beim Schopf: Das war die Reise, die die größten Risiken barg. Obwohl ich ein gebranntes Kind war nach all den diplomatischen Verwicklungen, die Chappe in Rußland beinahe ausgelöst hätte, ersuchte ich um Audienz beim spanischen Bevollmächtigten in Versailles, von dem ich wußte, daß er der Aufklärung gegenüber offen und ein Bewunderer von Voltaire war. Dieser spanische Grande im Ministerrang reagierte auf Chappes Bewerbung mit herzlicher Freude: Endlich finde mit einem so aufgeklärten Monarchen wie Karl III. sein Land aus diesen düsteren Zeiten heraus, die die Habsburger jahrhundertelang über ihr Reich verhängt hatten, wo Schrekkensherrschaft, Obskurantismus, Gewinnsucht und Korruption regierten. Er bat mich, ein Treffen mit Chappe zu arrangieren, und beteuerte, ihm in allem helfen zu wollen, damit seine Reise so reibungslos wie möglich verlief. Chappe suchte den Botschafter in seiner Residenz auf und kam mit allen nur denkbaren Dokumenten und Passierscheinen zurück. Seine Meinung über den Diplomaten war nicht ganz so vorbehaltlos wie meine. In Rußland hatte er gelernt, den Mächtigen zu mißtrauen.

Am 17. September 1768 reiste er ab. Sehr spät, seiner Ansicht nach, aber in letzter Minute waren doch noch Schwierigkeiten aufgetaucht. Diese Expedition hatte er zwar ebenso sorgfältig vorbereitet wie die nach Sibirien, aber bei der Akademie noch zusätzlich um Mitarbeiter angesucht, was völlig verständlich war in Anbetracht einer solchen Reise und eines so überaus wichtigen Forschungsauftrags, die Kosten aber erheblich in die Höhe trieb. Um auch selbst einen Beitrag zu leisten, griff Chappe in die eigene Börse oder, besser gesagt, in die seiner Familie, der Auteroche, zu denen er ein eher gespanntes Verhältnis hatte. Er wollte von Anfang an alle Trümpfe in der Hand haben. Aber da war noch etwas anderes: Begleitpersonen würden Zeugen sein. Und so würde bei seiner Rückkehr niemand ihn als Lügner oder Dummkopf beschimpfen können, falls er auch bei der angeblich untadeligen Regierung Neu-Spaniens etwas auszusetzen fände. Er engagierte also die Herren Pauly, Ingenieur und Geograph, Noël, Student an der Kunstakademie, und den Uhrmacher Dubois. Der erste, den das Marineministerium ihm zugeteilt hatte, war ein verschlossener und wortkarger Mann. Der zweite hingegen war voller jugendlicher Begeisterung und brachte dem berühmten Astronomen überschwengliche Liebe und Bewunderung entgegen. Der alte Jussieu hatte ihn empfohlen, denn der junge Mann hatte seine Kenntnisse als Naturkundler bereits unter Beweis gestellt. Und den Uhrmacher hatte natürlich Reine ihm vorgestellt, denn Dubois war weitläufig verwandt mit ihrem Mann. Da für diese vier Männer auch ein Dienstbote erforderlich war, hatte Chappe einen ehemaligen Hausierer aus dem Ubaye-Tal angeheuert, der laut eigener Aussage Verwandtschaft in Mexiko besaß. Auch er hieß Noël, und damit es keine Verwechslung gab mit dem Kunststudenten, bekam er den Namen seiner Geburtsstadt und hieß von nun an Barcelonnette.

Am 21. September schifften sie sich in Le Havre auf einer bescheidenen Brigantine mit nur siebzehn Mann Besatzung ein. Die spanischen und mexikanischen Behörden ließen nämlich fremde Schiffe mit größerer Tonnage nicht in den Hafen von Veracruz, selbst wenn diese unter der Flagge der lieben Bourbonen-Cousins segelten. *L'Angerville*, so hieß dieses kleine Schiff, durfte nicht geradewegs Mexiko ansteuern. Es mußte zuerst noch in Cadiz haltmachen, damit die spanischen Kolonialbehörden sich ein Bild machen konnten von der Gefährlichkeit solch zwielichtiger Eindringlinge in ihr Hoheitsgebiet.

Die Überfahrt dauerte bei äußerst widrigem Wetter sechsundzwanzig Tage. Auf der Höhe des Golfs von Gascogne gerieten sie in einen Sturm. Der Maler Noël wurde derartig seekrank, daß Chappe schon überlegte, ob es nicht klüger sei, ihn gleich von Spanien aus wieder heimzuschikken. Wenn er sich gerade nicht übergeben mußte, protestierte der junge Mann und flehte, ihm das nicht anzutun.

Sehr bald schon wirkte sich Chappes große Faszination auf seine Reisegefährten aus, vermutlich aufgrund seiner unbewußt im Laufe der Jahre gewonnenen und von Offenherzigkeit geprägten Autorität, durch die seine immense Güte hindurchschimmerte. Und in ebenso kurzer Zeit war es ihm gelungen, sie mit seinem Glauben an seine Mission anzustecken. Und so waren alle vier, der Domestik Barcelonnette mit eingeschlossen, bereit, für diese Mission – aber auch für ihn – ihr Leben zu lassen.

Kaum hatten sie in der Bucht von Cadiz Anker geworfen, wurden sie von einem mächtigen Walfischfänger geentert. Zwei Offiziere in Begleitung eines von Kopf bis Fuß schwarzgekleideten Mannes mit einem imponierenden Folianten in Quartformat kamen an Bord: Es sei üblich, die Zollformalitäten in Anwesenheit eines Vertrauten der Hochheiligen Inquisition abzuwickeln. Während die beiden Offiziere Fracht und Pässe der Reisenden und der Mannschaft inspizierten, stapelte der dritte sämtliche Bücher auf Deck, nicht nur die wissenschaftlichen Werke von Chappe und seinen Begleitern, sondern auch die kleine Bibliothek des Kapitäns mit Reiseberichten, Navigationshandbüchern, lateinischen Gedichten und ... meinem *Traité d'astronomie*. Der Vertraute des Heiligen Offiziums griff Titel um Titel heraus und blätterte in seinem Codex, um nachzuprüfen, ob diese Schriften nicht zufällig auf einem der beiden Indices standen – dem vatikanischen oder dem iberischen –, wobei letzterer der weitaus wichtigere war. Er schob einen kleinen Stapel beiseite, redete den jeweiligen Besitzern ins Gewissen und ließ sie feierlich schwören, dieses verbotene Schrifttum nicht auf spanischen Boden einzuführen. Chappe hätte beinahe einen Lachanfall bekommen, als er sah, wie der Ingenieur Pauly, der sonst kein Spaßvogel war, während der ganzen Levitenlesung Grimassen schnitt und Possen riß, die der wie in Marmor gemeißelte Torquemada-Imitator zum Glück nicht beachtete und nicht ins Protokoll aufnahm.

Doch das Lachen verging ihm, als der Zensor in den Kajüten nachsah, ob dort nicht doch noch Bücher versteckt waren, die auf spanisches Terrain eingeschmuggelt werden sollten. Auf Chappes Pritsche lag deutlich sichtbar, damit er es nicht vergaß, ein dickes, sorgfältig verschnürtes Paket, das der spanische Botschafter in Paris ihm anvertraut hatte und das er bei der Zwischenlandung in Cadiz dem Intendanten von Sevilla und Andalusien persönlich übergeben sollte. Ohne jeglichen Respekt vor dem imposanten Diplomatensiegel und dem Rang des Empfängers riß der Inquisitor die Verpackung auf und entdeckte vier oder fünf wundervoll gebundene und mit Goldschnitt versehene Bücher.

«Das verbiete ich Euch», protestierte Chappe, «Ihr habt keinerlei Befugnis, das Diplomatengeheimnis zu brechen!»

«Das Heilige Offizium ist über alle Privilegien, über alle Botschafter, über alle Minister erhaben. Außerdem ... schauen Sie doch nur, Monsieur l'Abbé ... sehen Sie selbst ...»

Das Geschenk des Botschafters war in der Tat nicht von Pappe. Neben Voltaires *Naturkind*, das selbstverständlich verboten war wie all seine anderen Werke, enthielt das Paket noch zwei nur unter der Hand und unter falschem Verfassernamen kursierende Titel, die ganz Paris zu Recht dem Baron d'Holbach zuschrieb. Das letzte Corpus delicti war Quesnay's *Physiokratismus*. Es war erst Anfang des Jahres erschienen und daher im Index noch nicht vermerkt, aber der Inquisitor hielt es für ein Alchemie-Handbuch und konfiszierte es vorsorglich mitsamt den anderen. Er ließ nur *Das entschleierte Christentum* unbeanstandet, das aufgrund irrwitziger Nachlässigkeit nicht auf seiner endlosen Liste stand. Abschließend tadelte er noch Chappe mit väterlichem Tonfall und legte ihm nahe, in Zukunft etwas mehr Umsicht walten zu lassen; daß ihm ohne sein Wissen besagte verbotene Bücher anvertraut worden seien, wolle er zwar glauben, dennoch, so fügte er hinzu:

«Dies ist ein neuerlicher Beweis dafür, daß Ihre unselige

Nation zum Schmelztiegel aller von Juden, Freimaurern und calvinistischen Sektierern verbreiteten Infamien geworden ist. Hüten Sie sich, Monsieur l'Abbé, daß Sie nicht eines Tages auch pervertiert werden. Sie sehen doch, was sie mit Seiner Exzellenz, dem Herzog von Alba, angestellt haben, dessen Ahnenkette sich unbestreitbar bis zur Schlacht von Cavadonga zurückverfolgen läßt und in die seitdem nie auch nur ein Tropfen unreinen Blutes einfloß. Was halten Sie selbst also von Ihrer degenerierten Rasse?»

Angesichts dieses kleinen, grüngesichtigen und abstoßend häßlichen Mannes befiel Chappe eine aus unergründlichen Tiefen seines Wesens aufsteigende unkontrollierbare Panik.

«Mag ja sein, mag sein ...», stammelte er, «aber was soll ich denn nun Seiner Exzellenz, dem Intendanten von Andalusien, sagen? Ich war doch nur der Bote.»

«Was? Diese Ausgeburt des Satans, diesen Pablo Olavides, wollen Sie treffen? Dieser Gottlose, dieser Jude, dieser Freimaurer gehört als Ketzer verbrannt! Würde Seine Majestät ihn nicht so unbesonnen protegieren, für mich wäre es das Höchste, eigenhändig die Fackel an seinen Scheiterhaufen zu halten, das können Sie mir glauben! Wenn es denn noch Scheiterhaufen gäbe in unserem jämmerlichen Spanien.»

Es schüttelte ihn, als hätte er den Veitstanz, und dann rannte er schreiend davon.

«Hüten Sie sich vor den Büchern, Monsieur Chappe, nehmen Sie sich vor ihnen in acht! Nur eines ist würdig, gelesen zu werden, und Sie wissen selbst, welches.»

«Keine Angst», sagte der Kapitän zu Chappe, «seit ich spanische Häfen in der alten oder neuen Welt anlaufe, habe ich gelernt, mit solchen Dummköpfen umzugehen. Armselige Hidalgos, die wegen ihres beschränkten Vermögens und Gehirns auf diese Weise Rache nehmen. Sie sind am Ende. Sie können zwar noch beißen, aber die Giftzähne hat man ihnen gezogen. Aber was ich befürchtet hatte, scheint sich zu bewahrheiten: Ich will zwar kein schlechtes Omen verbreiten, aber bis auf weiteres müssen wir an Bord bleiben, ein untrügliches Indiz. Diesmal werden wir es mit der weltlichen Macht zu tun kriegen. Ha, wie sie ihren mexikanischen Schatz hüten! Wir müssen warten. Wie lange? Keine Ahnung.»

«Aber all unsere Papiere sind doch in Ordnung. Das haben Sie selbst doch noch nachgeprüft, bevor wir Le Havre verließen.»

«Dic finden immer etwas. Sie mögen doch Malagawein, oder?»

«Das kann ich erst sagen, wenn ich ihn gekostet habe.»

«Ein Geschenk der beiden Offiziere von vorhin, während Sie mit der Schlange in Ihrer Kajüte theologische Fachsimpelei betrieben. Ein recht teuer bezahltes Geschenk. Mein Reeder und ich, wir halten immer eine schwarze Kasse bereit, wenn wir uns in spanische Gewässer begeben. Dank diesem Schmiergeld gaben sie mir auch das Versprechen, unseren Botschafter von unserer Ankunft zu verständigen. Und als Zuschlag mußte ich ihnen dann noch ein ganz neues Pfand aushändigen: Bücher! Weißgott was für Schmuggelgeschäfte habe ich in meinem Leben schon abgewickelt: Tabak, Kaffee, Neger und sogar Gold. Ich glaube, ich werde es mir überlegen, ob ich nicht mit Rousseau, Spinoza oder Descartes handeln soll, die scheinen mehr einzubringen und sind leichter zu verstecken als Säcke voller Elfenbein oder Ingwer. Descartes und Spinoza! Bei denen hier noch hoch im Kurs. Warum nicht gleich auch Abaelard?»

«Jetzt treiben Sie's aber wirklich zu weit», rief Chappe lachend. Ein solcher Zynismus amüsierte ihn königlich. «Hätten Sie es mir vorher gesagt, hätte ich Ihnen das Bücherpaket für den Intendanten anvertraut.»

«Das hätte ich abgelehnt. Aber die Summe, die Sie dem

Vertrauten der Inquisition hätten aushändigen müssen, damit er seine Beute an Bord vergißt, die hätte ich Ihnen exakt beziffern können. Nun, wie schmeckt der Malaga, Monsieur l'Abbé?»

«Teuflisch gut! Vielleicht ein bißchen geschwefelt.»

Eine Woche später ankerte eine Barke neben der *Angerville*. Es waren wieder die zwei Offiziere vom letzten Mal und einer ihrer Vorgesetzten in betreßter Uniform. An Bord hatten sie den französischen Konsul, Monsieur de Puy-Abry, und seinen Sekretär. Die Diplomaten gestatteten den Spaniern, diese Parzelle französischen Bodens zu betreten, nicht aber die Teilnahme an der Besprechung in der Offizierskabine.

Als die vier Expeditionsteilnehmer, der Kapitän und sein erster Offizier versammelt waren, sagte der Konsul: «Meine Herren, ich bringe schlechte Nachricht. Das spanische Marineministerium verweigert den Herren Pauly, Noël und Dubois die Einreise nach Mexiko. Madrid sei von ihrer Anwesenheit an Bord nicht verständigt worden. Nur Monsieur l'Abbé Chappe ist befugt weiterzureisen.»

«Was?» Chappe fuhr in die Höhe. «Graf Aranda hat mir in Paris bestätigt, sämtliche Formalitäten seien geregelt.»

«Beruhigen Sie sich, und setzen Sie sich wieder», erwiderte der Konsul. «Die Schreiben Graf Arandas dürften zwischen Versailles, dem Escorial, Sevilla und Cadiz verlorengegangen sein. Aber auf unser Drängen hin werden unsere spanischen Freunde sie schon wiederfinden. Diese Verfahrensweisen sind üblich gegenüber Ausländern, ob verbündet oder nicht. Habe ich nicht recht, Kapitän? Bis dahin muß ich Sie leider ersuchen, die *Angerville* nicht ohne meinen ausdrücklichen Befehl zu verlassen. Zweimal pro Woche werde ich Ihnen eine kleine Eskorte schicken, unter deren Geleitschutz Sie dann diese wundervolle Stadt besichtigen können.»

«Pro Woche?» rief Chappe. «Wie lange soll das Ganze denn dauern?»

«Keine Ahnung. Ein, zwei Monate, das kommt darauf an, wie bereitwillig die Gegenseite mitspielt.»

«Aber Venus zieht am 4. Juni kommenden Jahres vor der Sonne vorüber!»

«Und wenn das Wetter umschlägt, kommen wir womöglich gar nicht weg», gab der Kapitän zu bedenken.

«Ich verspreche Ihnen, alles so schnell wie möglich in Bewegung zu setzen. Bis dahin – würden Sie mir die Freude machen, Sie heute abend im Konsulat zum Dîner begrüßen zu dürfen? Zumindest eine Abwechslung von Ihrem üblichen Speiseplan. Monsieur Chappe, draußen wartet ein spanischer Edelmann, der Sie liebend gern kennenlernen möchte.»

Besagter Edelmann hieß Don Juan de Caseins.

«Ich hatte die Ehre, mich in Indien mit einem Ihrer Kollegen anzufreunden», sagte er. «Es war Monsieur Le Gentil de La Galaisière.»

«Le Gentil? Guillaume? Gott sei gepriesen! Er lebt also!»

«Er lebte zumindest, als ich ihn verließ, das war vor mehr als zwanzig Monaten. Und ich hoffe doch sehr, ihn beim nächsten Mal ebenso gesund wiederzusehen. Ich soll nämlich abermals nach Manila.»

«Ich dachte, er wäre in Pondichéry?»

«Vielleicht ist er noch weiter weg. Sein Plan war es, auf die Marianen zu reisen und von dort aus über Mexiko nach Frankreich zurück. Womöglich treffen Sie ihn ja am Ziel Ihrer Reise, wer weiß?»

Zwei Monate dauerte der Aufenthalt. Zwei Monate voller Ungeduld, Besorgnis und Angst, hier nie mehr wegzukommen. Eine Zeitlang war Chappe fast versucht, es Le Gentil gleichzutun und das erste spanische Schiff in Richtung Mexiko zu nehmen, nachdem Don Caseins ihm die Abenteuer des Freundes geschildert hatte. Sollte er nicht die Gefährten und einen Gutteil des Materials kurzerhand im Hafen zurücklassen? Aber er konnte sie doch nicht einfach im Stich lassen! Wenn am Ende der Reise Ruhm ihrer harrte, dann sollten sie doch alle daran teilhaben. Und sollte es ein Mißerfolg werden, würde er allein die Verantwortung übernehmen.

Seit der Konsul Puy-Abry Chappes *Auszüge der Sibirienreise* gelesen hatte, war er ein wenig voreingenommen und nicht mehr ganz so bereit, ihn in seine Demarchen einzubeziehen. Chappe mußte ihm die Türen einrennen und ihn zwingen, ihm Einsicht in seine Akten zu gewähren. Dabei mußte er verblüfft zur Kenntnis nehmen, daß man nicht einmal den französischen Botschafter in Madrid verständigt hatte. Er tobte und diktierte einen Brief, den der Konsul hastig abschickte. Don Caseins, dessen Abreise zu den Philippinen sich verzögert hatte, gab den klugen Rat, eine Kopie des Schreibens an den spanischen Marineminister, den Herzog von Ariaga, zu senden, der über die Vorfälle hier ebenfalls nicht informiert worden war. Und nun überstürzte sich alles. Drei Tage später brachte ein Kurier die gute Nachricht: Pauly, Noël und Dubois erhielten die Erlaubnis, ebenfalls nach Mexiko zu reisen. Und eine kleine Genugtuung gab es noch obendrein: Die von dem Vertrauten der Inquisition konfiszierten Bücher waren Señor Olivades ausgehändigt worden. Nur eine Bedingung knüpfte sich an all diese Zugeständnisse: Chappe müsse zwei Offiziere der spanischen Marine als Expeditionsbegleiter zulassen, die Grafen Doz und Medina, beide hervorragende Astronomen.

«Medina ist ein Freund des Intendanten Olivades», erklärte der Konsul. «Dem können Sie also voll vertrauen. Bei Doz hingegen bin ich mir nicht so sicher, daß er wegen seiner astronomischen Kenntnisse ausgewählt wurde. Es würde mich nicht wundern, wenn er ein Mann des Heiligen Offiziums wäre. Ich weiß, je länger unsereins hier lebt, desto mißtrauischer wird er, was die Inquisition anbetrifft, wir verdächtigen bald jeden. Ich weiß aber auch, daß Seine Majestät Karl III. größte Anstrengungen unternimmt, um die Macht der Kirche einzudämmen. Wie dem auch sei, mißtrauen Sie Doz, mein lieber Galilei der Südmeere, seien Sie argwöhnisch.»

Am 19. Dezember verließen sie Cadiz und schlugen die seit Kolumbus übliche Route ein. Nach einer Woche machten sie kurz Zwischenlandung auf den Kanarischen Inseln und feierten Christi Geburt in der Kathedrale von Teneriffa, was Chappe von der Verpflichtung entband, selbst Gottesdienst abzuhalten, was er, wären sie noch auf See gewesen, hätte tun müssen. Für die Sonntagsmesse traf er dann gleich auch eine Regelung: Er überließ sie dem Kapitän, der wüßte besser als ein Hofgeistlicher an die Herzen dieser rauhen Seeleute zu appellieren. Als sie Teneriffa hinter sich ließen, bliesen ihnen die Winde ins Gesicht und zwangen sie, geschickt zu manövrieren, bevor sie sich dann bei anhaltender Windstille wieder zur Ruhe setzen durften. Nun hatte Chappe Zeit, seine beiden spanischen Begleiter ein wenig unter die Lupe zu nehmen. Dem scharfsinnigen und gut Spanisch sprechenden Ingenieur Pauly hatte er aufgetragen, auch seinerseits zu versuchen, die beiden auszuloten. Aber in diesem engen Universum, auf das sie an Bord beschränkt waren, wurde das Mißtrauen der Franzosen schnell zerstreut. Gegen jegliche Erwartung gab Doz den Anstoß dazu. Während die beiden Spanier anfangs immer beisammenhockten und mit den anderen Passagieren nur über Belangloses redeten, lud der Kapitän eines Abends alle sechs zum Dîner. Barcelonnette bediente, was dem Kapitän sehr gelegen kam, denn so konnte sein Schiffsjunge seine

Aufgaben als Matrosenanwärter erledigen. Nach dem *benedicite* erhob sich Doz, das Glas in der Hand:

«Verzeihen Sie, meine Herren, daß ich gegen die Etikette verstoße. Ich bin selbst Seemann und weiß sehr wohl, daß der Kommandant des Schiffes den ersten Trinkspruch auszubringen pflegt. Und ich weiß auch, daß ich mich hier auf französischem Hoheitsgebiet befinde. Aber mein Freund, der Vicomte von Medina, und ich, wir waren der Meinung, es sei jetzt an der Zeit, mit den Konventionen zu brechen. Bisher hatten wir Zurückhaltung zu wahren, aber jetzt, da Spanien weit hinter uns liegt ...»

«Noch sind wir nicht über die Tordesillas-Linie hinaus», unterbrach Medina mit ironischem Lächeln.

«Graf Medina scherzt natürlich. Ihr seid unverbesserlich, mein Lieber! Verzeihen Sie ihm, so benahm er sich schon in der Schulzeit. Wir sind nämlich Freunde seit Kindertagen und seit kurzem, seit Don Juan meine Schwester geheiratet hat, sogar verwandt. Ich verstehe sehr wohl, daß unsere Ihnen von höherer Stelle aufgezwungene Anwesenheit für Sie unangenehm ist. Ja, ich gebe zu, unser Minister hat uns nicht nur wegen unserer bescheidenen Kenntnisse in Astronomie als Ihre Begleiter bestimmt, sondern auch, damit wir wie banale *alguaciles* all Ihr Tun und Lassen ausspähen. Es kam mir sogar zu Ohren, in unserem Duo sei ich offensichtlich ‹der Böse› und Don Juan ‹der Gute›. Es ist richtig, daß er hier Seine Exzellenz, den Marineminister, Graf Ariaga, vertritt, während ich von der Kirche und ergo vom Heiligen Offizium abbeordert wurde.»

Stühle scharrten im Kreise der Franzosen. Der Zeichner Noël spielte mit seiner Gabel. Doz beobachtete sie amüsiert, während sein Komplize Medina erklärte:

«Mein hochverehrter Schwager ist zu bescheiden, um Ihnen all die Verrenkungen zu schildern, die er sich hatte antun müssen, um die kirchliche Obrigkeit glauben zu machen, er liege – wenn ich so sagen darf – ihr zu Füßen. Letzten Endes sah sie sich gezwungen, nachzugeben und ihn zu delegieren. Das Heilige Offizium verfügt nämlich in den Reihen seiner Vertrauensmänner über keinen Astronomen. Und die Marine Seiner Allerkatholischsten Majestät steht auch nicht gerade im Geruch der Heiligkeit. Angeblich sind wir ein Freimaurernest. So war man also gezwungen, sich mit Don Manuel zu begnügen. Auf wen erheben wir nun unser Glas, mein lieber Schwager?»

«Auf die Republik der Wissenschaft, die keine Pyrenäen kennt, und auf den Erfolg unseres Unternehmens.»

Sie tranken. Und nachdem Barcelonnette erneut eingeschenkt hatte, erhob sich der Kapitän:

«Ich meinerseits fordere Sie auf, das Glas auf den französisch-spanischen Familienpakt zu erheben. Selten wird dieser Vertrag so einmütig eingelöst wie heute, was ich bedauere. Trinken wir aber auch auf alle Seefahrer und alle Gelehrten der Welt!»

Sie stießen an, tranken, Barcelonnette machte erneut die Runde, und nun war Chappe an der Reihe:

«Ihr, Señor Doz, erwähntet die Republik der Wissenschaft, deren Bürger wir alle uns nennen. Kein Gedanke der Welt ist mir lieber als dieser. Und dennoch: Sie beide sind Spanier, und wir sind Franzosen. Mein Wunsch wäre es, daß das, was uns trennt, zu einem edlen Wettstreit um den Erfolg dieses allein dem Wohle der Menschheit dienenden Unternehmens führen möge. Rivalitäten unter Nationen – hättet ihr doch immer nur dieses Ziel! Und Ihnen, Herr Kapitän, gebührt, falls Sie es noch nicht wissen sollten, all unser Dank für Ihr Bemühen, uns die Reise so angenehm wie möglich zu gestalten. Und unser einziger Beweggrund, all diesen Gefahren zu trotzen, ist der, uns Ihnen gegenüber erkenntlich zu zeigen. Denn wenn unser Vorhaben gelingt, wird es in erster Linie Ihnen und Ihren Kollegen zum Vorteil gereichen. Erheben wir also unser Glas auf Venus!»

«Auf Venus und ihre Töchter», ergänzte der Uhrmacher Dubois, dem der Wein schon zu Kopfe gestiegen war.

Den nächsten Halt machten sie auf Martinique, einem der letzten Brosamen, die die Engländer uns im Pariser Vertrag noch huldvoll überlassen hatten. Der Kapitän hatte eine bescheidene Ladung Wein und Stoffe dort abzuliefern, ein paar Dinge mit seinem Schiffseigner zu regeln und sich die Fracht anzusehen, die er auf dem Rückweg an Bord nehmen würde. Obwohl Chappe befürchtete, nicht rechtzeitig an seinem Beobachtungsort anzukommen, sah er sich die Landschaft an und entdeckte in einer Zuckerrohrplantage mit Schaudern, daß die Negersklaven der französischen Kolonien es keinen Deut besser hatten als die Leibeigenen im Heiligen Russischen Reich.

Obwohl er sich als Expeditionsleiter beharrlich dafür eingesetzt hatte, daß die Hafenbehörden auch Doz und Medina von Bord gehen ließen, wurde es ihnen aufgrund angeblicher Sicherheitsrisiken verwehrt. Daher zogen Chappe, Pauly, Noël und Dubois alleine los und errichteten eine provisorische Sternwarte oberhalb von Fort-de-France, wo sie dann die jeweiligen geographischen Längen und Breiten der Ortschaften bestimmten. Als das erledigt war, pflanzte der Zimmermann der *Angerville,* der mit ihnen gekommen war, sich vor Chappe auf und starrte ihn an, als sähe er ihn zum ersten Mal. Der Mann war alterslos. Hundert, dreißig? Sein von Falten und Furchen ausgehöhltes Gesicht war wie ausgewaschen von der Gischt der sieben Meere. Seine Nase glich einem violetten Höcker, unter dem sämtliche Weine und Spirituosen der Welt gärten. Aber die Augen unter den hängenden Lidern waren von schwindelerregend transparentem Blaßblau. Als all diese Herren mit ihren geheimnisvollen Experimenten fertig waren, traute er sich endlich, den Mund aufzumachen. Zwischen gelben, vom Skorbut noch übriggelassenen Zähnen preßte er hervor:

«Wenn der Mensch als Individuum auch nur ein Punkt ist in der Weite dieses Alls, so ist er dank seinem Genie und seiner Kühnheit doch würdig, diese Weite zu umarmen und in ihre Wunder einzudringen.»

Das alles sagte er in einem Atemzug. Während die anderen ihre Beobachtungen durchführten, dürfte er ausgiebig darüber nachgedacht haben. Verdutzt blickte Chappe ihn an. Tränen stiegen ihm in die Augen. Er vergaß die Schranken, die ihn von diesem Mann trennten, vergaß den beißenden Gestank, der ihm aus den Lumpen des Seemanns entgegenquoll, und umarmte ihn.

Ein paar Wochen später, am 6. März 1769, näherte sich die *Angerville* Veracruz. In der Reede ein Schwarm von kleinen Schiffen, geschart um ein Dutzend bauchiger Galeonen.

«Oje», murmelte Medina, «schlechter hätten wir es nicht treffen können. Es ist die Zeit des großen Konvois. Alle zwei Jahre kommt eine Galeonenflotte aus Spanien, um Gold und Silber aus den mexikanischen Minen abzuholen. Jetzt begreife ich, warum man Ihnen in Cadiz so viele Schwierigkeiten gemacht hat, Monsieur Chappe. Kapitän, ich glaube, es wäre klüger, Ihre Flagge einzuholen und die spanische zu hissen.»

«Kommt nicht in Frage! Das wäre ein Verstoß gegen die Regeln. Ich würde Verrat begehen, mich wie ein Pirat benehmen.»

«Aber Sie könnten doch vorbringen, daß Sie zwei Spanier an Bord haben und ihnen für die Zwischenlandung das Kommando überlassen haben. Glauben Sie mir, die Vorsicht gebietet es.»

«Meine Seemannsehre gebietet mir das Gegenteil.»

«Hören Sie auf die Stimme der Vernunft, Kapitän», mahnte Chappe.

Aber der Mann kehrte ihnen den Rücken und trat wieder ans Ruder.

Als die Brigantine zwischen den zwei Wachtürmen der Reede hindurchfuhr, entfaltete sich oben auf den Zinnen eine kleine weiße Wolke. Dann kam ein dumpfer Knall, und fast gleichzeitig wurde das Schiff von einer riesigen Wasserfontäne überspült. Sie wurden beschossen.

Wutschnaubend zog der Kapitän das Lilienbanner ein und hißte die Fahne Spaniens. Dann reffte er die Segel und knurrte:

«Übernehmen Sie, Kommandant Medina. Sie sind jetzt Herr der *Angerville*.»

Nach längerer Wartezeit legte ein Ruderboot neben ihnen an. Das Schiff wurde geentert und wieder bis in alle Winkel durchsucht. Diesmal hatte der Vertraute der Inquisition nichts auszusetzen am Inhalt der kleinen Bordbibliothek, denn die heiklen Titel waren längst in den Taschen der Gelehrten, des Kapitäns und seines ersten Offiziers verschwunden. Nun übergab Medina das Ruder an den Lotsen von Veracruz, der die *Angerville* in einen abgelegenen Winkel des Hafenbeckens steuerte. Doz sammelte alle Pässe ein und ging als einziger von Bord. Als er nach zwei Stunden zurückkam, verkündete er, alle Mann dürften an Land.

Am frühen Morgen des nächsten Tages wurden Chappe und seine Reisegefährten vom Kommandanten der Festung Veracruz, der auch den Posten des Gouverneurs innehatte, offiziell empfangen. Er logierte sie in prunkvollen Gemächern ein, die vor Gold und Draperien strotzten. Diesmal übernahm wieder Doz das Kommando. Er hatte ihnen erklärt, es sei ratsamer, während ihres Aufenthalts in Veracruz die Expedition als unter Madrids Schirmherrschaft stehend auszugeben. Doz redete es den Franzosen auch aus, an der Lagebestimmung des Ortes teilzunehmen, er würde ihnen die Ergebnisse schon unter der Hand mitteilen. Der spanische Marineoffizier war ja selbst ein guter Astronom.

Noch eine Woche mußten sie sich in der Stadt gedulden und auf die Order des Vizekönigs warten. Die zu beschaffen hatte Medina übernommen, und daher war er, sobald der Gouverneur von Veracruz es ihm gestattet hatte, nach Mexiko geritten. In der Zwischenzeit konnten Chappe und seine Freunde ihr vergoldetes Gefängnis so gut wie nie verlassen. Von der Terrasse aus beobachteten sie fasziniert endlose Kohorten zerlumpter Indios, die von Soldaten bewacht wurden. Diese Menschenherden strömten von überall her zusammen, aus Chiapas, aus dem ehemals französischen Louisiana, aus Salvador, gar aus Peru und kippten in die Bäuche der Galeonen ihre Kiepen voller Gold und Silber, das ihre Brüder unter Verausgabung ihrer Lebenskraft dem Boden ihrer Azteken- oder Mayavorfahren entrissen hatten.

Endlich kam Medina aus Mexiko zurück. Alles liefe bestens. Der Vizekönig, der Marques de La Cruz, sei sein Cousin. Er erwarte Chappe und seine Expedition mit Ungeduld. Medina war so aufgeregt, daß der Staub aus seinen Kleidern aufwirbelte und ihn wie ein Heiligenschein umflorte.

«Das Glück ist mit uns», rief er, als er aus dem Sattel sprang. «Das Glück oder die Vorsehung, die zum ersten Mal der Wissenschaft zu Hilfe eilt. Jetzt zielt alles auf den Erfolg unseres Unternehmens ab. Ein *visitador,* Don José de Galvez, befindet sich im Augenblick auf Inspektionsreise in Neu-Spanien, um es von der dort herrschenden Korruption zu reinigen. Und Nieder- sowie Ober-Kalifornien gilt die ganze Aufmerksamkeit des Vizekönigs. Nach der Vertreibung der Jesuiten gilt es jetzt, diese vielversprechenden Landstriche neu zu besiedeln. Daher wird unsere Ankunft dort äußerst gern gesehen.»

«Dann los, meine Herren, in den Sattel!» rief Chappe. «Venus wird nicht auf uns warten.»

Der lange Konvoi von Mauleseln, denen man das Reisegepäck, Proviant und die Kisten mit Gerätschaften aufgeladen hatte, verließ, angeführt von Indios, die Festungsanlage von Veracruz. Unter höllischer Hitze ging es an der Flachküste entlang, aber bald schon, auf den beschwerlichen Pfaden, die einst Cortez und seine Haudegen gebahnt hatten, hinauf in die Berge. Von Zeit zu Zeit ein Dorf, wo bettelarme Indios hausten, aber noch schlimmer sah es aus bei den Hütten der von allen verstoßenen und von ihnen selbst in nicht weniger als sechzehn Kategorien unterteilten Mulatten, angefangen vom schwärzesten afrikanischen Sklavenkind bis hin zum hellhäutigsten Bastard eines Vorarbeiters und einer Indiofrau. Sie waren zerfressen von *niguas*, von Flöhen, die tief im Fleisch ihre Eier ablegten. Da mußte aufgeschnitten und Pflanzentalg in die Wunde gegossen werden. Die Füße dieser armen Teufel waren nur noch Eiterbeulen und Narben. Um das Elend noch zu vergrößern, heirateten die Mädchen im Alter von neun Jahren und setzten Kinder in die Welt, bis sie vierzig waren.

Am Karfreitag erreichten sie unter größten Atembeschwerden wegen der dünnen Luft das am Fuße des höchsten Gebirges von Mexiko in den Hang geschmiegte Dorf Hapa. Dort nahmen sie an einer religiösen Prozession teil, die ihnen mit all dem Getrommel und dem traurigen Klang der Hirtenflöten eher wie ein heidnisches Ritual vorkam. Einige der Tänzer, in farbenfrohe Decken gehüllt, trugen Totenkopfmasken. Die Prozession endete vor einer Kirche, überladen mit abscheuerregenden und bizarren Skulpturen, von denen einige aus Gold waren. Die Indios wiegten sich im Klang der todtraurigen Musik, während weiße Priester auf dem Kirchenvorplatz dieses makabre Schauspiel mit einem Ernst betrachteten, den man grotesk hätte nennen können, wenn ihre prunkvollen Gewänder und die prachtvollen Sessel, in denen sie thronten, nicht einen erschreckenden Kontrast zu dem wogenden Elend vor ihren Füßen dargeboten hätten.

Am Ostersonntag waren sie dann endlich in Mexiko. Gleich bei der Ankunft wurden sie umlagert von einem Schwarm Bettler in Lumpen, voller Wunden und tatsächlicher oder eingebildeter Verkrüppelungen. Ein kleiner Trupp Soldaten drängte sie mit Knüppelhieben zurück und eskortierte den Konvoi bis zum Gouverneurspalast. Sie zogen an einem mächtigen Gebäude mit hohen Mauern vorbei, aus dem trotz der Hitze dicke Rauchschwaden aufstiegen. Der Unteroffizier, der ihnen seit Beginn dieses Reiseabschnitts als Führer gedient hatte, erklärte Chappe, dieses Bauwerk heiße Quemadero, und dort würden soeben, um durch den Glaubensakt die Auferstehung des Herrn würdiger zu feiern, ein paar konvertierte und rückfällige Juden als Ketzer verbrannt. Außerdem, so betonte der Offizier, der sich rühmte, ein Hidalgo aus Valladolid zu sein, hätten diese Marranen es gewagt, beim neuen Vizekönig und beim *visitador* die höchsten Verwaltungsorgane, deren Mitglieder doch alle Spanier mit makelloser *limpieza de sangre* seien, der Korruption zu bezichtigen.

Der Empfang beim Vizekönig war prachtvoll. Chappe wurde wie der Generalbevollmächtigte des Königreichs Frankreich behandelt. Der Astronom wäre am liebsten so schnell wie möglich weitergereist, aber seine Gefährten waren derartig erschöpft, daß sie vier Tage lang in Mexiko bleiben mußten. Chappe war entsetzt über all das Elend unterhalb dieser prächtigen Paläste. Das würde er sich auf dem Rückweg nochmals genauer ansehen! Sein Diener Barcelonnette stellte ihm einen Landsmann aus dem Ubaye-Tal vor, der auch Hausierer war und das ganze ehemalige Aztekenreich von der Sonora bis Yucatán abgeklappert hatte, um seine Stoffe und Seifen zu verkaufen. Dieser Mann namens Signoret kannte Baja California wie seine Westentasche, selbst wenn er seit zwei Jahren, seit der Vertreibung der Jesuiten, nicht mehr dort gewesen war. Gute Kunden waren sie gewesen ... Von Vorteil war auch, daß er die lokalen Dialekte sprach, und daher engagierte Chappe ihn gleich als Dolmetscher.

Der Konvoi machte sich wieder auf den Weg gen Westen. Die Wege waren längst nicht mehr so gut ausgebaut wie zwischen Veracruz und Mexiko. Kahle Berge, Wüsten, glühende Hitze, verfallene Dörfer, zur Hälfte aufgelassene Steinbrüche, in denen dennoch unter den Peitschenhieben der Vorarbeiter die Indios wie Fliegen zu Boden taumelten ... Endlich erreichten sie den Hafen San Blas am Pazifischen Ozean. Hafen – ein recht pompöses Wort für diese paar Planken.

Das vom Vizekönig angeheuerte Schiff erwartete sie schon, stach aber erst fünf Tage später, am 19. April, in See. Dieser neuerliche Aufschub ließ Chappe zögern. Die Überquerung des Purpurmeeres, das sie noch von Nieder-Kalifornien trennte, dürfte langwierig und gefahrvoll werden. Wäre es nicht ratsam, das Observatorium hier aufzubauen? Er fragte Signoret und entschloß sich dann doch zur Abreise: Hier an der Küste würde die Regenzeit einsetzen, während an der äußersten Spitze der Halbinsel Baja California zur gleichen Zeit schönstes Sonnenwetter zu erwarten sei.

Genau einen Monat dauerte die Überfahrt. Totale Flaute wechselte sich ab mit Wirbelwind, ansonsten flache See unter einer Sonne wie aus geschmolzenem Blei. Manchmal mußten sie, um überhaupt vom Fleck zu kommen, sich von der Schaluppe ins Schlepp nehmen lassen. Die Ruderer, von denen einige schon unter den ersten Anzeichen von Skorbut litten, begannen zu murren, ja fast schon zu meutern. Das Trinkwasser wurde knapp, und der Schiffszwieback begann zu schimmeln. Endlich, am 19. Mai, kam das Kap San Lucas in Sicht.

Eine letzte Prüfung stand ihnen bevor, denn hier stürzte der Stille Ozean mit geballter Wucht in riesigen Brechern auf die Küste los. Mit der Schaluppe Land anzusteuern war ein höchst heikles Unterfangen. Bei der ersten Landung kippte das Boot, doch wie durch ein Wunder kamen nach unfreiwilligem Bad Doz und Medina noch so gerade mit dem Leben davon. Nun setzte sich Chappe mit dem Uhrmacher Dubois und den kostbarsten Instrumenten in den Kahn. Eine Woge hob sie hoch und verfrachtete sie ohne Zwischenfall an Land. Als erstes öffneten Chappe und Dubois die Kisten: Alle Instrumente waren intakt! Und nun legte sich der Astronom mit zum Kreuz ausgebreiteten Armen auf den Boden und küßte unter Freudentränen den Sand.

Die Nacht verbrachten sie an Ort und Stelle unter einem Zelt. Erst am nächsten Morgen machte sich die kleine Truppe aus Gelehrten, Soldaten und Seeleuten auf den Weg zum Dorf San José, das eine Meile von ihrem Landeplatz entfernt lag. Als Chappe diesen Ort in Augenschein nahm, lächelte er voller Befriedigung. Der Dolmetscher Signoret hatte nicht gelogen: Ein wenig abseits vom Dorf lag die von den Jesuiten verlassene Missionsstation, und deren Turm schien als Observatorium ideal zu sein. Die Eingeborenen, das war sichtbar, pflegten den Bau weiterhin. Ohne auch nur eine Minute zu verlieren, gab Chappe Anweisung, seine Instrumente in diesen echten Donjon hinaufzubringen. Doz und Medina taten es ihm gleich, und es entstand ein fröhlicher Wettstreit zwischen Spaniern und Franzosen, man witzelte und scherzte in harmloser Weise über die sprichwörtlichen Fehler und Tugenden der jeweils anderen Nation.

Am dritten Tag, nach dem Mittagessen, als die Gelehrten und der Kapitän unter dem Peristyl genüßlich eine Zigarre rauchten, tauchte ein kleinwüchsiger Mann in weißem Kittel und breitkrempigem Hut über braunem Gesicht am Eingangstor auf. Ihr erster Indianer! Bis dahin waren die Eingeborenen unsichtbar geblieben. Der Mann wirkte sehr aufgeregt, aber die beiden Wachsoldaten verwehrten ihm den Zutritt. Daraufhin rief er dem Astronomen zu:

«Matlazahualt! Matlazahualt!»

«Signoret», sagte Chappe zu dem in der Nähe Siesta haltenden Dolmetscher, «gehen Sie doch mal hin, und fragen Sie den Mann, was er von uns will.»

Nach kurzem Wortwechsel kam Signoret wie von Sinnen angerannt:

«Es ist wegen dem *vomito negro*. Sie haben schon zwei Tote im Dorf!»

Der Kapitän sprang auf:

«*Vomito negro*! Wir müssen sofort weg!»

«*Vomito negro*», erklärte nun Medina, «ist eine schlimme Epidemie, eine Art Typhus oder Gelbfieber, das die Indios in Mexiko häufig zu Tausenden dezimiert.»

«Wenn es nur die Indios wären», schrie der Kapitän. «Die Weißen werden auch nicht verschont. Fahren wir zurück, ich flehe Sie an!»

«Der Kapitän hat recht», sagte nun auch Doz. «Wir sollten so schnell wie möglich Abstand nehmen von San José und außerhalb der Reichweite der Epidemie ein neues Observatorium aufbauen.»

«Ja, aber wo?» fragte Chappe. «Laut Signoret gibt es meilenweit keine einzige Wasserstelle. In zehn Tagen zieht Venus vorüber! Wir hätten niemals genug Zeit, einen neuen Beobachtungsposten wie diesen ausfindig zu machen. Bis wir alles eingepackt, dorthin geschleppt und aufgebaut hätten, wäre Venus längst wieder verschwunden. Außerdem kenne ich die Jesuitenpatres gut genug: Die haben bestimmt sämtliche Vorkehrungen getroffen, bevor sie dieses Kloster bauten.»

«Mein lieber Freund», erwiderte Medina, «Sie sind zugleich weise und töricht. Aber man soll nicht sagen, ein spanischer Offizier habe die Flucht ergriffen, während ein französischer Abbé an der Front ausharrte. Habe ich nicht recht, Don Manuel?»

«Ich bleibe auch», erklärte Doz.

«Dann tun Sie, was Sie wollen, meine Herren Gelehrten», schnaubte der Kapitän, «sterben Sie für Ihre Sterne! Ich bin für Seelen verantwortlich, für meine ganze Mannschaft. Noch heute lichte ich Anker. Ich werde Sie aber wieder abholen, sobald die Lage es gestattet. Sofern Sie dann noch leben …»

Chappe rief das ganze Expeditionskorps zusammen, mit Ausnahme der Schiffsbesatzung, die schon wieder an Bord war. Er erklärte ihnen die Lage und sagte, er wolle niemanden zurückhalten. Trotz der beschwörenden Worte von Doz und Medina schifften sich auch die zwölf Soldaten und Maultiertreiber, die ihre Eskorte hätten bilden sollen, schleunigst wieder ein. Der Ingenieur Pauly, der Maler Noël, der Uhrmacher Dubois, der Diener Barcelonnette, der Dolmetscher Signoret und die zwei spanischen Astronomen im Offiziersrang waren von Chappes Glauben und Unerschrockenheit so beeindruckt, daß auch sie sich zum Bleiben entschlossen. Er umarmte sie herzlich und verzichtete auf Witzeleien über spanische Deserteure. Doz verkniff es sich nicht, aber sein Spott verpuffte. Als Chappe wieder in seinen Turm hinaufstieg, folgten sie ihm schweigend.

Der Himmel über Baja California dürfte nie so klar gewesen sein wie an diesem Nachmittag des 3. Juni 1769. Ein kleiner schwarzer Kreis erschien auf der Sonne. Getreu der schon in Sibirien erprobten Projektionsmethode hatte Chappe hinter den Linsen ein Stück Karton mit Gradeinteilung befestigt. Das Bild der Sonne füllte es aus und zeigte als Makel nur den kleinen schwarzen Fleck, der sich langsam fortbewegte. Chappe, Doz und Medina schimpften, fluchten, lästerten:

«Wie schön sie ist», seufzte Chappe und übertrug seine Meßdaten in sein Heft.

«Ich habe sie, ich halte sie fest», knurrte Medina. «Na komm schon, Süße, komm!»

«Da ist sie, sie ist da!» schwärmte Doz.

Fünf Stunden später, als alles vorüber war, schauten sie einander an, restlos erschöpft. Von Medinas Gesicht tropfte der Schweiß, Übelkeit überkam ihn und zwang ihn, sich über die Turmbrüstung hinweg zu erbrechen. Er drehte sich wieder um, stammelte ein paar Worte der Entschuldigung und fiel bewußtlos zu Boden.

«*Vomito negro*», murmelte Doz.

«Wo ist Noël?» fragte Chappe Pauly, der sich mit blutunterlaufenen Augen an der Wand festhielt, um sein Zittern unter Kontrolle zu bringen.

«Das Fieber», hauchte der Ingenieur. «Er ist im Dormitorium, bei Dubois, der auch schwer krank ist, genau wie Barcelonnette und der ganze Anhang von Doz und Medina. Nur Signoret ist noch auf den Beinen. Und Sie.»

«Warum habt Ihr mich denn nicht gerufen?»

«Wegen Venus, Monsieur Chappe. Hätten Sie uns denn gehört? Oh, ich krepiere. Mein Bauch, mein Bauch!»

Doz hob Medina auf und schleppte ihn mühsam die Wendeltreppe hinunter. Und Chappe d'Auteroche, diese Kraft der Natur, lud sich den Ingenieur auf die Arme und trug ihn wie eine Feder die Stufen hinab.

Nun sah er, was er bisher nicht hatte sehen wollen. Das ehemalige Refektorium der Jesuiten hatte sich in ein Spital oder, besser gesagt, in ein Sterbezimmer verwandelt. Es stank nach Erbrochenem, verstärkt noch durch die brütende Hitze. Die Kranken wimmerten vor Schmerzen unter dem Gesumm der Fliegen. Das Gesicht eines der Dienstboten von Doz und Medina war bereits mit einem Laken abgedeckt. Man wollte ihn gerade hinaustragen.

«Haben Sie medizinische Erfahrung, Doz?» fragte Chappe.

«Sehr wenig, aber ich habe ein Arzneibuch im Gepäck.»

«Ich auch, das hat das Heilige Offizium nicht konfisziert. Vergleichen wir beide Bücher.»

Sie verglichen: Das von Doz empfahl den Einlauf, das von Chappe den Aderlaß.

«Die spanischen Ärzte sind genauso dämlich wie unsere französischen Diafoiris. Wem sollen wir nun glauben?»

«Werfen wir eine Münze! Kopf: Aderlaß, Kreuz: Einlauf.»

«Wie gräßlich! Aber haben wir eine andere Wahl?»

Es wurde Kopf. Die beiden Gelegenheitsärzte erprobten ihre Medikation an einem von Medinas Domestiken, dem es elendig ging. Zwei Paletten voll Blut. Eine Stunde später schien der Kranke wieder zu sich zu kommen. Nun ließen sie alle zur Ader. Ein Wundermittel war es sicher nicht, aber sie mußten sich damit begnügen. Plötzlich erkrankte auch Doz. Nur Chappe und der Dolmetscher Signoret waren noch auf den Beinen. Zu zweit wuschen sie die Laken, wechselten die Bettwäsche und kochten Bouillon. Manchmal wurde ihnen die Freude zuteil, daß einer ihrer Patienten wieder aufstand. Dann entsandte Chappe jemanden ans Kap, wo er Ausschau halten sollte. Wenn das Schiff doch früher kommen würde als geplant! Eines Morgens, als er seine Krankenstation betrat, wo noch ein knappes Dutzend in den Betten lag, sah er plötzlich ein schreckliches Bild vor seinem inneren Auge: Und all die anderen? Die Indios dort unten im Dorf, die benötigten ja vielleicht auch Hilfe! Da er nur auf seine Himmelsbeobachtungen konzentriert gewesen war, hatte er nie einen Fuß ins Dorf gesetzt. Ungeachtet der flehentlichen Bitten von Signoret und Noël, der dank seiner Jugend schneller genesen war als andere, packte Chappe seine Arzttasche und zog los, ganz allein und zu

Fuß, denn er redete sich ein, den Indios doch noch etwas schuldig zu sein: Hatte er nicht ihnen den Erfolg seines astronomischen Unternehmens zu verdanken?

Das Dorf San José bestand nur aus einer handvoll halbverfallener und weißgekalkter Hütten. Die einzige Straße, die zur Kirche führte, war menschenleer. Nur ein paar Hunde lagerten im Schatten. Schliefen sie oder dämmerten auch sie hinüber in den Tod? Chappe war schweißgebadet. Die Kühle der Kirche tat ihm gut. Er staunte über all das Gold auf den naiven Heiligenbildern und die bunten Bibelszenen auf grober Leinwand. Da hatte Moses verblüffende Ähnlichkeit mit Montezuma, und der Pharao und sein Heer trugen den Helm der Conquistadores unter Cortez. Vor dem Altar betete ein alter Mann. Es war der Pfarrer dieser armseligen Gemeinde. Beim Geräusch von Chappes Stiefeln drehte er sich um, sprang auf und lief auf ihn zu. Dann sank er auf die Knie und küßte dem Besucher die Hände. Chappe zog ihn hoch, umarmte ihn und erklärte, er sei gekommen, um ihm zu helfen, im Rahmen seiner Möglichkeiten die Kranken zu retten. Die Hälfte der Dorfbewohner war schon tot. Die Leichen verwesten. Chappe ließ einen mächtigen Holzstoß errichten, um sie zu verbrennen. Als der dicke schwarze Rauch in den Himmel aufstieg, begannen seine Augen zu brennen. Das war nicht nur die verpestete Luft. Es war auch sein Brandopfer – für Venus. Der alte Pfarrer, der neben ihm stand, ergriff seine Hand.

«Exzellenz», sagte er, «kehrt zur Missionsstation zurück, versucht, Euren Freunden Beistand zu leisten, und verlaßt diese Gegend. Sie ist verflucht, seit meine Brüder von hier vertrieben wurden. Laßt uns im Frieden des Herrn sterben. Und gebt auf Euch acht.»

Chappe befolgte diese resignierten Ratschläge natürlich nicht. Ganz im Gegenteil: Zwei Wochen lang verausgabte er sich hemmungslos, er pendelte zwischen Dorf und Kloster, behandelte, tröstete und heilte gelegentlich. Der genesene Ingenieur Pauly beschwor ihn vergeblich, von hier fortzugehen, mit allen Kranken bis zum Kap zu ziehen, wo sie gelandet waren, und dort in reiner Luft auf die Rückkehr ihres Schiffes zu warten. Chappe lehnte kategorisch ab. Die meisten Expeditionsteilnehmer, die überlebt hatten, seien nicht transportfähig. Außerdem wäre es feige, die elenden Dorfbewohner, die mehr denn je seiner Hilfe bedurften, im Stich zu lassen. Was er aber nicht verriet, war viel entscheidender: Mit Ungeduld wartete er auf den Morgen des 18. Juni. Da war eine Mondfinsternis zu erwarten.

Chappe, mein Freund, willst du dein Leben einem Phänomen opfern, das unserer Wissenschaft doch sehr wenig bringen dürfte?

Mühsam erklomm er an jenem Morgen die Stufen des Kirchturms der Missionsstation von San José. Ich habe keinen Grund, an dem zu zweifeln, was Pauly mir mitgeteilt hat: Mein Freund Chappe soll sich völlig bewußt gewesen sein, daß dies seine letzte Himmelsbeobachtung werden würde. Daher führte er sie besonders sorgfältig durch. Das Phänomen dauerte etwas mehr als sechs Stunden.

Ja, er wußte vermutlich, daß er sterben würde. Eine Kopie der letzten Worte, die er zu Papier brachte, trage ich immer bei mir. Ich kenne die Schweißtropfen auf dem Papier:

Zehn Uhr fünfundvierzig: Man sieht mit bloßem Auge, daß der Mond in den Halbschatten tritt. Um elf Uhr und acht Minuten hat die Finsternis begonnen. Der Schatten ist so hell und der Mond so schön rund, daß ich glaube, den Anfang zu spät bestimmt zu haben …

Den Anfang zu spät …

… Die Krater treten einer nach dem anderen in den Schatten: Grimaldus, Galileus, Gassendus, Keplerus, Aristarchus, Tycho. Ist es nicht das Los der Astronomen, auf diese Art in den Schatten zu treten? Und mich, der ich niemals zu der Berühmtheit meiner Vor-

gänger gelangen werde, wird mich der große Schatten schon bald ergreifen und für immer ins Vergessen versenken?

Nachdem er die Beobachtung der Mondfinsternis abgeschlossen hatte, bat Chappe Pauly und Barcelonnette, ihm hinunterzuhelfen vom Turm. Die beiden waren selbst noch geschwächt und hatten viel Mühe, diesen Koloß all die Stufen hinunter bis ins Refektorium zu begleiten. Als er dann auf seinem Feldbett lag, bat er:

«Barcelonnette, laß mich doch bitte zur Ader.»

Der andere tat es, verfehlte die Vene, tastete von neuem und füllte dann doch ein paar Paletten mit Blut.

«Laß es gut sein, mein Junge. Und macht mir keinen Einlauf. Als Señor Doz die Münze warf, hat er gewiß gemogelt, um der französischen Medizin zu schmeicheln. Einlauf oder Aderlaß? Laßt es gut sein, es lohnt sich nicht mehr. Ich wurde als letzter krank, und daher ist es doch logisch, daß ich als erster gehe. Was soll's? Meinen Vertrag habe ich erfüllt.»

Dann schloß er die Augen.

Eine verhängnisvolle Wolke

Immer wieder fragte sich Le Gentil, warum er nicht früher nach Pondichéry gekommen war, anstatt sich an den Küsten Madagaskars herumzutreiben und sich auf den Philippinen einer Unzahl von Demütigungen auszusetzen. Der hiesige Gouverneur Law, ein Neffe des berühmten Bankiers, war ein gebildeter und liebenswürdiger Mann, und eine charmantere Gastgeberin als seine Frau war auch kaum denkbar. Ihre beste Freundin, eine lebenslustige Witwe von indisch-bretonischer Abstammung, wurde bald schon zur ständigen Begleiterin des Astronomen, woran in der höchst freizügigen französischen Kolonie kein Mensch Anstoß nahm.

Auf einem der noch stehenden Türme des von den Engländern zerstörten ehemaligen Gouverneurspalasts baute er seine Sternwarte auf. Ziemlich allein stand dieser Donjon inmitten der Ruinen, und ringsum wucherte auf weiter Fläche nichts als Gras und Dornengestrüpp. Das war dem Astronomen nur recht, denn sie würden den Staub am Boden festhalten, falls am Tag der Venusbeobachtung Wind aufkommen sollte. Daher nahm er es auch in Kauf, wenn so manches Mal auf seinem Weg dorthin blitzartig ein grünliches, goldschimmerndes Etwas vorüberhuschte: eine Kobra, deren Biß zwar tödlich war, die den Menschen aber nicht angriff, sondern floh. Der einzige Nachteil war die doch recht große Entfernung des Observatoriums vom neuen Pondichéry, das Law erbauen ließ und das eine herrliche Stadt zu werden versprach, ein Modell für die Kolonien – oder was davon noch übrig war.

Nach den von Argwohn und Besorgnis geprägten Monaten in Manila genoß es Le Gentil, daß hier die Freiheit herrschte. Sie war fast mit Händen zu greifen, schwebte sozusagen in der süßen Luft der Koromandelküste, zeigte sich im Lächeln und der Liebenswürdigkeit seiner neuen Freunde, aber auch in der Gesittung der Eingeborenen, ob Brahmanen, Hindus oder Mohammedaner.

Noch ein ganzes Jahr hatte er vor sich bis zum Venustransit, und alles stand bestens. Seine einzige Sorge galt dem Benehmen Hadrians, seines madagassischen Sklaven. Dieser junge Mann, bisher von einer an Trägheit grenzenden Sanftmut, wirkte zunehmend störrisch, und Gratot, der verzweifelt mit ansehen mußte, wie sein schwarzes Alter ego immer mehr auf Abstand ging, erklärte seinem Herrn, daß Hadrian kurz nach Ankunft in Pondichéry einem Imam, einem dieser mohammedanischen Priester, in die Hände gefallen war, der ihn seitdem nicht mehr aus den Fängen ließ. Ob Hadrian den Idolen seiner Heimat abschwor und zu den Sektierern Mohammeds überlief, bekümmerte Le Gentil nicht weiter, solange der Bursche seinen Pflichten nachkam. Doch daß er immer häufiger verschwand, gab schließlich doch Anlaß zu Besorgnis, zumal er – wie berichtet wurde – schon mehrfach außerhalb der Stadtmauern, in der von Buschwerk und Wald beherrschten Ebene, gesehen worden war, wo bewaffnete Banden, von denen man nicht so recht wußte, ob sie Freund oder Feind waren, ihr Unwesen trieben.

Nachdem Le Gentil sein Observatorium installiert hatte, stürzte er sich in das brodelnde Leben dieses Handelsstützpunkts mit seinem Völkergemisch, das hier aus ganz Indien zusammengeströmt war, um vor dem Krieg Zuflucht zu finden. So hatte er bei seinen Spaziergängen schnell herausgefunden, daß Brahmanenpriester sich häufig mit Astronomie befaßten. Und weil ihm das Spaß machte, ging er der

Sache nach und widmete schließlich unter Anleitung eines alten Erleuchteten, der womöglich auch ein Scharlatan war, einen Gutteil seiner Wartezeit auf Venus dem Studium der Tamilen-Astrologie, wobei ihn das Ausmaß ihrer Kenntnisse erstaunte, die denen der alten Chaldäer oder Ägypter nicht selten überlegen waren, selbst wenn sie nur magischen Zielen dienten und zu Dogmen erstarrt waren.

Neben diesem aus seiner Sicht angenehmen Zeitvertreib stand er Law und den Verwaltungsbehörden bei ihrer Wiederaufbauarbeit mit Rat und Tat hilfreich zur Seite, indem er beispielsweise etliche hydrographische Messungen durchführte, um Orte, die nur über armselige Brunnen verfügten, mit Trinkwasser zu versorgen. Und nachdem er diese Wasser analysiert hatte, kam er zu dem Schluß, daß sie durchaus geeignet waren, um ebenso prachtvolle Stoffe herzustellen wie in dem nun von den Engländern regierten Madras. So träumte er mit dem Gouverneur schon von Manufakturen, wo all die talentierten einheimischen Weber und Färber eine Anstellung fänden, die nach der französischen Niederlage von dort nach hier geflohen waren. Zwei prachtvolle Taschentücher ließ er sich schon einmal fertigen, mit Mustern, die einem Buch entlehnt waren. Eines davon gedachte er nach seiner Heimkehr Reine Lepaute zu offerieren.

Da er sich in Gedanken nur mit dem Wiederaufblühen dieser vom Krieg und der folgenden Belagerung ausgebluteten Faktorei befaßte, vernachlässigte Le Gentil eine Zeitlang sein Teleskop und unterbrach seine regelmäßigen Mitteilungen an uns.

So leistete er durch sein Schweigen unbewußt den immer lauter werdenden Gerüchten über seine verlorene Ehre Vorschub. Das wenige, das wir in Paris über ihn hörten, war natürlich verzerrt, ließ aber auf ein überaus merkwürdiges Verhalten schließen. So nahm er beispielsweise an einer rein wissenschaftlichen Expedition teil, die beinahe zu einem schweren diplomatischen Konflikt mit England geführt hätte: Le Gentil hatte es sich in den Kopf gesetzt, die ein paar Meilen in Richtung Madras gelegenen indischen Pyramiden und Pagoden in Vilnour zu besichtigen. Sie waren die höchsten Bauwerke an dieser Flachküste und wären als astronomische Station vielleicht besser geeignet als sein Turm in den Ruinen. Diese Gegend galt als unsicher, dort sollte ein gewisser Haidar Ali, der wohl eher ein Plünderer als ein Krieger war, sein Unwesen treiben. Daher hatten Le Gentil und seine paar Amateurwissenschaftler sich ein Trüppchen Soldaten als Eskorte mitgenommen. Indische Spione alarmierten daraufhin Madras, ein französisches Heer habe Vilnour besetzt. Schleunigst kehrten die Forscher nach Pondichéry zurück, aber zwischen den beiden Städten kam es zu einem heftigen Austausch von Diplomatenpost. Das Mißverständnis wurde aus dem Weg geräumt, aber das Echo war bis Versailles gedrungen ... und bis zur Akademie der Wissenschaften, wo man sich fragte, ob Le Gentil zu allem anderen nun auch noch ein Kriegstreiber geworden war.

Ein Kriegstreiber oder das Gegenteil, ein Verräter im Solde Englands? Oder beides, warum nicht? Hatte Call, sein britischer Kollege, der in Madras den Venusdurchgang erwartete, ihm nicht zusätzlich zu ein paar Gewässerproben auch ein schönes achromatisches Fernrohr geschickt, das Le Gentil unserer Meinung nach doch absolut nicht benötigte?

Verräter? Einige, darunter auch der die Engländer verabscheuende Pingré, der in Kürze zu den Antillen aufbrechen würde, tendierten eher zu dieser Erklärung. Ich hingegen konnte mir einen kriegslüsternen Le Gentil, der aus Gewinnsucht einen Zusammenstoß mit den Engländern suchte, durchaus vorstellen. Zumal ein aus dem Indischen Ozean heimgekehrter Kapitän mir gegenüber beteuert hatte, der Astronom habe zu Haidar Ali Kontakte geknüpft. Erst viel später habe ich erfahren, in welchem Maße dieser Denunziant eine geradezu lächerliche Anekdote aufgebläht hatte.

Madame Law hatte Le Gentil eine Hündin geschenkt. Sie sollte ihm Gesellschaft leisten und vor allem bei den Spaziergängen die Schlangen verscheuchen. Doch eines Tages befiel dieses Tier die bei den Hunden in Pondichéry weitverbreitete Tollwut. Mit dem Ziel, die Entwicklung dieser Krankheit zu erforschen, legte Le Gentil die Hündin in einem Zelt, das er unterhalb seines Observatoriums aufgeschlagen hatte, an die Kette. Der Madagasse Hadrian verabscheute Hunde, wie so manche Menschen niedrigster Herkunft, und quälte das arme Tierchen, wann immer er konnte. Als es nun gefangen war, machte er sich einen Spaß daraus, es zu reizen, bis es ihn mit schäumendem Maul in die große Zehe biß.

Der Stabsarzt von Pondichéry versuchte den ehemaligen Sklaven zu heilen, aber der hielt sich für verloren und fügte sich ohne Aufbegehren in sein Schicksal. Eines Morgens, als Le Gentil erwachte, lag Hadrian jedoch nicht mehr auf der Matte vor dem Bett, und auch ein prachtvolles, kunstvoll gefertigtes Messer mit Gold und Edelsteinen im Schaft war verschwunden. Von seinem alten Brahmanen-Astrologen erfuhr er schließlich, der Imam, Hadrians Glaubenslehrer, habe ihm befohlen, in den Reihen der Krieger unter Haidar Alis Banner einen würdigeren Tod zu suchen. Und mein Denunziant, der Kapitän, hatte keinerlei Skrupel gehabt, Le Gentil mir gegenüber als gewinnsüchtigen Schwarzhändler und Anwerber für diesen Banditen auszugeben!

Gratot, der das Verschwinden seines schwarzen Freundes nicht verwinden konnte, tötete die Hündin, woraufhin Le Gentil sich bei Madame Law entschuldigen mußte, die es ihm aber nicht verübelte. Der inzwischen dreiundzwanzigjährige Diener und Astronomieassistent versank in Trübsinn, hatte aber auch immer wieder Gewaltausbrüche, die seinen Herrn erschreckten. Und da das Datum des Venusvorübergangs immer näher rückte, mußte Le Gentil befürchten, sein junger Landsmann würde in einem Anfall von Wahn das Observatorium zertrümmern. Daher ließ er den ehemaligen Matrosen schließlich im nagelneuen Hospital, das der Gouverneur Law hatte bauen lassen, einsperren, versprach ihm aber, ihn nach dem Venustransit gleich wieder herauszuholen.

Von nun an widmete Le Gentil seine gesamte Aufmerksamkeit dem Himmel. So oft hatte man ihm gesagt, er sei launisch, vor allem im Juni, und so bedauerte er es schon so manches Mal, nicht in Manila geblieben zu sein. Doch den ganzen Monat Mai war der Himmel über Pondichéry von ungetrübtem Blau, und die Luft war so trocken, daß Le Gentil aus reiner Neugierde seine Apparate so manche Nacht ohne schützende Abdeckung ließ und morgens kein Tautröpfchen auf dem Objektiv vorfand.

Am Abend des 3. Juni, um einundzwanzig Uhr, beobachteten Le Gentil und Gouverneur Law das störungsfreie Auftauchen des ersten Jupitersatelliten. Ein pikantes Detail: Der ranghöchste Vertreter Frankreichs in Indien betrachtete das Himmelsphänomen durch das achromatische Fernrohr, das der englische Astronom Call, der Erbfeind, aus Madras geschickt hatte.

In der Nacht vom 3. auf den 4. Juni 1769 tat Le Gentil kein Auge zu. Dabei hätte er sich gerne ein wenig ausgeruht vor diesem bedeutsamen Rendezvous, das ihn neun Jahre lang von seiner Heimat ferngehalten hatte. Doch es gelang ihm nicht. Immer wieder warf er sich aufs Bett, spürte den Schlaf kommen, doch plötzlich legte sich wieder der Schraubstock um sein Herz. Schweißgebadet stand er auf und rannte wie ein Wahnsinniger die Stufen zur Sternwarte hinauf.

Dort oben war alles still und rein. Das tiefschwarze Himmelsgewölbe, viel schwärzer als in unseren Breiten, wurde in endloser Folge übersät von Sternen, die aber nicht funkelten. Nur manchmal zeichnete eine Sternschnuppe eine dünne ephemere Narbe. Angesichts dieses Schauspiels löste sich seine Beklemmung. Nun war er nicht mehr der Astronom, der den Himmel beobachtete, er war nur noch ein in sich gekehrter Schauender, ein Dichter. Er stapfte wieder hinunter, ging zu Bett und schloß die Augen. Doch von neuem zerquetschten die Zangen der Angst ihm die Lungen, und er stieg wieder hinauf.

Das ging so weiter die ganze Nacht. Seine überreizten Sinne hörten den Wind die Richtung wechseln. Mal entsetzte ihn dies, mal beruhigte es ihn. Um fünf Uhr früh, zweieinhalb Stunden vor dem Rendezvous mit Venus, war er endgültig auf den Beinen. Weit entfernt von der aufgehenden Sonne standen unbeweglich im Nordosten ein paar Wolken am Horizont. Kein Grund zur Besorgnis, wäre da nicht eine Brise gewesen, die das Meer weiß zu färben begann. Ein paar Schiffe zogen es offenbar vor, abzulegen und sich vom Hafen zu entfernen. Le Gentils Unruhe schlug um in Aberglauben: «Wenn die kleine blaue Dschunke auch ablegt … schlechtes Omen! Bleibt sie aber …»

Plötzlich, um sechs Uhr, ein heißer Wind, der immer heftiger blies. Sand wirbelte auf. Hastig bedeckte Le Gentil seine Instrumente, Staub prickelte auf seinem Gesicht, drang ihm in die Kehle. Doch genauso plötzlich war der Wirbelsturm vorbei. Nur das Meer hatte noch weiße Schaumkronen. Die kleine blaue Dschunke war gekentert. Und der Himmel dort oben hing voller Wolken. Nur im Osten zeichnete sich in vagen Umrissen ein weißliches Rund ab.

«Los, brich durch! Brich endlich durch!»

Doch die Sonne brach nicht durch. Um drei Minuten vor sieben war die Sonnenscheibe noch genauso verschwommen. Drei Minuten vor sieben ... Den Berechnungen nach begann Venus jetzt ihren Vorübergang. Aber durch das mit Rauchglas ausgerüstete Fernrohr war nichts zu erkennen, nicht der geringste schwarze Fleck. Vor Zorn nahm Le Gentil den Filter ab und preßte sein Auge direkt ans Okular. Die Sonne war völlig verschleiert und Venus schamhaft verborgen. So blieb es, zwei Stunden lang. Gegen neun Uhr brach ein neuer Sturm los, noch heftiger und noch kürzer als beim ersten Mal. Als wieder Ruhe einkehrte, war der Himmel rein und die Sonne kugelrund. Venus aber war im Azurblau verschwunden.

Berufsrisiken

Ab Juli 1769 und auch noch weit hinein ins Jahr 1770 flatterten mir die Beobachtungsergebnisse auf den Schreibtisch. Nur Maximilian Hell, der im lappländischen Vardo gewesen war, weigerte sich, sie mir zuzuschicken. Dieser mit Le Monnier und d'Alembert befreundete Jesuit hatte meine Rolle als Zentralorganisator nie anerkannt. Als ich im *Journal des savants* dann aber recht bissig schrieb, seine Beobachtungen seien wohl mißlungen, und er von diesem Artikel Kenntnis erhielt, da kam sofort ein Protestschreiben – aber mit seinen Ergebnissen! Bei ihm war alles bestens verlaufen. Seiner Forderung nach einer öffentlichen Entschuldigung für die Andeutung eines Verdachts kam ich schleunigst und bereitwillig nach, da mir mein Streich gelungen war.

Chappes Ergebnisse wurden mir erst im März 1770, also fast ein Jahr nach seinem Tod, ausgehändigt. Doz und der Ingenieur Pauly hatten die Epidemie überlebt, nicht aber der Uhrmacher Dubois, der Maler Noël und der Spanier Medina. Was aus dem Diener Barcelonnette und dem Dolmetscher Signoret geworden war, vermochte Pauly, der mir die Tragödie schilderte, nicht zu sagen. So ist wohl das Los der kleinen Leute: Sie verlieren sich im Dunkel der Geschichte.

Ich brachte es nicht übers Herz, mich mit den Aufzeichnungen und Tagebüchern, die unser Freund uns vermacht hatte, zu befassen und wäre auch nicht in der Lage gewesen, vor den Kollegen seine Person und seine Leistungen zu würdigen, ohne dabei in Schluchzen auszubrechen. Cassini de Thury, der ihn einst ans Observatorium geholt hatte, übernahm diese Pflicht, zutiefst bewegt.

Im Jahre 1771 erhielt ich dann noch – und zwar ohne jegliche Schwierigkeit – vom Kollegen Maskelyne aus London die großartigen Ergebnisse von Captain Cook, die dieser am 3. Juni 1769 auf O-Taheiti, an einem Ort, den er «Venusspitze» getauft hatte, notieren konnte.

O-Taheiti oder Neukythera? Zu Beginn des Jahres 69, drei Monate vor dem zweiten Venustransit, war Bougainville von seiner Weltreise zurückgekehrt. Er übergab mir Post von Freund Commerson, abgeschickt von der Ile-de-France: Er habe sich entschlossen, in diesem «Paradies für Botaniker» zu bleiben. In *Le Mercure de France* veröffentlichte ich einen Brief von ihm über seine Entdeckung dieses Pseudo-Neukythera, das bald schon wieder seinen Eingeborenennamen O-Taheiti tragen sollte. Von Venus war in diesem Brief häufig die Rede, doch eine jede sei leichter zu beobachten gewesen als die, die uns in Atem hielt. Diese ergötzliche Publikation fand um so größeres Echo, als Bougainville von seiner Weltumseglung einen Wilden von jener Insel, die er entdeckt zu haben glaubte, mitgebracht hatte. Er konnte ja noch nicht wissen, daß der Engländer Wallis schon vor ihm dort gewesen war. Aber das war unseren leichtfertigen Parisern ohnehin egal. Besagter Wilder, der berühmte Aotourou oder Poutavery, hatte in den Salons und bei Hofe immensen Erfolg. Das wurde mir deutlich, als man den Kytherer in der Akademie der Wissenschaften vorführte, doch warum ganz Paris für ihn schwärmte, blieb mir schleierhaft: Das einzig Merkwürdige an ihm waren doch nur dieser Federhut und dieses Schnürwams, mit denen man ihn herausgeputzt hatte, vermutlich um ihn zu zivilisieren. Diese Gewandung paßte zu ihm wie Gamaschen zu einem Karnickel.

Wie dem auch sei, Commersons Brief, den ich im November 1769 veröffentlichte, war der erste Bericht über diese Zauberinseln, da Bougainville seine *Reise* erst zwei Jahre später herausbrachte. So leistete ich einer Mode, die wenig später zu einer philosophischen Debatte und schließlich zu einem Mythos wurde, gewissermaßen Vorschub. Doch was mein eigentliches Interessengebiet anbetraf, da mußte ich Cooks Rückkehr abwarten, da Véron auf der Ile-de-France geblieben war und mir in einem Brief, den er dem des Botanikers beigefügt hatte, zu verstehen gab, daß seine Instrumente bei der langen Seefahrt erheblichen Schaden genommen hatten, Bougainville die besten mitgenommen habe und er nun versuchen wolle, zur Transitbeobachtung entweder auf die Molukken oder nach Pondichéry zu gelangen, um dort Le Gentil zu ersetzen, der, wie man sich in Port-Louis erzählte, vermutlich in Manila sei.

Von letzterem erhielt ich erst Mitte 1770 Nachricht. In einem äußerst liebenswürdigen Brief vom September des Vorjahres teilte der Gouverneur Law mir mit, sein Freund, der Astronom, leide an besorgniserregend hohem Fieber und sei nicht in der Lage zu schreiben. Beigefügt hatte er die Schilderung des zweiten Mißerfolgs bei der Venusbeobachtung sowie ein paar Aufzeichnungen zu den Monsunwinden und allerlei zweitrangigen Phänomenen. Im Anhang fanden sich dann noch ein paar Tabellen zum Venustransit, die ein mexikanischer Kanonikus und ein angesehener Peruaner auf Manila angelegt hatten. Wohl wieder zwei federgeschmückte Mulatten, dachte ich mir, und übergab die Papiere unbesehen an Lepaute d'Agelet, einen der vielen angeheirateten Neffen von Reine, der zwar begabt, aber faul schien, obwohl er mit seiner Tante über die Ephemeriden arbeitete: Daran sollte der sich mal die Zähne ausbeißen!

Bis man Gewißheit hatte, ob Le Gentil noch am Leben

war oder nicht, ernannte die Akademie ihn zum Veteranen, unter Aussetzung seiner Bezüge. Das war wie «in Abwesenheit zum Tode verurteilt».

Ganz anders als Laien vielleicht glauben könnten, nahm Le Gentil seinen zweiten Fehlschlag mit philosophischer Gelassenheit hin. Auch seine von «diesem Schicksalsschlag» viel tiefer als er getroffene Umwelt tröstete er diesmal nicht mit großen Worten. Madame Law war restlos verzweifelt, hatte sie doch zur Feier des Ereignisses einen festlichen Ball in den Gärten der Residenz organisiert. Als sie nun von ihrem Gatten hören mußte, die Venusbeobachtung sei unmöglich gewesen, da wollte sie alles abblasen, lief zu Le Gentil, faßte seine Hände und sagte mit tränenerstickter Stimme:

«Ich fühle mich ja so schuldig, Monsieur! Habe nicht ich das Schicksal herausgefordert, indem ich viel zu früh Ihren Erfolg feiern wollte? Zehntausend Meilen sind Sie gereist, hundertmal haben Sie Ihr Leben riskiert, im Exil, so weit entfernt von Ihrer Heimat, und dann wird Ihnen eine Wolke zum Verhängnis?!»

In aller Unschuld hatte sie die Wunde zwar wieder aufgerissen, doch Le Gentil lächelte, ohne sich Zwang anzutun:

«Ein solches Schicksal ereilt die Astronomen recht häufig, Madame. Und ich möchte wetten, daß nicht einem meiner Kollegen ein ähnliches Mißgeschick erspart geblieben ist. Also Kopf hoch! Ihr Kummer betrübt mich weit mehr als die Launenhaftigkeit des Himmels.»

Er meinte es ehrlich. Beim ersten Mal schienen sich der Krieg, die Dummheit und die Feigheit der Menschen gegen ihn verschworen zu haben, und das hatte ihn zutiefst verletzt. Die «verhängnisvolle Wolke», die ihn an der zweiten Beobachtung gehindert hatte, war in seinen Augen nur so eine Art «Berufsrisiko». Und sich damit abzufinden hatte er in fünfundzwanzig Jahren Praxis gelernt, wie wir alle.

Daß es in Pondichéry und nicht in Paris passiert war, änderte daran nichts. Er eröffnete also den Ball mit Madame Law.

Nur wenige Tage später sah Le Gentil mit Erstaunen, wie ein gealterter und geschwächter Pierre-Antoine Véron die von der Ile-de-France kommende *Vigilant* verließ. Die beiden Astronomen, die einander seit mehr als neun Jahren nicht mehr begegnet waren, freuten und wunderten sich über dieses Wiedersehen in Pondichéry. Le Gentil wußte nicht, daß Véron mit Bougainville gereist war, und Véron glaubte Le Gentil in Manila, wie man ihm auf der Ile-de-France gesagt hatte. Daher war er auf den Gedanken gekommen, ihn in Pondichéry zu ersetzen. Doch zuerst gab es kein Schiff, dann ging es zu langsam voran, und so kam er zu spät zum Venusrendezvous.

«Sie haben nichts verpaßt, Pierre-Antoine. Genau an dem Tag fegte ein Sturm über die Koromandelküste. Unser englischer Kollege Call in Madras hat auch nichts beobachten können.»

«Ich weiß. Auf See hat es uns gewaltig gebeutelt am 4. Juni. Und ob ich mit meinen miesen Instrumenten überhaupt etwas hätte erreichen können, weiß ich auch nicht.»

«Wieso hat man Ihnen überhaupt solchen Krimskrams mitgegeben? Das scheint mir doch recht leichtfertig.»

«Monsieur de Bougainville wollte die besten Teleskope für sich behalten. Ich bin ja schließlich nicht Akademiemitglied.»

«Bah, das werden Sie schnell sein, wenn Sie erst einmal zurück sind. Der Ruhm ist Ihnen gewiß!»

Sie hatten nur ein paar Tage miteinander, denn Véron fuhr auf der *Vigilant* weiter zu den Molukken, wo er im November einen Merkurtransit beobachten und gleichzeitig auskundschaften wollte, ob es möglich war, Gewürzpflanzen von dort auszuführen, um sie auf der Ile-de-France anzubauen. Das hatte natürlich Intendant Poivre von ihm verlangt.

«Soll ich in Manila auf Sie warten?» fragte Véron zum Abschied.

«Acht Jahre auf See haben mich gelehrt, keine derartigen Verabredungen zu treffen», erwiderte Le Gentil.

Er beabsichtigte ja immer noch, rund um die Welt zu fahren. Und als Véron ihm erzählt hatte, Chappe müßte sich eigentlich an der Westküste Mexikos befinden, nahm dieser Plan wieder Gestalt an. Allein schon der Gedanke, den Freund wiederzusehen und ein Stück weit mit ihm gemeinsam zu reisen, war Balsam für seine Seele.

Kurz nachdem die *Vigilant* wieder fort war, bekam Le Gentil endlich Post aus Frankreich. Ein aus Manila kommendes portugiesisches Schiff brachte die Briefe, die über Mexiko und den Pazifischen Ozean gereist waren. Allerlei hatte ich für ihn zusammengepackt: eine *Connaissance des temps*, ein paar Thermometer, Dinge, um die er gebeten hatte, und vor allem einen Dankesbrief des spanischen Marineministers für die genaue Lagebestimmung von Manila. Beigefügt waren auch die Empfehlungsschreiben zur Vorlage beim Gouverneur der Philippinen, alle unterzeichnet von einer Reihe hoher Persönlichkeiten nördlich und südlich der Pyrenäen. Und alle datiert aus der ersten Hälfte des Jahres 1766. Raon dürfte sie also in die Finger gekriegt haben, ausgehändigt von der gleichen *Santa Rosa*, die dem französischen Gelehrten die ersten Postsendungen aus Europa mitgebracht hatte. Aber um bei seiner Verfolgung freie Hand zu haben, hatte der Gouverneur von Manila die Anweisungen seiner Vorgesetzten einfach vom Tisch gefegt und diese Dokumente unter Verschluß genommen.

Bei der Lektüre des Briefes von Freund Roxas spürte Le Gentil einen winzigen Stich ins Herz. Am 4. Juni war der Himmel über Manila also makellos gewesen, und auf den ersten Blick schienen die Beobachtungen von Roxas, Roxo und Pater Enamarchi ausnehmend korrekt. Wäre dieser Irre Raon nicht gewesen, würden sie von ihm stammen! Ach ja, Roxas schrieb ja etwas über ihn: Knapp zwei Monate zuvor war – eigens aus Madrid entsandt – Kommandant Don Caseins in Manila aufgetaucht, hatte sich den tyrannischen Gouverneur geschnappt und mitsamt Sekretär und Sohn in Ketten nach Spanien verfrachtet, geradewegs in die Kerker. Le Gentil war zu verbittert, um sich zu freuen und seine Rache auszukosten. Jetzt war es ja zu spät.

Den Umschlag, der das Wappen von Coutances trug, hatte er erst einmal beiseite gelegt und für den Schluß aufgespart. Wie sein Bevollmächtigter seine Geschäfte führte, hatte ihn bisher nicht sonderlich interessiert, selbst wenn er ihm pflichtschuldigst von jeder Etappe die neue Adresse mitgeteilt und, um ihn sich gewogen zu halten, weil er doch immerhin sein spärliches Vermögen verwaltete, jedesmal ein paar pikante Anekdoten über den besichtigten Landstrich beigefügt hatte. Diese Abenteuer würde der Provinzstaatsanwalt gewiß mit erhabenem Pathos im Freundeskreis zum besten geben. Wenn schon nicht der zweite in Rom, so war er doch immerhin der erste in Coutances, dachte Le Gentil bei sich. Diese Perspektive amüsierte ihn, schmeichelte ihm aber auch, wenn er ehrlich war, da gab es eben doch noch einen Rest Eitelkeit in den Tiefen seines Herzens.

Antwort hatte er nur dreimal bekommen, auf der Ile-de-France und an jenem Tag in Manila, als der Staatsanwalt ihm den Tod seiner Mutter mitgeteilt hatte. Er entsiegelte das Schreiben.

«Kehren Sie so schnell wie möglich zurück!» schrieb dieser Mann. «Es geschehen Dinge in Coutances, die für Sie von äußerst ernster Tragweite sind. Seit Ihre Frau Mutter verstorben ist, sehe ich mich von Ihrer Verwandtschaft und Ihren Erben bedrängt, ihnen Ihr eigen Hab und Gut sowie die Hinterlassenschaft der Verstorbenen auszuhändigen. Sie behaupten, Beweise für Ihren Tod in Händen zu haben, und verbreiten dieses Gerücht in der ganzen Stadt. Daß ich all meine Kräfte aufbiete, um Ihre Interessen zu verteidigen, dürfen Sie mir glauben, aber wenn Sie nicht durch eigenes Erscheinen den Beweis erbringen, daß man Sie voreilig beerdigt hat, werde ich mich ihren Argumenten nicht mehr lange widersetzen können, denn Ihre Cousins verfügen über großen Einfluß in der Region.»

Einen Moment lang war ihm nach Lachen zumute. Wer hat es sich nicht schon einmal vorgestellt, an der eigenen Beerdigung teilzunehmen, die Grabreden und Elogen anzuhören, die Trauermienen zu betrachten, den geheuchelten Schmerz und die unverhohlene Gier? Urkomisch müßte das sein in dieser ihm verhaßten Provinz!

Doch dann fiel ihm seine Mutter ein und das kleine Landhaus. Das war doch neben seinem Akademikergehalt alles, was er besaß, aber es würde ausreichen, daß er sich auch für den Rest seiner Tage unbesorgt seinen Studien widmen könnte. Nun packte ihn der Hochmut: Erst der Krieg, dann der wahnsinnige Gouverneur, dann Venus – sie alle hatten ihn besiegt, sollten jetzt auch noch die Cousins über ihn triumphieren? Diese Cousins, die er nur von der Kindheit her kannte, die inzwischen aber wohl wie alle Honoratioren seiner Heimatprovinz nur noch scharf aufs Geld waren, auf ihren mit Gold gefüllten Säcken schliefen, wegen jeder Kleinigkeit vor Gericht zogen und sich schamlos am Besitz anderer bereicherten.

Panik befiel ihn. Und wenn das Gerücht über seinen Tod bis Paris drang, bis zur Akademie, bis zu Reine? Wäre er in den Augen der Welt gestorben, wäre auch der in all diesen Jahren verdiente Ruhm dahin und sein Werk vernichtet.

Vor seinen Augen begannen wieder diese geometrischen glitzernden Splitter zu tanzen. Periodisch kehrte sie wieder, diese Krankheit, seit er in Madagaskar dieses Rindfleisch gegessen hatte. Kurz darauf verspürte er auch die ersten Symptome dieses ewig wiederkehrenden Fiebers, das doch im Laufe der Jahre abzuklingen schien. Er biß die Zähne zusammen und zwang sich, Haltung zu bewahren, solange die Koliken ihm noch nicht den Bauch abschnürten, der Fieberwahn noch nicht seinen Geist verwirrte und vor allem die Hände noch nicht so zitterten, daß er nicht mehr schreiben konnte.

Wieso hatte der Staatsanwalt Tringlot ihnen nicht die Briefe gezeigt, die er ihm doch seit neun Jahren regelmäßig alle sechs Monate geschickt hatte? Für ihn waren sie eine Qual gewesen, unterbrachen sie doch seine Forschungsarbeit, nahmen ihm den Schwung und beraubten ihn einen ganzen Tag lang jeglicher Energie. Dennoch hatte er sich dieser Pflicht unterzogen, denn der einzige Grund für derart geistlose Korrespondenz war doch das Lebenszeichen gewesen. Er wußte ja schließlich, daß man sich bei diesen Leuten immer wieder in Erinnerung bringen mußte, sonst vernachlässigen und vergessen sie schließlich die Interessen ihrer Mandanten, und zwar zu Gunsten anderer, näherliegender, einträglicherer. Wieso ist es diesem Tringlot nicht einmal eingefallen, den anderen diese Beweise, daß sein Mandant noch lebte, unter die Nase zu halten? War es Nachläßigkeit, Dummheit, oder wäre der Tod seines Mandanten gar auch für ihn ein einträglicheres Geschäft? Le Gentil griff zur Feder und formulierte seine Forderungen: Beglaubigung der Echtheit dieser Briefe durch einen Richter, Notar oder sonstige Amtsperson, öffentlicher Aushang, Publikation ... Er versiegelte sein Schreiben.

Doch nun zögerte er. Sollte er auch Paris informieren? Das Marineministerium, den Duc de La Vrillière, den Sekretär der Akademie? Unsinn! Wegen solch einer Lappalie mobilisierte man doch nicht so hohe Persönlichkeiten! Damit würde man sie doch erniedrigen und sich selbst obendrein. Vielleicht die Freunde? Aber Chappe war vermutlich noch nicht aus Mexiko zurück, und Lalande und Pingré dürften an einem der über die ganze Welt verstreuten Observatorien zu tun haben. Die Lehrer? Daß Clairaut tot war, hatte er mit zweijähriger Verspätung erfahren. Von den anderen wußte er überhaupt nichts ... Reine? Bloß nicht! Daß ihm nichts gelungen war, genügte ja wohl, da brauchte man sich nicht auch noch lächerlich zu machen.

«Basta», murmelte er und legte sich aufs Bett. «Soll dieser Tringlot sich erst einmal an meine Anweisungen halten. Alles andere wird sich von selbst erledigen, wenn ich erst einmal wieder daheim bin.»

Daheim? Er schnellte hoch. Und was war mit seinem glorreichen Projekt der Weltumseglung? Mußte er das jetzt vielleicht aufgeben? Er wurde ohnmächtig.

Als er aufwachte, befand er sich in einem weitaus angenehmeren Zimmer als im Observatorium in seiner improvisierten Behausung. Und der Stabsarzt von Pondichéry saß an seinem Bett.

Der Anfall war heftig, aber kurz gewesen. Und während der einwöchigen Rekonvaleszenz in angenehmer Benommenheit faßte er dennoch seinen Entschluß: Trotz großen Bedauerns würde er nicht auf dem Umweg über Mexiko nach Frankreich zurückkehren. Nicht so sehr aus Sorge, sein Erbe in der Normandie einzubüßen, aber seine Verwandten, die sollten nicht recht bekommen! Der Tod hatte ihn ja schon gestreift. Der Unterschied auf der Ost- oder auf der Westroute würde zwar nur zwei oder drei Monate ausmachen, aber einen Ozean und einen ihm unbekannten Kontinent zu durchqueren, das könnte für seine labile Gesundheit fatal werden. Die Risiken auf der Ostroute kannte er schon. Und außerdem ... quer durch den Pazifik und durch Mexiko, ohne sich etwas anzuschauen, ohne etwas zu entdecken oder zu beobachten, nur weil man der erste Wissenschaftler sein wollte, der im Alleingang die Welt umrundete …? Das wäre doch wohl kaum höher einzuschätzen als Kraftmeierei auf den Planken am Pont-Neuf. Ein Alleingang wäre es zwar, aber wäre es klug?

Endlich durfte er wieder aufstehen. Die Entscheidung hatte seine Beklemmung gelöst. Und Law hatte gleich am Tag nach Le Gentils Rückfall eigenmächtig den Brief an den Staatsanwalt dem Tags darauf nach Frankreich auslaufenden Schiff mitgegeben. Vier Monate später würde der Astronom ihm nachreisen, denn im Oktober sollte die *Villevault* in See stechen.

Le Gentil machte sich wieder an die Arbeit. Ende August begann er mit der Beobachtung eines Planetenvorübergangs. Aber er bekam ihn nur drei- oder viermal zu sehen, da das Wetter, das mit Ausnahme jenes fatalen Morgens am 4. Juni seit Anfang Mai durchgehend schön gewesen war, wieder zu Wolken und Regen tendierte. Trotz dieses neuerlichen Mißerfolgs ließ seine Seele sich immer noch nicht von Gevatter Tod einfangen. Sein Körper, der gab allmählich nach. Die Fieberanfälle und Koliken häuften sich. Er wollte sich immer noch auf der *Villevault* einschiffen, obwohl der Stabsarzt davon abriet. Gouverneur Laws Argumente hatten mehr Gewicht: Er hatte angeordnet, daß das Schiff ohne Halt auf der Ile-de-France auf schnellstem Wege Frankreich anzusteuern habe. Aber Le Gentil wollte doch unbedingt seine naturkundliche Sammlung mitnehmen; die acht Kisten hatte er doch der Frau von Richter Nihil in Verwahrung gegeben! Er hätte sie schicken lassen können, aber er wollte doch nicht mit leeren Händen nach Frankreich zurückkehren. Sein Zustand verschlechterte sich. Gouverneur Law ergriff die Initiative und verständigte das Ministerium und die Akademie vom besorgniserregenden Zustand des Gelehrten.

Doch Anfang Februar verspürte er eine leichte Besserung und konnte auch wieder aufstehen, wenn er sich auch noch elendig schwach fühlte. Doch sein Wille heimzukehren war so stark, daß es ihm gelang, sich an Bord der *Dauphin* zu schleppen, die auf der Ile-de-France haltmachen würde.

Das Schiff lief am 1. März aus und erreichte eineinhalb Monate später Port-Louis. Während der langen Überfahrt spürte Le Gentil seine Kräfte auf unerklärliche Weise wieder wachsen, als speisten sie sich aus der wogenden Bewegung der See und dem salzhaltigen Wind. Doch kaum hatte er einen Fuß auf die Landebrücke gesetzt, begannen seine Glieder erneut zu schlottern und der Bauch zu rumoren. Auf einer Trage brachte man ihn ins kleine Haus des Richters, das er doch nie hatte wiedersehen wollen. Er versuchte zu schlafen, als die Bauchschmerzen nachließen. Plötzlich schoß er hoch und brüllte:

«Gratot! Ich habe Gratot vergessen! Im Hospital!»

Dann fiel er in einen unruhigen Schlaf. Eine kräftige Stimme weckte ihn:

«He, Le Gentil, empfängt man so seine Freunde?»

Er schlug die Augen auf und sah in ein gegerbtes und strenges Gesicht: Philibert Commerson.

Eine unerwartete Rückkehr

Schon lange hatte Commerson seinen erlernten Beruf als Arzt nicht mehr ausgeübt. Das war vielleicht Le Gentils Glück, denn er überlebte die Behandlung. Doch kräftig genug fühlte er sich noch nicht, nun an Bord der *Dauphin* der Schlechtwetterperiode am Kap der Guten Hoffnung zu trotzen. Außerdem hatte Law ihm in Pondichéry schon zugesichert, im Mai oder Juni käme von den Küsten Malabas die *Indien*, und auf der könne er auch reisen. Ein Monat noch – kaum mehr als ein Daktylus in seiner Odyssee.

Da er bei all den vorangegangenen Anfällen die verschiedenen Symptome seiner Krankheit sorgfältig notiert hatte, wußte er, daß das Fieber ihn jetzt für mindestens acht Monate in Frieden lassen würde. Bis dahin wäre er wieder daheim.

Mit der inzwischen verwitweten Richtersgattin Aphrodite Nihil teilte er wieder das Bett, und ein paar der alten Freunde von früher waren auch noch da, leider nicht mehr Gouverneur Desforges-Boucher, der im Ruhestand auf Bourbon lebte. Im andauernden, wenn auch unterschwelligen Kompetenzstreit zwischen den beiden höchsten Amtsinhabern der Insel hatte Intendant Poivre schließlich den Sieg davongetragen, und so war Desforges von einem gewissen Dumas abgelöst worden, der dem Intendanten, dem jetzigen Alleinherrscher, die Füße zu lecken schien.

«Das mit dem Alleinherrscher stimmt zwar», sagte Commerson, «aber er herrscht als aufgeklärter Despot. Und Ihr Desforges, an dem Sie einen Narren gefressen zu haben scheinen, hat ihm – wie man mir erzählte – weidlich Unrecht getan. Poivre hat Großes vor mit der Kolonie! Wer weiß, ob man die Ile-de-France nicht eines Tages umtaufen wird in Insel der Gelehrten? Bleiben Sie hier bei uns, Le Gentil!»

Als Commerson dieses Loblied auf den Intendanten Poivre sang, war Le Gentil gerade erst genesen. Sie saßen auf der Veranda, und der ehemalige Arzt war gekommen, um ihm zu erklären, er sei nun völlig gesund und könne seine ursprüngliche Entscheidung, am Dîner des Intendanten in dessen Anwesen nicht teilzunehmen, unbesorgt rückgängig machen.

«Ich bin sie so leid, all diese Balthasare mit ihrer Tropen- und Provinzmentalität. Sie sind einer wie der andere, dumm, ignorant und selbstgefällig. Ob in Port-Louis, Pondichéry oder Manila, hundertmal habe ich das gleiche Geschwätz gehört, das gleiche Getuschel über Madame X, die mit Leutnant Bumbum ins Bett geht! Nein, glauben Sie mir, Philibert, ich bleibe wirklich lieber daheim, ruhe mich aus und schreibe meine Geschichte der Monsunwinde fertig.»

«Aber ich wollte Ihnen doch unbedingt Jeanne vorstellen, Jeanne Baret, die erste Frau, die die Welt umrundet – was sie natürlich mir zu verdanken hat. Daher bitte ich Sie inständig, kommen Sie zum Dîner!»

Le Gentil mußte ein Lächeln unterdrücken. Véron hatte ihm in Pondichéry schon vom Abenteuer dieser jungen Frau erzählt, die in Männerkleidung Commerson auf seiner noch unvollendeten Reise um die Welt begleitete. Die Eingeborenen von O-Taheiti hatten sie sofort als Frau erkannt, sie am Strand verfolgt und *wahine! wahine!* hinter ihr hergerufen. Die französischen Seeleute wunderten sich, diese Wilden hatten wirklich komische Sitten, sie boten ihnen ihre hübschen Mädchen an und bevorzugten selbst diesen Knaben, der zwar irgendwie weiblich wirkte, aber doch …

Erst viel später, auf der Insel Espiritu-Santo, bekannte der mitgenommene Wilde Aotourou, daß sein beharrliches Werben um die Gunst des jungen Domestiken nichts mit Sodomie zu tun gehabt hatte. Diese Enthüllung wie auch die von Neukythera, dem Naturparadies mit den freien Sitten, trug – wie ich feststellen konnte – weit mehr zum Ruhm von Bougainvilles Weltreise bei als die spärlichen Entdeckungen, die er vorzuweisen hatte.

Le Gentil ließ sich also überreden, bei Poivre zu speisen. Diese Jeanne Baret wollte er sich einmal ansehen. Commerson weinte fast vor Dankbarkeit, sagte dann aber funkelnden Blicks:

«Ich habe gehört, Sie hätten acht Kisten voller interessanter Dinge aus Madagaskar mitgebracht. Dürfte ich die mal sehen? Sie hatten sicher noch keine Zeit, sie zu klassifizieren und zu etikettieren. Dabei werden Sie meine Hilfe benötigen.»

«Dafür wird uns, wie ich befürchte, keine Zeit bleiben, denn die *Indien* wird bald ankommen. Ich mache das alles in Paris. Tut mir leid, denn es wäre für mich natürlich eine große Ehre, einen Naturwissenschaftler wie Sie, den französischen Linné sozusagen, an meiner Seite zu haben. Das können Sie mir glauben. Aber – und das wird Sie vielleicht beruhigen – geordnet und inventarisiert habe ich sie schon sehr sorgfältig, und zwar nach Ihren Methoden.»

Diese Zurückweisung verzieh Commerson ihm nie, und wenn er nicht verzieh, war er zum Schlimmsten fähig. Noch machte er sich Hoffnung und lief zu Poivre: Der Intendant mußte den Astronomen überreden, nicht so schnell wieder abzureisen!

«Beruhigen Sie sich, illustrer Meister», sagte der Intendant. «Mir wurden soeben ein paar Argumente in die Hände gespielt, die Ihren starrsinnigen Freund schon umstimmen werden. Denen wird ein aufs Reisen versessener

Mann wie er nicht widerstehen können. Er wird bleiben, das sage ich Ihnen, oder wenn er selbst nicht bleibt, werden seine Sammlungen dennoch Ihnen zur Verfügung stehen.»

Bei diesem Souper wurde Le Gentil wie ein von den Toten Auferstandener gefeiert. Kaum ein paar Worte konnte er mit Jeanne Baret wechseln, alle stürzten sich auf ihn. Und so wurde seine nicht unbedingt wissenschaftliche Neugier auf die Geheimnisse, mit der es der jungen Frau gelungen war, über zwei Jahre lang Dutzenden von liebestollen Seeleuten ihre wahre Natur zu verheimlichen, leider nicht gestillt. Außerdem wachte ja auch der ihm scheinbar die kalte Schulter zeigende Commerson eifersüchtig über seine nicht sonderlich attraktive Lebensgefährtin. Man wies Le Gentil den Platz zur Rechten der neuen Hausherrin Poivre zu, einer sehr jungen und sehr hübschen Kreolin. Jeanne Baret war ans andere Ende der Tafel verbannt, als Tischdame von Brigadier Estenaur, den Commerson nicht aus den Augen ließ.

«Ich erhielt soeben große Neuigkeiten aus Frankreich», verkündete Poivre. «Poutavery wird bald wieder unter uns sein. Sie haben natürlich auch von ihm gehört, Monsieur Le Gentil, nicht wahr?»

«Nein, wer ist das?»

«Aber, aber! Der Kytherer, den die *Boudeuse* und die *Etoile* nach Frankreich mitgenommen haben. Er glaubte sich von Monsieur de Bougainville adoptiert und wollte, wie es auf diesen gottgesegneten Inseln Brauch ist, den Namen seines neuen Vaters tragen. Aber dieser junge Wilde kann ihn nicht aussprechen. In seinem Mund wurde Bougainville zu Poutavery. Sein Name ist für uns allerdings auch unaussprechlich.»

«Aotourou», brummte Commerson am Ende des Tisches.

«Richtig, Tourlourou. Ich habe nun Monsieur de Bougainville geschworen, alles daranzusetzen, ihn wieder nach

Hause zu schaffen. Eine verlockende Reise für die, die ihn begleiten werden, nicht wahr, Monsieur Le Gentil?»

«Mag sein, und ich beneide sie darum. Aber ich für meine Person habe nach zehn Jahren auf See nur einen Wunsch, zurück in meine Heimat, zu meiner Arbeit und meinem seßhaften Gelehrtendasein.»

Man schrie auf, beteuerte, das Reisen würde ihm fehlen, innerhalb der Mauern seines Observatoriums würde er ersticken und sich ewig nach der Ferne sehnen.

In all den Jahren hatte Le Gentil diesen Menschentyp hier zu durchschauen gelernt. Würde er ihnen auch nur einen Funken Hoffnung belassen, würden sie ihn bis zur letzten Minute bestürmen. Unter anderen Umständen hätte er sich von diesen Sirenen vielleicht betören lassen, aber daheim in Coutances mußte er den Aasgeiern den Marsch blasen. Diese hier waren viel zu oberflächlich und leichtfertig, als daß er ihnen von den üblen Machenschaften der Erbschleicher hätte erzählen können. Noch mit keinem hatte er darüber gesprochen, nicht einmal mit Gouverneur Law in Pondichéry. Er hätte sich entehrt gefühlt, hätte er als Motiv für seine Heimreise das Geld erwähnen müssen.

Doch obwohl er unbeugsam blieb, schlichen sie wochenlang um ihn herum wie Katzen, die an den Waden herumstreichen, um Futter zu erbetteln. Der Intendant gab ihm durch die Blume zu verstehen, die junge und hübsche Madame Poivre berufe sich ständig auf ihn, den Astronomen, und wie durch Zufall traf er auch immer nur auf sie, wenn er sich nach Montplaisir begab: Der Gatte sei auf Geschäftsreise, das Dienstpersonal habe frei, und Commerson, Jeanne Baret und der getreue Zeichner Jossigny seien auf Kräutersuche. Ein solches Tête-à-tête floh er so schnell wie möglich, blieb nur so lange, wie es der Anstand gebot, denn die List war zu offensichtlich und sein Begehren zu stark. Ende Juni wurde ihm endlich die Ankunft eines Schiffes aus Mahé gemeldet: *L'Indien* war da! Er stürzte zum Hafen, und die Enttäuschung war groß. Es war die *Vigilant* mit Heimathafen Ile-de-France, die also nicht nach Europa fahren würde. Da er mitten unter den Gaffern dem Entladen zusah, bemerkte er, wie eine Trage auf dem Kai abgesetzt wurde. Er trat näher. Es war Véron. Der Kranke war in jämmerlichem Zustand, leichenblaß, fast grün unter gebräunter Haut. Er war erschreckend abgemagert, und das Gesicht war verklebt von übelriechendem, gelbem Schweiß.

«Ach, Ihr seid es, Guillaume», sagte Véron aufgeregt. «Ich soll Euch grüßen von den Herren Roxo und Roxas. Wir haben es so bedauert, daß Ihr nicht bei uns wart! Ein prachtvoller Merkurtransit! Wäret Ihr doch dabeigewesen ...»

«Ruhe, mein Freund, nicht so aufgeregt», erwiderte Le Gentil und faßte nach seiner Hand. «Wir werden dich jetzt erst einmal pflegen. He, ihr Burschen, bringt Monsieur zu mir nach Haus, in mein Schlafzimmer! Und du, renn nach Montplaisir und hole Doktor Commerson. Sag ihm, Monsieur Véron sei zurück, und er sei krank. Verdammt noch mal, du bist wirklich zu blöd! Dein Pferd! Bis nachher, Pierre-Antoine. Versuche zu schlafen. Ich bin bald wieder da.»

Er jagte in gestrecktem Galopp davon. In Poivres botanischem Garten entdeckte er Commerson in verdrecktem Kittel und mit Strohhut. Als dieser Le Gentil kommen sah, verzog er das Gesicht und widmete sich betont ernsthaft seiner Arbeit: Er veredelte schließlich Pflanzen. Und als dieser ihn anherrschte, schleunigst mit ihm zu kommen, um Véron zu retten, sagte er erst einmal:

«Gut, ich werde mich umziehen. In diesem Aufzug kann ich mich schließlich nicht sehen lassen.»

Le Gentil packte ihn und hievte ihn aufs Pferd. So betrat der Botaniker, als Gärtner gewandet, das Zimmer, in dem der Kranke lag. Der Arzt von Port-Louis und der Schiffsarzt der *Vigilant* waren schon bei ihm. Untätig mußte Le Gentil ihr Palaver mit anhören. Er bereute es schon, nicht den alten Hexenmeister geholt zu haben, der ihn beim ersten Fieberanfall geheilt hatte. Das hochmütige und autoritäre Gehabe von Commerson regte ihn zusätzlich auf, zumal die beiden anderen sich mit dem Fieber, das in diesen Breiten grassierte, eindeutig besser auskannten. Wie dumm von ihm, daß er gedankenlos seinen eigenen Vorurteilen als Pariser gefolgt war und den Botaniker geholt hatte! Am Ende der Beratung nahm der Arzt von Port-Louis ihn beiseite.

«Viel Hoffnung habe ich nicht für Ihren Freund. Wie er mir erzählte, hat er auf den Molukken nächtelang den Himmel beobachtet. Und die Luft dort ist ungesünder als irgendwo anders. Und das Fieber weitaus heftiger. Ich gebe ihm keinen Tag mehr. Und was Sie anbetrifft, Monsieur, gestatten Sie mir einen Rat: Kehren Sie so schnell wie möglich nach Frankreich zurück, und lassen Sie sich nicht einwickeln von all den Leuten hier. Wenn Sie erst einmal wieder auf heimatlichem Boden stehen, brauchen Sie auch keine Folgeerscheinungen mehr zu befürchten. Wenn Sie Ihre Forschungen aber in diesen Breiten hier fortsetzen, kann ich auch für Sie nicht mehr garantieren. Ihr Madagaskarfieber, gekoppelt mit dem von Monsieur Véron ...»

Véron starb drei Tage nach seiner Ankunft, am 1. Juli 1770, im Alter von siebenunddreißig Jahren. In der Euphorie, die seinem letzten Atemzug voranging, bat er Le Gentil, seine Aufzeichnungen, Karten und Tagebücher mit nach Paris zu nehmen. Dann sagte er noch:

«Ich habe es nicht einmal rund um die Welt geschafft, bin nicht einmal Akademiemitglied, und Venus habe ich auch verpaßt. Na ja, aber O-Taheiti, das habe ich gesehen.»

Nach der Beerdigung nahm Le Gentil Poivre beiseite:

«Wie ich erfuhr, haben Sie, Herr Intendant, die Koffer meines armen Kollegen in Verwahrung. Noch bevor er starb, bat er mich, seiner Familie die persönlichen Dinge und der Akademie der Wissenschaften die Früchte seiner Arbeit zu überbringen.»

«Hat er Ihnen das schriftlich gegeben?»

«Wie sollte er? Aber mindestens drei Personen können es bezeugen, abgesehen vom Priester.»

«Spielen Sie sich doch nicht so auf, ich bitte Sie», erwiderte der Intendant. «Glauben Sie wirklich, ein Friedhof sei der geeignete Ort, um über derlei zu reden? Kommen Sie morgen zu mir nach Montplaisir. Meine Gemahlin wird sich über Ihren Besuch freuen. Sie lassen sich ja so selten blicken.»

Am nächsten Morgen zur vereinbarten Zeit war Le Gentil zur Stelle. Mit den üblichen verschrobenen Umständlichkeiten gab Poivre ihm zu verstehen, diese Dokumente seien für ihn von höchstem Wert bei der Verwaltung der Insel und ermöglichten es ihm vor allem, seine Jagd nach den holländischen Gewürzen nochmals aufzunehmen.

«Ich hatte Monsieur Véron gebeten, mir ein paar Setzlinge von den Molukken mitzubringen, weil wir versuchen wollten, sie hier zu akklimatisieren. Leider haben die Umstände es ihm verwehrt. Und Monsieur de Bougainvilles Expedition – das sage ich Ihnen im Vertrauen – war umsonst. Nicht einmal eine Gewürznelke hat er erwischt! Monsieur de Commerson hingegen ist ein Poet, ihn kümmert es nicht, ob seine Kunst dem Königreich konkrete Gewinne einzubringen vermöchte. Ich war erschüttert, als ich sah, wie er über dem Sarg Monsieur Véron eine Blume widmete, ‹diese Blume in Gestalt eines Sterns, der sich zwar zeigt, auf schwärzlichem Grund aber übersät ist von Tränen›. Er taufte sie *Veronia tristiflora*. Mußten Sie dabei nicht auch Tränen vergießen wie ich?»

«Nein. Véron verkörperte Fröhlichkeit, Freundschaft und Phantasie. Ich hätte mir für ihn eine glanzvollere Pflanze gewünscht. Oder einen Stern.»

«Na ja, lassen wir das. Monsieur Vérons Aufzeichnungen erscheinen mir sehr wertvoll, ich habe sie durchgesehen, sie sind wirklich bewundernswert. Und seine Karten sind Wunderwerke an Präzision. Für die Ile-de-France werden sie weitaus nützlicher sein als im Staub einer Schublade in Paris, wo sie in Vergessenheit geraten werden.»

«Gut, dann lassen Sie sich Kopien anfertigen, die Sie behalten können.»

«Kein Mensch hier wäre in der Lage, das Talent als Zeichner und Karthograph dieses großen, viel zu früh verstorbenen Gelehrten auch nur nachzuahmen.»

«Dann werde ich es selber tun. Ich bin recht geschickt mit der Feder.»

«Das hatte ich erwartet, Monsieur Le Gentil. Danke.»

Poivre ließ Vérons Aufzeichnungen bringen. Sie waren amtlich numeriert und paraphiert. Der Intendant hatte also nicht einmal so viel Schamgefühl bewiesen, den Tod des Astronomen abzuwarten, bevor er dessen Koffer durchwühlte.

«Unterschreiben Sie mir die Empfangsbestätigung.»

«Die Empfangsbestätigung?»

«Ja. Sie müssen sie mir ja zurückbringen, wenn Sie die Kopien fertig haben.»

«Kommt nicht in Frage! Ich nehme die Originale mit, und Sie behalten die Kopien.»

«Gewiß nicht, mein lieber Le Gentil. Die Ile-de-France behält die Originale, und Sie nehmen Ihre Kopien mit. Sollte sich auch nur ein Fehler einschleichen, dann wären die Konsequenzen womöglich irreparabel.»

Le Gentil glaubte eine Kopie von Gouverneur Raon vor sich zu haben. Franzosen oder Spanier – sie waren doch alle die gleichen. Fern der Heimat glaubten sie, sich alles, aber auch alles erlauben zu dürfen.

Er gab nach. «Gut. Ich werde sie Ihnen zurückbringen.»

Nun plusterte Poivre sich auf wie jene Affen, die Le Gentil auf den Philippinen gesehen hatte. Vollgefressen stopften sie sich noch Nahrungsvorrat in ihre Hängebacken.

«Ich hatte eigentlich vor, Monsieur Véron zu bitten, Poutavery auf seine Insel zurückzubringen, da Sie das ja nicht übernehmen wollen. Oder hat der Tod unseres beklagenswerten Freundes Sie vielleicht umgestimmt?»

«Nein, ich fahre nicht nach O-Taheiti», entgegnete Le Gentil. «Ich kehre nach Hause zurück.»

Er setzte sich an seinen Arbeitstisch und kopierte. Aus Angst vor Commersons Donnerwetter, das er nun wirklich nicht auch noch brauchen konnte, ersuchte er heimlich den Zeichner Jossigny, der diese zwei Jahre auf See mit dem Botaniker und dem verstorbenen Astronomen zugebracht hatte, sich um Vérons Karten und Skizzen zu kümmern, während er die Texte kopierte. Der Maler erledigte diese Aufgabe sehr gewissenhaft: Véron und er waren gleichaltrig und hatten sich angefreundet. Während er zeichnete, lag Jossigny Le Gentil in den Ohren mit seinen Schilderungen der reizvollen Blumenmädchen von Neukythera und betonte immer wieder, wie leicht sie beide es gehabt hätten, diese Mädchen zu erobern.

Wenn er sie doch zum Teufel jagen könnte, diese Sippschaft in der Normandie! Ihretwegen, so dachte Le Gentil insgeheim, würde er nie die *wahines* sehen!

Sie unterbrachen ihre Benediktinerarbeit am 26. Juli, als endlich die Ankunft der *Indien* gemeldet wurde. Welch glücklicher Zufall: Le Gentil kannte den Kapitän! Sofern man das noch Zufall nennen will, denn inzwischen, nach all den Jahren, hätte er die einzelnen Besatzungsmitglieder sämtlicher im Indischen Ozean kreuzenden Schiffe auswendig hersagen können. Dieser Seebär hier beteuerte nun, sein Schiff würde innerhalb von drei Wochen wieder ablegen, und jedermann solle schleunigst seine Sachen zusammenpacken. Drei Tage später kam der Gegenbefehl: Der Intendant hatte verlangt, daß die *Indien* bis zum Abschluß der Zuckerrohrernte hier liegen blieb, was noch zwei oder drei Monate dauern konnte.

Ein kleiner Trost in dieser neuerlichen Widrigkeit war die Mitteilung, daß sein ehemaliger Assistent Gratot in Pondichéry aus dem Hospital, wo man ihn als Irren behandelt hatte, freigekommen war. Der Glaube hatte diesem nostalgischen Matrosen Erleuchtung gebracht. Er hatte sich eine Tonsur schneiden lassen und bekehrte von nun an die Heiden an der Koromandelküste. Die Kirche drückte ein Auge zu, wenn es darum ging, neue Missionare zu rekrutieren. Berufungen kamen nicht mehr so häufig vor. Nun war er auch die Gewissensbisse los, die er insgeheim mit sich geschleppt hatte, und so konnte Le Gentil seine Kopistenarbeit beruhigt wieder aufnehmen.

Endlich dann – im Verlauf des Monats August – händigte er Poivre die Originale wieder aus, verlangte aber nun seinerseits eine Empfangsbestätigung und ein detailliertes Schriftstück mit Erklärungen, warum er, Le Gentil, zu dieser mühseligen Arbeit gezwungen gewesen war. Der Intendant beugte sich bereitwillig diesen Forderungen, die ihm nicht hinterhältig schienen. Er war so weit von Frankreich entfernt und so mächtig in seinem Inselkönigreich, daß er sich für unverwundbar hielt.

Am 23. Oktober entstieg einem aus Frankreich kommenden Schiff der von Commerson und Poivre so heiß Ersehnte: Aotourou, Poutavery, Bougainvilles Kytherer. Trotz seiner Neugierde wollte Le Gentil ihn nicht sehen. Diesmal spornte Commerson ihn an: Ruhm und Ehre würde es ihm eintragen, wenn er den Wilden in die Heimat zurückbrächte.

«Fahren Sie doch selbst», entgegnete Le Gentil.

«Monsieur Poivre hat mich mit einer sehr heiklen Aufgabe betraut: Ich soll allerlei Gewürzpflanzen hier akklimatisieren. Und damit arbeite ich zum Wohle unseres Vaterlandes. Können Sie dasselbe von sich behaupten? Wenn Sie diesen Jungen zu den Seinen zurückbrächten, hätten Sie zumindest ein beachtliches Werk der Nächstenliebe vollbracht.»

Und lüstern fügte der Botaniker noch hinzu:

«Während Sie unterwegs sind, könnte ich mich um Ihre Sammlungen aus Madagaskar kümmern.»

Schroff wies Le Gentil dieses Ansinnen zurück und erklärte, in puncto Ehre und Nächstenliebe habe ihm niemand eine Lektion zu erteilen!

«Sie werden es bereuen, Le Gentil, Sie werden es bereuen.»

Der Astronom zuckte mit den Schultern. Kaum in Montplaisir zurück, schrieb Commerson mir einen Brief, in dem er Le Gentil de La Galaisière aller nur denkbaren Schandtaten bezichtigte.

Tatsächlich vertrieb Guillaume sich die Langeweile neuerdings mit höchst skandalösem Tun, wie es bei diesen engstirnigen Inselbewohnern hieß. Er trieb sich herum mit zwei neuen Freunden, die allerdings wichtige Persönlichkeiten waren. Der Brigadegeneral und Vizekommandant der Insel war der zweite Mann hinter dem farblosen Gouverneur Dumas, und ihm unterstand die gesamte Garnison; und Vicomte de Modave, Chevalier de Saint-Louis, war Regimentskommandant und verantwortlich für Zoll und Schiffswesen. Nicht nur aus Sympathie hatte Le Gentil sich diese beiden als Zechkumpane gewählt, mit ihnen brachte er Heer und Marine auf seine Seite, und das waren gewichtige Trümpfe im Gerangel mit Monsieur Poivres Ostindienkompanie. Obwohl die Stunde seiner Abreise näher rückte, fürchtete er immer noch die gleichen Hürden wie in Manila, denn aus seiner Sicht gehörten Poivre und Raon zur gleichen Sippschaft.

Endlich, Anfang November, hieß es «alle Mann an Bord!» Le Gentil verlud seine acht Kisten und all seine persönliche Habe und gab in den Gärten der Witwe Nihil noch ein großes Abschiedsfest. Intendant Poivre, Gouverneur Dumas und all die Inselhonoratioren waren natürlich da, nur Commerson, angeblich auf Exkursion im Hügelland, geruhte nicht, ihm zum Abschied die Hand zu drücken. Danach ging er gleich an Bord. Doch noch zwei oder drei Tage mußte gewartet werden. Wie es hieß, war eine der Zuckerrohrlieferungen aus dem Innern der Insel verspätet eingetroffen. Als schließlich auch diese paar Bündel verladen waren, konnte *L'Indien* am 19. November endlich die Anker lichten. Le Gentil würdigte die zurückbleibende Küste keines Blicks.

Der Himmel sah zwar bedrohlich aus, der Seegang war gewaltig, aber der Wind blies munter und aus voller Kraft. Tags darauf erreichten sie die Insel Bourbon und legten in der Reede von Saint-Denis an. Obwohl die Freunde Lanux und Desforges-Boucher ihn erwarteten, weigerte sich Le Gentil, an Land zu gehen. Acht Tage später blieb ihm nichts anderes übrig: Mit aufrichtigem Bedauern erklärte ihm der Kapitän, die Post sei noch nicht vollständig eingesammelt, da eine der Postkutschen, die die Briefe vom anderen Ende der Insel zu bringen pflegte, bei starkem Regen einen Unfall gehabt habe. Am 3. Dezember verließen sie endlich Saint-Denis. Es war keine echte Abreise, eher eine Flucht, denn ein Orkan schien sich anzukündigen, und damit das Schiff nicht an der Küste zerschellte, mußte man so schnell wie möglich hinaus aufs Meer. Der Himmel war schwarz von schweren Wolken und das Wasser wie zerschnitten durch riesige Wellen. Kaum hatten sie das Hafenbecken und dann all die Klippen hinter sich, trug ein heftiger Wind sie davon. Bald schon schleuderte er sie mitten hinein ins Auge des Orkans. Alle Seeleute, die in diesen Breiten fuhren, wußten, dies war die Saison der Stürme. Aber wegen all dieser angesammelten und wohl von einem böswilligen Gott verfügten Verspätungen hatte *L'Indien* sich nicht schnell genug davonmachen können. Le Gentil gab diesem Gott einen Namen: Poivre. Nach all den Verfolgungen durch Männer, Himmel und Meer begann auch er schon überall Komplotte zu wittern.

Dies war der schlimmste Sturm, den er je erlebt hatte. In der Nacht, als sie unter dem Focksegel beigedreht hatten, brach die Ruderpinne in der Nute ab. Dann barst der Bugspriet und riß Marsstenge und Bramstenge mit. Im chaotischen Durcheinander von Holz, Seilen und Taukloben standen die Männer an Deck und blickten angstvoll zum Großmast hinauf. Seine schon arg gebeutelten Wanten würden ihn nicht mehr lange halten können. Bei jedem Schlingern schwankte er bedrohlich.

Plötzlich, am Nachmittag des nächsten Tages, beruhigte sich der Orkan. Als der Kapitän und Le Gentil Bilanz zogen, mußten sie feststellen, daß der Sturm sie sehr weit fortgetragen hatte. Das Vernünftigste war wohl, erneut die Ile-de-France anzusteuern. Eine Woche lang fabrizierten sie eine notdürftige Takelage, die sich dann mühsam durch Gegenwinde hindurchkämpfte und sie doch schließlich wieder in die Reede von Port-Louis brachte, wo sie am 1. Januar Anker warfen.

Heulend vor Zorn überwachte Le Gentil das Ausladen seiner acht Kisten. Da legte sich eine Hand auf seine Schulter: Es war Poivre.

«Ich grüße in Ihnen einen abermals wie durch ein Wunder Geretteten. Glauben Sie nicht auch, daß allein die göttliche Vorsehung Sie zu uns zurückbringt und Ihnen damit eine Botschaft zuteil werden läßt? Kommen Sie mit nach Montplaisir. Dort werden Sie mit Freund Commerson und Poutavery in guter Gesellschaft sein.»

Le Gentil mußte sich bezwingen, ihm nicht an die Gurgel

zu gehen. Unsanft schüttelte er den Mann ab und ging auf Brigadier Estenaur zu.

«Ich bitte um Ihre Gastfreundschaft, mein Freund, für mich und meine Kisten.»

Mit Freude wurde sie ihm gewährt. Das Haus des Garnisonskommandanten lag hoch oben über Port-Louis. Von dort aus konnte man alle in die Reede einlaufenden Schiffe sehen. Doch vor Mitte Februar war nichts zu erwarten. Dann würden die Frachter aus China kommen. Doch sie kamen nicht, und Le Gentil, der ständig den Horizont absuchte, verdarb sich nur die Augen.

Endlich, am 7. März, lief ein spanisches Schiff in den Hafen ein. Die *Astrée*! Le Gentil erkannte sie wieder. Sein Herz machte einen Freudensprung. Er wußte, diese Kriegsfregatte unterstand dem Kommando von Don José de Cordoua, einem ehemaligen Offizier auf der *Bueno Consejo*, mit der er fünf Jahre zuvor nach Manila gereist war. Er rannte den Hügel hinab bis zum Zollamt.

«Was? Monsieur Le Gentil?» rief Cordoua aus. «Ich dachte, Sie wären längst zurück in der Heimat.»

Der unnachahmliche Akzent des Spaniers, der jedes französische Wort so genüßlich aussprach, wie man einen guten Wein degustiert, versetzte Le Gentils Herz in Entzücken. Und nachdem der Regimentskommandant Modave mit der Inspektion von Schiff und Fahrtenbuch fertig war, trat er zu den beiden, die sich so herzlich über das Wiedersehen freuten, und sagte:

«Wie ich sehe, brauche ich Sie einander nicht vorzustellen. Abgesehen von deinem Arsenal, Don José, das ich konfiszieren mußte, sowie der Million Pistolen, die du zu schmuggeln gedachtest, ist an Bord der *Astrée* alles in bester Ordnung. Du bist natürlich mein Gast.»

«Doch wohl eher dein Gefangener, oder? Logiert Monsieur Le Gentil auch bei dir?»

«Leider nein, er zieht lieber unters Dach von Monsieur Estenaur. Aber heute abend möchte ich euch alle in meinem Landhaus sehen.»

Als Cordoua im Verlauf des Soupers von all den Mißgeschicken des französischen Astronomen und der Verspätung der Schiffe aus China hörte, lud er ihn ein, doch auf dem spanischen Schiff zu reisen. Und um diese Einladung zu bekräftigen, sagte er in seiner Muttersprache: «Das Schiff ist zwar schmal, der Wille aber unendlich weit.»

Um die hierarchischen Gepflogenheiten zu wahren, begab sich Le Gentil gleich tags darauf zum Landsitz von Intendant Poivre, der erkrankt war.

«Nichts und niemand kann Sie daran hindern, beim Kapitän der *Astrée* Ihr Reisegesuch einzureichen», sagte er, nachdem Le Gentil ihm seinen Plan unterbreitet hatte. «Und Sie unter Zwang hier festzuhalten steht auch nicht in meiner Macht. Doch gestatten Sie mir einen Rat: Warten Sie auf die Schiffe aus China. Die Passage wird Sie nichts kosten. Oder glauben Sie, daß man es in Versailles gutheißen wird, wenn Sie das Geld des Königs einer fremden Nation zuspielen? Aber das ist Ihre Angelegenheit. Nur – nach allem, was ohnehin schon über Sie gemunkelt wird, wäre es klüger von Ihnen, meinen Rat zu befolgen. Das fällt ohnehin nicht in mein Ressort, dafür ist Gouverneur Dumas zuständig. Hingegen steht es durchaus in meiner Macht, Ihnen zu verbieten, Ihre naturkundlichen Sammlungen, die ja nicht Ihr Eigentum sind, an Bord eines spanischen Schiffes zu verfrachten. Sie sind Eigentum Seiner Majestät Ludwig XV. und verbleiben daher an Bord der *Indien*, die, sobald dieses französische Schiff wieder seetüchtig ist, die Kisten direkt nach Frankreich bringen wird.»

«Da sind wir also wieder beim gleichen Thema! Ich verlange eine schriftliche Bestätigung Ihrer Worte, Herr Intendant!»

«Das gleiche verlange ich von Ihnen.»

Es ging also wieder los wie mit Raon. Vorsichtshalber unternahm Le Gentil vom gleichen Tag an all seine Demarchen nur noch schriftlich, obgleich sein entferntester Korrespondent, der Gouverneur, nur vier Meilen weit auf seinem Landsitz in Réduit residierte. Er mokierte sich über sich selbst, als er seinem Gastgeber Estenaur verkündete, er werde ihm eine Botschaft schicken, aber Spaß machte ihm das Ganze keineswegs. An Cordoua schrieb er nicht, damit man ihn nicht der Konspiration mit einem ausländischen Offizier bezichtigte. Da schaltete er lieber Modave als Mittelsmann ein. Einige seiner Briefe gingen verloren, andere brauchten eine Woche, bis sie ihren Adressaten erreichten. War es Nachlässigkeit des Zustellers oder Unterschlagung? Er wollte es gar nicht mehr herausfinden.

Die aus China kommenden Schiffe legten am 17. März an. Die *Duras* und das sie begleitende Fleuteschiff gehörten einem privaten Reeder, der in vielerlei Hinsicht aber doch von der Ostindienkompanie und somit von Monsieur Poivre abhängig war. Daß er sich auf der *Astrée* einschiffen würde, war so gut wie sicher, aber um denen hier keine Angriffsfläche zu bieten, reichte Le Gentil sein Gesuch um eine Passage auch beim Kommandanten dieser zwei Schiffe ein. Eine geheime Stimme schien ihn in seinem ursprünglichen Plan, mit der *Astrée* zu reisen, zu bestärken. Er wußte, daß Poivre eigenmächtig die Passagierliste bestimmen konnte, obwohl das eigentlich dem Kapitän oblag. Wie immer hatten sich auch jetzt schon viele gemeldet: Siedler, die nach Frankreich wollten, um dort ihre Angelegenheiten zu regeln, Beamte und Angestellte der *Compagnie,* die in die Heimat zurückkehrten. Der Intendant wählte aus, und der Gouverneur begnügte sich damit, die Liste abzuzeichnen. Die Zeiten von Desforges-Boucher lagen weit zurück.

Er schrieb also an Poivre und ersuchte um den ersten Platz auf der Passagierliste der *Duras*. Poivre verwies ihn an Dumas, der seinerseits erklärte, diese Entscheidung obliege dem Kommandanten der *Duras*. Auch drei Audienzen, die er beim Gouverneur erwirken konnte, verliefen ergebnislos. Schließlich erfuhr er von Estenaur, sein Name stehe überhaupt nicht auf der Passagierliste der *Duras*. Er wußte, woher der Wind wehte, schrieb aber dennoch an den Gouverneur und bat ihn, den Vertreter des Königs, um die schriftliche Erlaubnis, auf dem spanischen Schiff nach Frankreich reisen zu dürfen. Keine Antwort.

Eines Abends traf er anläßlich eines Soupers auf den ebenfalls geladenen Dumas. Das hatte eindeutig der Gastgeber, Monsieur de Modave, eingefädelt. Le Gentil legte es bewußt darauf an, daß sämtliche Gäste Zeugen des Gesprächs wurden. Ein erregtes Gespräch, denn der Gouverneur entzog sich dem Ansuchen des Astronomen, woraufhin dieser auf schriftlicher Bestätigung bestand, eine öffentliche Beleidigung, die den Gouverneur derartig verletzte, daß er krank wurde und sein Stellvertreter Estenaur dann alle Bestätigungen, die Le Gentil brauchte, unterzeichnen konnte. Der schlaue Poivre tat es ihm gleich; sein Brief triefte nur so von Komplimenten und Lobeshymnen. Aber über die Kisten aus Madagaskar fand sich kein Sterbenswörtchen. Als Le Gentil am gleichen Abend mit Monsieur de Modave auf der *Astrée* soupierte, rügte Kapitän Cordoua mit liebevollen Worten seinen Gast, ihn nicht eingeweiht zu haben in all diese Scherereien. In einigen Tagen könnte seine Fregatte auslaufen, und Le Gentil würde, das verspreche er, durch eine Geschützsalve gerufen werden.

Als er am nächsten Morgen damit beschäftigt war, seine astronomischen Instrumente zu verladen, erschien ein obskurer Zollbeamter und machte ihm abermals Schwierigkeiten: Diese zwei Kisten dürften ohne Erlaubnis des Gouverneurs nicht an Bord! Wieder mußte Estenaur geholt werden, der die Angelegenhcit dann aber regelte.

Am 30. März um zehn Uhr vernahm man eine Geschützsalve. Blitzartig war Le Gentil an Bord der *Astrée*. Als der Hafen in der Ferne versank, fiel ihm ein, daß er sich weder von der Witwe Nihil noch von Commerson verabschiedet hatte.

Diese Fahrt verlief ausnahmsweise einmal ohne oder fast ohne Komplikationen. Innerhalb von zwei Wochen kämpften sie sich durch ein entfesseltes Meer um das Kap der Guten Hoffnung herum. Le Gentil war abergläubisch geworden: Die Aussicht, nach zehn Jahren voll harter Prüfungen, Kummer und Mißerfolgen doch noch unterzugehen, ließ ihn die Gefahren übertreiben, denn die kleine Fregatte schlängelte sich elegant durch die Wellen und triumphierte über die aufgewühlte See. Und während einer Windstille konnte er sogar eine Mondfinsternis beobachten, bei der nächsten Flaute die Position der Sandaalbank bestimmen und ein paar Beobachtungen zu Canopus und Sirius sowie zur Sonnenlichtbrechung notieren. Dann legte der Sturm wieder los. Am 11. Mai endlich hatten sie es ums Kap herum geschafft.

Ein paar Tage später, als sie auf der Höhe von Angola waren, wurde die *Astrée*, obwohl sie doch flink war, von den zwei aus China kommenden französischen Schiffen eingeholt, die erst zehn Tage nach ihnen losgefahren waren. Man drehte bei, um sie herankommen zu lassen. Der Kapitän der *Duras* stieg an Bord und berichtete, die schon seit Monaten kursierenden Gerüchte über Spannungen zwischen England und der französisch-spanischen Allianz verdichteten sich. Mit ihrer vier bis fünf Millionen Livres teuren Ladung – Le Gentils Instrumente nicht eingerechnet – wären die beiden Handelsschiffe für feindliche Korsaren schon eine recht verlockende Beute, und daher bitte er Kapitän

Cordoua mit seinen achtundzwanzig Bordgeschützen um Geleitschutz bis auf die Höhe vom Wendekreis des Krebses, wo er sich von einem französischen Geschwader Hilfe erhoffe.

Zwei Wochen nach diesem Gespräch – die drei Schiffe fuhren nun tatsächlich im Verbund –, wurde ein englischer Dreimaster gesichtet. Cordoua gebot ihm Einhalt, ließ ein Boot zu Wasser und erklärte dem englischen Kapitän, er betrachte sein Schiff als Kriegsbeute und werde es durchsuchen. Der andere entgegnete, es habe in der Tat Befürchtungen gegeben, aber nun sei doch in Europa der Friede wieder in Mode gekommen und von Krieg oder Kriegsbeute keine Rede mehr. Zum Beweis zeigte er eine in London erschienene Gazette vor, in der berichtet wurde, die drei Mächte würden abrüsten. Dann lud er die Offiziere und Le Gentil an Bord seines Schiffes, wo sie sich an frischer Nahrung delektieren könnten. Und so aß Le Gentil zum ersten Mal in seinem Leben Kartoffeln. Er fand sie fade und wäßrig. Im Verlauf dieses Abends lud der Kapitän der *Duras* Le Gentil dann ausdrücklich ein, auf seinem Schiff direkt mit nach Brest heimzufahren.

«Ich hatte gedacht, Kapitän, auf Ihrem Schiff sei nicht einmal mehr Platz für eine winzige Hängematte. So sagten Sie zumindest, als wir beim Gouverneur waren. Wie Sie ja auch erwähnten, andere hätten dringendere Motive als ich, um auf schnellstem Wege nach Frankreich zu reisen.»

«Ich weiß, daß ich Ihnen unrecht tat. Aber glauben Sie nicht, daß die Entscheidung bei mir lag. Die Ostindienkompanie, unser Kunde ...»

«Monsieur Poivre?»

«Mehr kann ich vor Fremden nicht sagen, Monsieur. Aber Ihre Frage trägt die Antwort ja schon in sich.»

«Seien Sie doch so freundlich, Kapitän, mir Ihre Einladung nochmals schriftlich zu wiederholen. Meine Antwort wird negativ ausfallen, denn Don Cordoua erwies mir die Güte, mich auf seinem Schiff willkommen zu heißen, und für mich ist es eine Ehrensache, ihn jetzt nicht zu verlassen, nachdem alle Gefahren hinter uns liegen.»

«Ich verstehe, aber glauben Sie mir, daß diese Ihre Entscheidung mir persönlich sehr leid tut», erwiderte der Kapitän der *Duras*.

Es blieb dabei, und bald schon verschwanden die beiden französischen Schiffe am Horizont. Endlich, am 1. August 1771, warf die *Astrée* Anker vor Cadiz. Le Gentil wollte die Hitzeperiode verstreichen lassen und quartierte sich einen Monat lang beim französischen Konsul ein. Mitten im Hochsommer per Wagen durch ganz Spanien zu reisen hätte seine Kräfte wohl überstiegen. Und Geld besaß er auch nicht mehr. Don Cordoua wollte ihm aushelfen, aber das lehnte er ab und akzeptierte nur ein Geschenk vom französischen Konsul. In Madrid ging er dann noch schnell ins Marineministerium, um Graf Ariaga zu danken.

Am 8. Oktober 1771 überquerte er bei Roncesvalles – oder Roncevaux – die Pyrenäen und setzte um neun Uhr früh zum ersten Mal wieder den Fuß auf französischen Boden – nach elf Jahren, sechs Monaten und dreizehn Tagen.

Von all seinen naturkundlichen Sammlungen führte er in seinem persönlichen Gepäck nur einen Gegenstand mit, den er seit Manila gehegt und gepflegt hatte: eine Topfpflanze.

Der Astronom und die Blume

Ich hatte vergessen, von dieser Blume zu erzählen, wahrscheinlich, weil sie mir Gewissensbisse verursacht. Sie war vielfältig. Eigentlich ist sie ein Halbstrauch mit reichem Blütenstand, breiten, dicken und eher schweren Blättern, über denen sich, wenn die auswärts gekrümmten Kapseln aufspringen, Dutzende von kleinen Blüten entfalten, die, je nach Bodenbeschaffenheit, rosa, lila oder weiß sein können. Die von Le Gentil strahlte in jenem tiefen Blau, das man Ultramarin nennt.

Er hatte diese Pflanze bei einem seiner Streifzüge durch die Inselwelt der Philippinen entdeckt. Seine Schritte hatten ihn bis zu einem chinesischen Dorf gelenkt, dessen Bewohner ein paar Tage zuvor aus der spanischen Kolonie vertrieben oder umgebracht worden waren. Vor den hübsch bemalten Holzhäuschen lagen kleine viereckige und von niedrigen Hecken umschlossene Gärten. In vielen von ihnen standen, zu Büschen geformt, diese Pflanzen, von kundiger Hand arrangiert, je nach Farbton, wobei mal der krasse Kontrast, mal die nuancierte Abstufung den Blickfang bildete. Roxas, sein Begleiter auf dieser Erkundungstour, nannte als Namen «Rose aus China» oder «Rose aus Japan». Behutsam gruben sie ein paar aus und setzten sie in Töpfe. Dabei fühlten sie sich wie Leichenfledderer im Gefolge der Heere. Als sie wieder in Manila waren und Le Gentil sich bewußt wurde, daß er sie ja leider lebendig nicht würde mitnehmen können, weil sie viel zuviel Platz beanspruchten, begann er sie zu zeichnen. Dann trocknete er ein paar Blüten und Blätter, ein paar Stengel und Wurzeln, preßte sie, sortierte sie für das Herbarium und schenkte den Rest seinen Freunden. Doch eine, die tiefblau war, behielt er für sich, und die nannte er, Reine Lepaute zu Ehren, *Pautia*.

Ich finde, das klingt nicht schön, *Regina Pulchrissima* wäre mir lieber gewesen, aber Le Gentil war eben weder Poet noch Musiker.

Als er aus Manila fliehen mußte, nahm er sie mit, in seiner Kajüte. Und so reiste die *Pautia* auf einem portugiesischen Schiff durch das Molukkenmeer, durch die Malakkastraße bis nach Pondichéry. Im Turm des ehemaligen Gouverneurspalastes, der ihm Observatorium und Behausung war, stellte er sie vor seiner Pritsche auf, begoß sie täglich mit Sorgfalt und glättete ihre Blätter mit einem feuchten Tuch. Weder Gratot noch Hadrian durften sie berühren. Als er nach seinem Ohnmachtsanfall in dem vom Stabsarzt von Pondichéry gestifteten Bett wieder aufwachte, war fast das erste, um das er bat, man möge ihm seine *Pautia* bringen. Und auf der Ile-de-France, auf der Veranda des kleinen von Richter Nihil gemieteten Hauses, da stand sie dann, speicherte Saft und Kraft und entfaltete sich zu einer Schönheit. Und da er sie jede Nacht in sein Zimmer holte, was gar nicht nötig gewesen wäre, weil sie widerstandsfähig genug war, erlebte sie auch Vérons Agonie. Und Commerson zeigte weitaus mehr Interesse für sie als für den Sterbenden.

«Was ist das für eine amüsante Pflanze?» fragte der Botaniker.

Er hätte statt «Pflanze» auch «Frau» sagen können, so lüstern klang seine Stimme.

«Ich weiß nicht. Sie stammt aus Manila. Ich fand sie einfach hübsch. In meinem Garten in Coutances wird sie sicher ein Blickfang sein.»

Le Gentil spielte den Gleichgültigen, als hätte man ihn nach einer heimlichen Mätresse gefragt, die er angeblich gar nicht kannte. Commerson insistierte nicht, es war ja auch nicht der richtige Zeitpunkt, denn Véron lag im Sterben. Es schien dem Botaniker ohnehin diplomatischer, zuerst einmal so zu tun, als hätte er die Pflanze längst wieder vergessen. Er würde sie sich schon noch vornehmen, aber erst nach den Madagaskar-Kisten.

Die *Pautia* trotzte an der Seite ihres ergebenen Dieners auch dem Orkan bei der Insel Bourbon und war die einzige, die um seine Verbitterung wußte angesichts der Bosheit all derer, die ihren Lebensgefährten an der Rückkehr nach Frankreich hindern wollten. Mut bewies sie in den Stürmen am Kap der Guten Hoffnung, und nur weil Krieg nicht mehr Mode war, enterte sie nicht mit fliegenden Fahnen das englische Schiff.

Inzwischen war sie gewachsen und hatte sich vermehrt. Ihr Blau war noch tiefer geworden, ihre Blätter glänzender, und ihre sieben Blütendolden schwollen an vor Glück, als Le Gentil endlich Paris erreicht hatte.

Das war im Spätherbst. Ein spärlicher, klebriger Regen fiel auf die Stadt. Am Zollhaus der Porte d'Orléans, nachdem das Gepäck kontrolliert war, überließ Le Gentil den Transport seiner Überseekoffer dem ihm in Cadiz vom Konsul zur Verfügung gestellten Domestiken, ergriff sein Handgepäck und seinen Blumentopf und bestieg eine Pferdedroschke, die ihn bis zur Rue de Vaugirard, unweit vom Luxembourg, brachte, wo die Akademie ihm vor elf Jahren eine Wohnung zugeteilt hatte.

Er steckte den Schlüssel ins Loch, aber der ließ sich nicht drehen. Der Mechanismus dürfte gestört sein. Vielleicht Staub oder Rost? Kein Wunder nach elf Jahren. Er versuchte es ein zweites, ein drittes Mal. Nichts zu machen. Plötzlich wurde die Tür von innen aufgerissen. Vor ihm stand, im Nachthemd, ein junger Mann, der einen Gehstock schwang.

«Hau ab, oder ich schlag dir den Schädel ein!»

Le Gentil richtete sich auf. Trotz seiner abgewetzten und staubigen Kleidung, trotz seines gegerbten und zerfurchten Gesichts sah er doch keineswegs aus wie ein Dieb! Daher fragte er seelenruhig:

«Was machen Sie in meiner Wohnung, Monsieur?»

«In Ihrer Wohnung? Sie haben sich wohl in der Tür geirrt. Das kommt vor, wenn man zuviel Fusel trinkt.»

«Ich bin nicht betrunken, und ich weiß genau, daß ich vor meiner Wohnung stehe.»

«Sie sind verrückt! Diese Wohnung wurde mir vor zwei Jahren von der Königlichen Akademie der Wissenschaften zugeteilt.»

«Warten Sie, und legen Sie Ihren Stock nieder, bitte! Da muß ein Mißverständnis vorliegen. Gestatten Sie, daß ich mich vorstelle: Guillaume Le Gentil, Associé der Akademie, seit elf Jahren in offizieller Mission im Indischen Ozean zur Beobachtung des Venustransits.»

«Le Gentil!» blaffte der junge Mann. «Was du nicht sagst! Dann bin ich Aristarchos von Samos! Los, schlaf deinen Rausch aus, Alter, und laß mich in Ruhe!»

«Hier, meine Reisepässe!»

Condorcet – denn er war der junge Mann – prüfte die Papiere und hob den Kopf:

«Verzeihen Sie, Monsieur. Man hielt Sie für tot. Treten Sie ein. Fühlen Sie sich wie zu Haus … Oh, pardon, Sie sind ja zu Hause.»

Knapp drei Jahre zuvor war der Marquis de Condorcet zum Associé im Fachgebiet «Mechanik» ernannt worden. Seine Familie war vermögend, doch um im Kreise seiner Altersgenossen keine Sonderstellung einzunehmen und sich auf gleichem Niveau zu befinden, hatte er um eine Wohnung aus dem Bestand der Akademie angesucht und ein paar Monate später die des Veterans Le Gentil zugeteilt bekommen. Der schien zwar mit Mann und Maus verschollen, aber noch hatte man über sein Schicksal nicht entschieden. Mit «man» meine ich mich, Jérôme Lalande.

Nachdem Condorcet sich angehört hatte, was dem Älteren alles widerfahren war, drängte er ihn trotz des wiederholten «lassen Sie nur, macht nichts, ich gehe ins Hotel» bis zum Bett und begnügte sich selbst für den Rest der Nacht mit einem Sessel im Salon. Zwei Tage später bezog der junge Mann wieder die feudale Pariser Wohnung seiner Familie, und auch Le Gentil war wieder in seinen vier Wänden, in seinen Möbeln.

Stapel von Heften, Notizen und Papierbündel jeglicher Art türmten sich nun hier. Zehn Lebensjahre, drei Ozeane, Myriaden von Sternen, vierzig Jahreszeiten mit Monsunen, Windstillen, Stürmen, Hundstagen und Kälte – das alles steckte in diesen Kartons. Dazu kamen die Rollen mit Kartenskizzen für eventuelle Hafenanlagen und all die Zeichnungen von Bäumen, Pflanzen, seltsamen Tieren, darunter eine Eidechse mit zwei Köpfen, von tamilischen Astrologen, indischen Prostituierten, madagassischen Volksstämmen, malaiischen Piraten, chinesischen Kaufleuten, Armeniern auf Java … Sie alle ruhten in diesen sorgfältig etikettierten und aufgestapelten Kartons und warteten darauf, wieder zum Leben erweckt zu werden. Haufen von vergilbten, aufgequollenen oder zusammengeschrumpften Papieren, denen Meeresluft, tropischer Regen und brütende Sommer auf der südlichen Hemisphäre arg zugesetzt hatten – sie bekamen nur noch ein wenig Glanz durch das leuchtende Blau der *Pautia*.

Am liebsten hätte Le Gentil sich sofort darangemacht, diese zehn Jahre aufzuarbeiten, sie zu klassifizieren, zu analysieren, als wären es nicht seine eigenen. Aber er mußte doch zuerst seine Ehre verteidigen! Doch womit beginnen? Mit der Akademie, um wieder vollgültiges Mitglied zu sein, mit seinem Vermögensverwalter und seinen Erben in Coutances, mit der Überreichung einer Blume für die heißgeliebte Frau?

Oh, nein! Mit dem Fieber nicht! Bloß nicht! Er spürte, wie es in ihm hochstieg, wie jeden Winter. Wieso vergaß es ihn nicht? Pünktlich kam es diesmal allerdings nicht, zum ersten Mal nicht. Es wollte sich wohl bloß in Erinnerung bringen, ihn wissen lassen, daß es herumschlich, ganz nah; überraschend streifte es ihn mit einem Schweißausbruch, packte ihn für ein paar Sekunden am Handgelenk, bis es zitterte, ritzte ihm geometrische Figuren in die Hornhaut ...

Drei Tage später wußten sämtliche Akademien, das Collège royal und alle Philosophencafés von Paris, daß Le Gentil zurück war. Condorcet hatte die Nachricht verbreitet. Man suchte mich auf, um zu beraten, wie man sich verhalten sollte, obwohl dafür eigentlich der Sekretär der Akademie der Wissenschaften zuständig gewesen wäre. Aber als Organisator des Venustransits hatte ich sämtliche Informationen über den jetzt Heimgekehrten bei mir gesammelt und zurückbehalten.

«Wir sollten nicht auf ihn zugehen, ihn lieber von selbst kommen lassen», riet ich bei einer Konferenz hinter verschlossenen Türen, bei der die ständigen Mitglieder, der Schatzmeister und noch ein paar andere, deren Stimmen Gewicht hatten, anwesend waren. «Le Gentil war einmal mein Freund. Aber das ist mehr als zehn Jahre her. Da kann man sich ändern, vor allem in jenen Breiten. Ich habe hier Briefe von Monsieur Commerson, vom Intendanten der Ile-de-France, vom derzeitigen Gouverneur, aber auch etliche von verdienstvollen Seefahrern. Darin erkenne ich meinen Kameraden von einst nicht wieder. Bestechlichkeit, Ausschweifungen, Lüge, Plagiat – um nur einige der Anschuldigungen zu nennen, die meine Korrespondenten gegen ihn vorbringen. Ich bin fast versucht zu glauben, daß der Mann, der unser Kollege zu sein vorgibt, nicht Le Gentil ist, und frage mich schon manchmal, ob da nicht ein Fall von Identitätsfälschung vorliegt.»

«Eine im höchsten Grade gravierende Beschuldigung, Lalande», warf Pingré ein. «Damit bringen Sie ihn an den Galgen!»

«Es war nur eine Frage. Zu seiner Verteidigung habe ich noch andere Dokumente in Händen: Von Gouverneur Law aus Pondichéry ...»

«Der ist der Neffe von dem, der Frankreich in der Ruin trieb», unterbrach ein Graubart. «Der Apfel fällt nicht weit vom Stamm.»

«Ihre Vorurteile wiegen nur, was sie sind: Vorurteile!» konterte ich. «Ich habe noch Briefe voller Elogen, von spanischen Kapitänen, deren Ministern, von peruanischen und mexikanischen Gelehrten ...»

«Ausländer, folglich Feinde!» knurrte derselbe Graubart.

«... aber auch andere noch, von Franzosen, von denen mindestens zwei Chevaliers de Saint-Louis sind, und von einem Vizeadmiral. Daher, meine Herren, sage ich nochmals: Warten wir ab, bis der vermeintliche Le Gentil zu uns kommt. Ist er falsch, werden wir es schnell herausgefunden haben, ist er der Richtige, müssen wir ihm helfen, sich von jedem Verdacht reinzuwaschen. Denn ein so würdiger Gelehrter wie er kann solche Verfehlungen gar nicht begangen haben. Und falls er sie doch begangen haben sollte, dann werden wir ihn bestrafen, aber ohne daß die ganze Akademie von einem Skandal besudelt wird. Diskretion lautet die Parole, die ich Ihnen allen ans Herz lege.»

Er kam von selbst zu uns. Na ja, nicht direkt zu uns, da

sein erster Besuch zwei Tage nach seiner Rückkehr erst einmal Reine galt – mit dem Blumentopf in der Hand.

Einen der Stengel, den mit dem schönsten Blütenstand, hatte er umgetopft, und den Rest der Staude gedachte er Bernard de Jussieu oder, falls der alte Botaniker tot war, seinem Nachfolger für die Gärten des Königs zu übergeben.

Kaum hatte er sich angemeldet, lief Reine ihm schon entgegen und schien aufgewühlt wie noch nie, da sie von seiner Rückkehr noch nichts wußte. Er fand sie gealtert. Damals war sie achtundvierzig. Das war der Unterschied zwischen seiner und meiner Liebe: In meinen Augen war Reine dieselbe wie am ersten Tag. Jedes Fältchen barg für mich neuen Reiz.

Als sie ihn da stehen sah, rührte sie erst einmal sein doch etwas lächerlicher Anblick in dieser aus der Mode gekommenen Gewandung; alles schien viel zu weit, weil er abgemagert war. Und wie linkisch er seinen Blumentopf hielt! Seine hohlen Wangen ließen die große Nase noch stärker hervortreten, doch der dunkle, olivfarben schimmernde Teint, den das Meer und die Sonnen der Südsee ihm verliehen hatten, gab seinen blaßblauen Augen etwas Wildes, Verführerisches. Sie schmolz dahin, als er die ihr zu Ehren *Pautia* getaufte Pflanze überreichte, obgleich die Form der Dolden trotz der schönen Farbe doch eher an einen kleinen blauen Blumenkohl denken ließ! Und als sie seine Stimme wieder hörte, da erzitterte sie. Dunkler, rauher klang sie, dabei war dieses schmachtende Timbre, das sich da einschlich, doch unüberhörbar das der Kreolen!

Sie führte ihn in ihr Arbeitskabinett. Eine unangenehme Überraschung: Da saß ein quicklebendiger junger Mann über den Ephemeriden von *La Connaissance des temps*! Und noch größer war sein Mißfallen, als er erfuhr, man habe diesem Knaben von achtzehn Jahren die Überprüfung der

Beobachtungsergebnisse seiner Freunde Roxo und Roxas aus Manila anvertraut.

Ha! Diesem Bürschchen würde er zeigen, was es hieß, ein Gelehrter, ein Abenteurer, kurzum: ein Mann zu sein! Ein geborener Erzähler war Le Gentil wahrlich nicht, doch seine knappen, mit Termini aus der Seefahrt, aber auch mit Unflätigkeiten gespickten Sätze waren so reizvoll wie die naiven Bleistiftzeichnungen, die Matrosen von ihren Reisen mitbringen und ihre Kapitäne bei uns in Verwahrung geben.

Reine war betört. Lepaute d'Agelet, ihr Neffe, ebenfalls, und zwar so sehr, daß er zwei Jahre später unter dem Kommando von Leutnant Yves-Joseph de Kerguelen eine Reise in die Südsee antrat und Jahre später, kurz vor der Revolution, irgendwo auf der Höhe von Neu-Holland, mit La Pérouse und sämtlichen Besatzungsmitgliedern im Pazifik unterging.

Le Gentil hielt es nicht für ratsam, über seine Befürchtungen in bezug auf Coutances zu sprechen. In Cadiz und Madrid hatte er Muße genug gehabt, die Gazetten durchzublättern, um zu erfahren, was sich während seiner Abwesenheit in Europa ereignet hatte und wovon ihm in Indien nur ein entstelltes Echo zu Ohren gekommen war. Eigentlich – so schien es ihm – war ja noch alles beim alten. Nur die Liste der Toten war länger geworden. Was es denn in der Gelehrtenwelt Neues gebe, fragte er Reine. Größten Kummer bereitete ihm die Nachricht von Chappes Tod, größte Befriedigung aber die Tatsache, daß der Duc de La Vrillière noch immer der unverrückbare Staatssekretär des alten Königs war. Der war sein verläßlichster Verbündeter gewesen, schon vor seiner Abreise. Den würde er bitten, bei Ludwig XV. vorstellig zu werden, damit er seine Vorrechte als Associé der Akademie wiedergewann.

«Gedulden Sie sich ein wenig, mein Freund», riet Reine.

«Erst müssen Sie vor der Akademie Rechenschaft ablegen für Ihre zehnjährige Abwesenheit – und vor allem für Ihr Schweigen.»

«Mein Schweigen? Aber ich habe doch Lalande regelmäßig meine Berichte geschickt! Die kann er doch nicht unterschlagen haben!»

Reine wirkte peinlich berührt.

«Wie Sie wissen, hat Jérôme viele Feinde. Es sieht zwar so aus, als würde er zum ständigen Mitglied ernannt, gleich in den ersten Monaten des nächsten Jahres, aber die Wahl ist noch nicht gelaufen und sein eventueller Vorgänger noch am Leben, wenn auch todgeweiht. Und mit allem, was man gegen Sie vorgebracht hat ...»

«Ich kenne die Anschuldigungen. Der Marquis de Condorcet, dieser ausnehmend liebenswürdige junge Mann, hat mir vorgestern, als ich gerade erst meinen Koffer in meiner von ihm okkupierten Wohnung abgesetzt hatte, darüber berichtet: Ich soll Staatsgelder verschleudert, fremden Mächten Geheiminformationen geliefert, mich persönlich – wenn Sie wüßten! – auf Kosten der Staatskasse bereichert, mir ungebührlich Entdeckungen anderer zugeschrieben haben – und noch allerlei Unsinn mehr. Wenn Lalande mir den Prozeß machen will, werde ich mich zu verteidigen wissen, das können Sie mir glauben!»

«Von was für einem Prozeß reden Sie denn da? Jérôme schätzt Sie sehr. Aber all die Intrigen, gegen die er nun schon so lange ankämpfen muß, haben ihn mißtrauisch gemacht. Außerdem – was haben Sie eigentlich Monsieur Commerson getan, daß er Sie in all seinen Briefen an seinen Jugendfreund anschwärzt?»

«Nichts. Zwischen uns stehen, wenn Sie mich fragen, ein paar Pfefferkörner der Gattung Poivre und acht Kisten voller Muscheln. Auch das kann ich rechtfertigen. Aber wurde in der ganzen Zeit denn nichts von mir publiziert?»

«Sie haben sich ja so selten gemeldet. Und waren so wortkarg. Warum haben Sie uns nicht so bezaubernde Artikel geschickt wie Commerson, beispielsweise über dieses neue Kythera?»

«Scheißkram! Oh, pardon, Madame, aber meine Sprache ...»

Dieser ordinäre Ausdruck jagte Hitzewellen über Reines Busen. Doch ihre schöne Hand entschuldigte ihn mit einer Geste, und dann sprach sie gleich weiter.

«Sie wissen aber doch, wie gern die Franzosen Pikanterien hören, mein Lieber. Warum haben Sie ihnen nicht die hübschen Blumenmädchen mit den lockeren Sitten und der golden schimmernden nackten Haut beschrieben anstatt der langweiligen Monsunperioden?»

«Wenn dem *Mercure* an Hurengeschichten liegt, davon kann ich auch ein paar beisteuern», erwiderte Le Gentil, dem die Wirkung seiner Grobheit auf Madame Lepaute natürlich nicht entgangen war. «Wissen Sie beispielsweise, Monsieur d'Agelet, daß die indischen Tänzerinnen von Pondichéry ...»

«Sparen Sie sich die Schilderungen Ihres Lotterlebens für Ihre Junggesellenabende auf», unterbrach ihn Reine lachend. «Sie haben keine Zeit zu verlieren. Ersuchen Sie schleunigst um ein Gespräch mit Monsieur de Fouchy, dem Sekretär auf Lebenszeit. Er ist zwar nicht mehr ganz zurechnungsfähig, aber der Anstand gebietet es. Und verlangen Sie auch gleich die Anwesenheit Ihres Freundes, des Duc de La Vrillière, sowie zwei oder drei weiterer ständiger Mitglieder. Ich werde Jérôme übernehmen, oh pardon, Monsieur de Lalande. Er wird Ihnen eine große Stütze sein, denn ich werde Sie ihm gegenüber schon zu verteidigen wissen, wie ich es seit eh und je getan habe.»

Der Schluß des Satzes war eher geschwindelt.

Die Sitzung, bei der Ende November sein Fall verhandelt

wurde, nahm durchaus Prozeßcharakter an, aber wie Le Gentil seinen Mann stand, war aller Ehren wert. Naiv war er nicht, der gelehrte Weltreisende! Seine ganze Korrespondenz hatte er gesammelt, mit Ministern, Wissenschaftlern, Gouverneuren, Intendanten, Offizieren, ein paar Vizeadmirälen, Kapitänen, Kaufleuten, Siedlern, Priestern, darunter sogar ein Erzbischof. Und alle Nationalitäten waren auch vertreten: Franzosen, Spanier – darunter ein Peruaner und ein Mexikaner –, Engländer, Portugiesen, Holländer und Italiener. Er hatte sogar daran gedacht, auch von seinen Briefen an sie Kopien anzufertigen. Und sein Tagebuch – das war sorgfältig und lückenlos geführt: vom Tag seiner Abreise bis zur Begegnung mit Condorcet vor seiner Wohnungstür. In seinen Rechnungsbüchern war sogar die kleinste Ausgabe belegt. Wir amüsierten uns königlich über die Quittung eines Sklavenhändlers beim Kauf von Andrianampoinimerina alias Hadrian. Doch als wir auf einer Tierarztrechnung aus Pondichéry den Namen seiner Hündin lasen, lachte niemand mehr: Er hatte sie «Chappe» getauft.

«Sie hatte die gleichen guten und leuchtenden Augen wie unser verstorbener Kollege, der mein bester Freund gewesen war», entschuldigte sich Le Gentil. «Damals wußte ich noch nichts von seinem tragischen Tod.»

Einen Augenblick lang herrschte beklommenes Schweigen. Ich musterte ihn. Wieso fand Reine, er habe gewonnen im Vergleich zu früher? Er hatte sich doch gar nicht verändert. Als seien all die Jahre, in denen er so viel Schweres durchgemacht hatte, an ihm abgeglitten wie Wasser am Gefieder einer Ente. Natürlich war er etwas magerer als früher, natürlich war sein Gesicht von der Sonne gegerbt – das stimmte schon. Er war auch eine Spur schroffer als früher – das stimmte auch. Aber schneller gealtert als er war ich.

Auf dem Oberkopf hatte ich sämtliche Haare verloren und um Ohren und Nacken nur noch einen Kranz. Daher sollten diese spärlich Überlebenden bis zur Schulter herab lang wachsen dürfen. Und weil ich in Zukunft auch keine Perücke mehr tragen wollte, verlieh diese Frisur mir das Aussehen jener von den Holländern im sechzehnten Jahrhundert gemalten Astronomen und Geographen. Noch heute sehe ich so aus, obwohl mein Haar sich inzwischen mit Schnee geschmückt hat. Es gefiel den jungen Damen und verhalf mir zu so manch verhohlenem Seitensprung.

Le Gentil wurde reingewaschen von den infamen Verdachtsmomenten, die auf ihm gelastet hatten. Niemand erhob Einspruch. Nur in mir sträubte sich noch etwas, das ich aber nicht preisgab. All diese Vorsichtsmaßnahmen, die er getroffen hatte, all diese Unschuldsbeweise, die er gesammelt hatte, lange bevor ihn jemand anklagte – steckte da nicht doch etwas dahinter?

Heute habe ich natürlich nicht mehr den geringsten Zweifel an seiner Integrität, aber damals ... Ihn zu entlasten hätte doch geheißen, meinen ältesten und liebsten Freund Commerson zu belasten. Ich schrieb Philibert, um ihm zu sagen, was mich quälte. Erst viele Monate später bekam ich einen Brief von ihm, der ihm offensichtlich sehr peinlich war, denn über Le Gentil schwieg er sich aus. Er sprach in erster Linie von seinen Geldsorgen, seit Intendant Poivre seiner Ämter enthoben war und dessen Nachfolger Maillard-Dumeslé ihm seine dreitausend Livres Gehalt und auch die Unterkunft gestrichen hatte. In einem Anwesen mit dem vielsagenden Namen *La Retraite* hatte er Unterschlupf suchen müssen. Er erwähnte auch die Reichhaltigkeit seiner Sammlungen und vor allem die Entdeckungen, die er an der Ostküste Madagaskars gemacht habe. Mir war schon klar, daß ich irgendwie mitverantwortlich war für sein Mißgeschick, da ich ja den Anstoß gegeben hatte für seine Reise mit Bougainville. Daher legte ich mich gleich nach Erhalt dieses Schreibens mächtig ins Zeug, damit dieser Botaniker im Exil in die Akademie gewählt wurde. Le Gentil, Grandseigneur, der er war, erhob keinen Einspruch, und so wurde Commerson am 21. März 1773 einer von uns. Wir wußten nicht, daß er eine Woche zuvor im Alter von nur dreiundvierzig Jahren in einer Privatunterkunft von Port-Louis in den Armen von Jeanne Baret verstorben war.

Am 28. Februar 1772, also vier Monate nach seiner Rückkehr, war Le Gentil wieder in sein Amt als Akademie-Associé eingesetzt worden, und zwar auf Geheiß des Königs, mit anderen Worten des Duc de La Vrillière, denn der alte Monarch interessierte sich weniger für die Wissenschaften als für die Taille von Madame du Barry und die Grazien in seinem Knabenharem am Hirschgarten. Anläßlich der gleichen Ratssitzung unterzeichnete Ludwig XV. auch meine Ernennung zum ständigen Mitglied der Akademie. Die Gazetten interessierten sich ebenfalls weniger für meine Inthronisation als für die Rehabilitation des Weltreisenden, den man für tot gehalten hatte. Das war nicht mehr als gerecht und verbitterte mich auch nicht. Ich mußte ihm ja so vielerlei Abbitte leisten.

Jetzt konnte Le Gentil sich um Coutances kümmern. Natürlich hatte er sofort den ehrenwerten Herrn Staatsanwalt Tringlot von seiner Rückkehr verständigt und abermals verlangt, es auch seine raffgierigen Cousins wissen zu lassen. Und da er neuerdings auch argwöhnisch geworden war, schien es ihm ratsam, sich nach zwei Seiten hin abzusichern, und deswegen verständigte er gleich nach Erledigung seiner Causa in der Akademie noch zusätzlich eine Aristokratenfamilie im Cotentin, die Potier de La Gassotière, die mit den La Galaisière seit Jahrhunderten eng verbunden waren, von seiner Rückkehr und seinem baldigen Besuch.

Am 1. April würde er in Coutances sein! Neuerliches Pech! Seine Fieberanfälle packten ihn wieder! Den ganzen

Winter über hatten sie ihn in Ruhe gelassen. Beim «Prozeß» hatte er ein paar Symptome wie Zittern und Sehstörungen zu verspüren geglaubt, aber sein Wille, uns zu überzeugen, war die beste Arznei gewesen. Diesmal, das fühlte er, würde er die Kraft nicht haben und rief daher unseren Kollegen, den Doktor Bourdelin, denselben, der sich einst mit Reine verschworen hatte, um mich an der Weltumsegiung mit Bougainville zu hindern. Guillaume verarztete er bestens.

Ich besuchte ihn in Begleitung von Pingré im Verlauf des Monats Mai, als er sich allmählich zu erholen begann. Er war sehr liebenswürdig, aber ich spürte deutlich eine gewisse Reserviertheit mir gegenüber. Das war nicht mehr die Spontaneität unserer Jugendjahre. Mit Pingré schien er sich viel wohler zu fühlen. Sie waren Komplizen, und das schloß mich aus ihrem Gespräch aus. Einem für solch illustre Gelehrte recht würdelosen Gespräch: Da ging es um dicke schwarze Sklavinnen, die nach den Worten des verehrungswürdigen Abbés den Mann einzuseifen verstanden, daß ihm die Kräfte schwanden.

«Ah, die gute Trinité», seufzte nun auch Le Gentil. «Ihre Lebenslust hat mir weiß Gott geholfen in jenen schweren Zeiten!»

«Kein Wunder mit so einem Namen! Das will ich gerne glauben. Und Ihre Frau Richter, diese Aphrodite Nunquam, was ist denn aus der geworden?» fragte Pingré.

«Nihil. Aphrodite Nihil», kicherte Le Gentil.

Sie schwiegen eine Weile, doch ihre Augen glänzten, ihre Nasen röteten sich, wie man es vom Faun der Antike her kennt. Es fehlten nur noch die Bockshörner.

Ich besuchte Le Gentil häufiger auf seinem Krankenlager, und allmählich stellte sich auch das Vertrauen wieder ein. Im Grunde war ich ja auch der letzte seiner noch lebenden Jugendfreunde, da Chappe, Clairaut und Véron tot waren. Pingré war ja gewissermaßen «Anhang». Wir sprachen oft von vergangenen Zeiten, doch Reine erwähnten wir nie. Sie besuchte ihn auch, hielt es aber vor mir geheim. Endlich wurde er zutraulicher, erzählte mir von seinen Problemen, doch Commerson sparte er aus, wohl um mich nicht zu verletzen. Jedesmal, wenn ich vorsichtig auf ihn anspielte, sagte er nur:

«Ach, der! Der Arme, wie hätte der das alles durchschauen können?»

Er hatte gelernt, Nachsicht zu üben und zu verzeihen. Damals war ich, wie ich glaube, der einzige, mit dem er über seinen Verdruß in Coutances sprach. Ich erbot mich, ihm zu helfen, ihm einen einflußreichen Rechtsgelehrten vorzustellen, mit dem ich befreundet war und der ... Er lehnte ab. Auch für den talentiertesten Pariser Anwalt wäre die Normandie ein zu schwieriges Terrain. Die freundschaftlichen Bande zwischen uns wurden wieder enger, und mittlerweile war ich alt genug, dieses Glück zu schätzen.

Ende Juni war er wieder auf den Beinen, als Hochschulen und Akademien für die Ferien ihre Pforten schlossen. Abermals verständigte er die Freunde und den Vermögensverwalter in Coutances: Am 2. Juli, im Laufe des Nachmittags, würde er da sein! Er brauchte drei Tage bis ins Cotentin. Er wollte einfach trödeln, da er unterwegs plötzlich Vergnügen daran fand, in den Gasthäusern nach Herzenslust zu schlemmen: Endlich war er wieder daheim!

Einen herzlichen Empfang hatte er sich erhofft, nicht aber einen Triumph. Doch lange schon vor Erreichung der Stadtmauern lief eine Menschenmenge neben der Postkutsche her. Man verlangte, er solle sich neben den Postillon hoch oben auf den Bock stellen, man rief: «Vivat Le Gentil, hoch lebe der glorreichste Sohn von Coutances!» Weihevoll wie ein Pontifex grüßte er zurück und hatte Mühe, das Lachen zu unterdrücken. Die mächtige Glocke der Kathedrale mit ihrem dumpfen, dunklen Klang übertönte das fast schrill bimmelnde Geläut sämtlicher Kirchen der Stadt. Vor den Türen, den Marktständen, den Geschäften, in den Fenstern, auf den Straßen und hoch oben in den Bäumen jubelte es fröhlich: «Vivat Le Gentil, hoch lebe der glorreichste Sohn von Coutances!»

Ein Spalier von Feldjägern mit gezogenem Säbel säumte den roten Teppich, auf dem er die Stufen zum Festsaal des Rathauses hinaufschritt. Der Bischof hieß ihn als erster willkommen; dann traten der Reihe nach Gutsherren und Staatsdiener vor, und jeder hielt seine kleine Rede. Danach eröffnete er den Ball – mit Madame Potier de La Gassotière, einer lustigen Matrone, die ihn wortreich daran erinnerte, daß sie gleichaltrig waren – siebenundvierzig – und daß sie doch als Kinder hier herumgetollt seien über Stock und Stein und ihre, wie sie spitzbübisch und kokett andeutete, nicht unbedingt unschuldigen Spielchen getrieben hätten. Als sie ihm ihre Tochter Nicole vorstellte, fiel es auch ihm wieder ein: Ja, das war sie in jung! War sie hübsch? Jedenfalls hatte sie dieses gewisse Etwas, das einem Mann «gesetzten» Alters durchaus gefallen kann: ein kleiner Teufel ...

Gesetzt, Le Gentil? Da bin ich mir nicht so sicher. Seine zehn Tropenjahre hatten ihn auffallend jung erhalten, wenn nicht gar kindisch werden lassen. Öfter, als es schicklich gewesen wäre, tanzte er mit Nicole Potier. Er wirbelte übers Parkett und erzählte ihr vom Gesang der Passatwinde in Kokospalmen, von Kannibalen, von der Farbe des Atolls, von allem, was sie von diesem Mann, der die Welt bereist hatte, hören wollte. Auf den Sesseln, die die Tanzfläche einrahmten, tuschelte man schon über Familienallianzen, Mitgift und Heirat. Le Gentil wußte es, scherte sich aber nicht darum. Sie war zwanzig – er auch!

Anschließend wurde zum Bankett gebeten. Natürlich thronte er auf dem Ehrenplatz, die junge Nicole zur Linken, die Mutter zur Rechten. Ein paar fadenscheinige Entschuldigungen stammelnd, pirschten sich jetzt auch seine Cousins an ihn heran. Er musterte sie von oben herab und ließ sie abblitzen. Das Ganze belustigte ihn mehr und mehr, zumal Nicoles keckes Knie sich während des ganzen Essens an seines preßte. Auch in dieser frommen Provinz herrschten in den letzten Regierungsjahren Ludwigs XV. und zehn Jahre vor den *Gefährlichen Liebschaften* von Choderlos de Laclos recht lockere Sitten. Das erstaunte, ja schockierte sogar einen Le Gentil, der doch die weitaus liederlicheren Tropen kennengelernt hatte. Er beäugte die Manöver, spitzte die Ohren und hatte doch längst begriffen, daß dieses graue Ithaka ihm als Sühne für die an ihm begangenen Verbrechen diese Nausikaa schenken wollte. Doch auch bei ihm war offenbar das alte Kastendenken noch nicht erloschen, denn er überraschte sich dabei, wie er sich innerlich fragte, ob sie wohl wenigstens noch Jungfrau sei.

Die Hochzeit fand drei Monate später im Dom von Coutances statt, und an diesem Tag weihte die klerikale Hauptstadt des Cotentin eine neue Prachtstraße ein, die von nun an Boulevard Guillaume-Le-Gentil-de-La-Galaisière hieß – was sehr breite Couverts erfordert, wenn man mit einem der Anlieger korrespondieren will …

Doch noch vor dieser letzten und höchsten Weihe begab Le Gentil sich am Tag nach seinem Triumph erst einmal zu Tringlot, dem Staatsanwalt und Vermögensverwalter. Lauthals bejubelte dieser den Sieg über die Cousins, als hätte er ihn errungen. Doch als sein Mandant ihn fragte, warum er in all den Jahren nicht seine Briefe als Lebenszeichen und Beweis vorgelegt habe, glitschte er ihm wie Seife durch die Finger und schmierte ihm juristische und verfahrenstechnische Fachtermini um den Bart, bis Le Gentil von dieser Frage lieber abließ und nach den Abrechnungen verlangte. An der Kontoführung war nichts auszusetzen, und das Rentenpapier, das er ihm vor seiner Abreise anvertraut hatte, war ein schönes Polster geworden. Doch das Erbe seiner Mutter war noch immer nicht ausbezahlt. Und als Le Gentil die Gesamtsumme jetzt sofort verlangte, erhob Tringlot Anspruch auf zwei Sous pro Livre, obgleich er laut Übereinkunft das Vermögen, wie es Brauch war, unentgeltlich verwalten und bei Rechnungsabschluß einen angemessenen Lohn erhalten sollte. «Muß ich jetzt auch darum noch kämpfen?» fragte sich Le Gentil. Es war zwar eine haarsträubende Forderung, aber er akzeptierte sie, behielt Tringlot als Vermögensverwalter, weil er keinen besseren kannte, kehrte zum Landsitz der La Gassotière zurück, heiratete, nahm seine junge Frau und die Schwiegermutter mit nach Paris, bezog das kleine Palais seiner neuen Familie am Faubourg Saint-Germain und war zur Stelle, als die Akademie ihre Pforten wieder öffnete.

Was hatte er uns nicht alles mitgebracht! Den Zodiakus der Inder, die Astronomie der Brahmanen, die Geschichte der Monsune, die Hydrographie der Küste Madagaskars, die komplette und genaue Landkarte eines großen Teils des Indischen Ozeans bis zur Einmündung des Roten Meeres, des Archipels der Philippinen und der Koromandelküste … Vor allem aber das Resümee seiner Reise auf den indischen Meeren, dessen Veröffentlichung die Gerüchte und Verleumdungen, deren Opfer er so lange Zeit gewesen war, endgültig beseitigen sollte.

«Wirf nichts mehr nach, Guillaume, der Hof ist voll», rief ich ihm zu, als wir – Reine, Pingré, Condorcet, d'Agelet, Delambre, um nur einige zu nennen – mit ihm bei einem Essen zusammensaßen.

«Sie gehen ja ran wie ein junger Spund, Monsieur Le Gentil», hofierte ihn Reine.

«Sie sollten Voltaire in Ferney aufsuchen», schlug Pingré vor. «Wie er mir sagte, interessiert er sich sehr für Ihre Studien über die Brahmanen-Astrologie.»

«Sind es wirklich die Brahmanen?» fragte Le Gentil. «Nicht eher die Rehabilitation des gewesenen Lally? In diesem Punkt muß ich ihn enttäuschen. Der ehemalige Gouverneur von Pondichéry war eine habgierige und brutale Kanaille, sowohl gegenüber den Eingeborenen als auch im Umgang mit Untergebenen. Ich kenne sie zu gut, diese miesen Lokaltyrannen, die sich aufgrund der Entfernung zwischen ihrem König und sich selbst Übergriffe jeglicher Art und Machtanmaßungen leisten.»

«Aber rechtfertigt das allein schon das Beil des Henkers?» fragte Condorcet beschwichtigend.

«Nichts, mein Freund, nicht einmal das abscheulichste Verbrechen rechtfertigt eine solche Strafe. Auch die Verurteilung wegen Hochverrats scheint mir übertrieben. Andererseits mußte Don Raon, sein spanischer Amtsbruder in Manila, für weit weniger in den Kerkern von Manila sein Leben lassen. Und Monsieur Poivre, sein anderer Jünger, darf sich trotz Amtsenthebung unbehelligt ein gedeihliches Leben hier in Paris gönnen. Das Schicksal Lally-Tollendals ist also ...»

Der junge Sohn des Opfers habe sich aber doch mit so viel Einsatzbereitschaft der Causa seines Vaters angenommen, und schon längst zweifle niemand mehr an dessen Unschuld! Wir redeten alle auf Le Gentil ein, und schließlich stimmte ihn dieses Argument versöhnlicher.

«Also gut», lenkte er ein. «Ich werde ihm schreiben, Eurem alten Philosophen, und ihm von den Brahmanen und von Lally berichten. Aber glaubt ja nicht, daß ich dafür eigens in die Schweiz reisen werde. In Zukunft rühre ich mich nicht mehr vom Fleck. Nur noch eine letzte Stippvisite in Coutances – in drei Tagen.»

«Schon wieder Pech mit Ihrem Vermögensverwalter?» fragte ich.

«Ich werde es Ihnen berichten, Lalande. Das Pech, wie Sie sagen, verfolgt mich wohl weiterhin.»

Diesmal war Tringlot aufs Ganze gegangen. Die Hälfte von Le Gentils Vermögen kassierte er schon, jetzt aber wollte er alles. In der Nähe seiner Kanzlei war eingebrochen worden, und ein paar Silberbestecke waren verschwunden. Das brachte ihn auf den Gedanken, sich auch als Opfer der Übeltäter auszugeben: Sein gesamtes Vermögen sei dahin und das Le Gentils obendrein! Ein dicker Hammer, aber der Trick funktionierte. Die Gendarmerie hielt es nicht für nötig, bei einer Aussage des Herrn Staatsanwalts der Wahrheit auf den Grund zu gehen. Als Le Gentil und seine Schwiegermutter in Coutances ankamen, hatten sie schnell herausgefunden, daß alles gelogen war. Einen Diebstahl beim Staatsanwalt? Den hatte es niemals gegeben. Sie erhoben Anklage. Aber im Richtergremium saßen zwei der Aasgeier aus Le Gentils Verwandtschaft. Er verlor natürlich und mußte auch noch die Kosten tragen.

Betont lässig erzählte er das alles, als wir beide und Pingré, ohne unsere Frauen oder Mätressen, uns zum Souper getroffen hatten.

«Das war nun aber der letzte Auftritt des Pechs», sagte er abschließend. «Sie haben recht, Lalande. Aber jetzt, das schwöre ich Ihnen, ist Schluß damit. Ich rühre mich nicht mehr von der Stelle. Meine Frau erwartet ein Kind, und ich muß endlich meinen Reisebericht zu Papier bringen, dem ich ein Plädoyer voranstellen will, damit man mich endlich von jedem Verdacht befreit. An Voltaire habe ich alles geschickt, was er über die Brahmanen wissen wollte. Ich rühre mich nicht mehr vom Fleck, das sage ich nochmals. Soll der alte Philosoph sich doch herumschlagen mit seinem Lally! Wenn ich mich einmische, lande ich bestimmt in der Bastille.»

«Und deine Madagaskar-Kisten?» fragte Pingré. «Wie ich hörte, ist die *Indien* im Hafen der Gnade eingelaufen. Du solltest dich vielleicht darum kümmern.»

«Ich werde mich darum kümmern, alter Mönch, ich werde mich kümmern – aber ohne Illusionen.»

Die acht Kisten mit seinen naturkundlichen Sammlungen befanden sich nicht an Bord der *Indien*. Sie hatten sich in Luft aufgelöst. «Monsieur Poivre hat sie an Land zurückbehalten», erklärte der Kapitän. Le Gentil suchte abermals den Duc de La Vrillière auf, doch dieser war die Venusgeschichten endgültig leid. Er seufzte nur und sagte:

«Gehen Sie doch zu Poivre. Er ist in Paris.»

Le Gentil bat La Vrillière, ihm diesen Rat schriftlich zu bestätigen, und ging dann direkt zum abgesetzten Intendanten der Ile-de-France, der auch in Paris in einem stattlichen Haus residierte.

Poivre empfing ihn honigsüß und beteuerte mehrmals, er habe in seinem Anwesen in Montplaisir «alle Schätze, die Sie an den Küsten Madagaskars entdeckt haben», sorgsam aufbewahrt, doch was nach seiner überstürzten Abreise mit ihnen geschehen sei, wisse er nicht zu sagen.

«Monsieur Commerson wird sich darum gekümmert haben, fragen Sie doch bei ihm mal nach», empfahl er.

Commersons Sammlungen trafen 1774, ein Jahr nach seinem Tod, mit dem gleichen Schiff wie Jeanne Baret und der Zeichner Jossigny in Frankreich ein. Herbarien, ausgestopfte Tiere, Steine und Erze beanspruchten nicht weniger als vierunddreißig Kisten. Es war sein Lebenswerk, begonnen an den Küsten Brasiliens und Argentiniens, fortgesetzt auf O-Taheiti und anschließend auf den noch wilden Inseln der Neuen Hebriden, auf der Ile-de-France und Bourbon. Und schließlich an der Ostküste Madagaskars … Seine Pflanzen hießen Bougainvillea, Lalande, Verona … All seine Freunde durften sich geehrt fühlen – mit Ausnahme von Le Gentil.

Jeanne Baret und Jossigny wünschten, diese Schätze sollten dem Kind des verstorbenen Botanikers zugute kommen. Ich setzte mich dafür ein und erwirkte für Commersons Sohn eine Pension aus der Königlichen Schatulle. Dann leitete ich die Sammlungen weiter an den Botanischen Garten, zu Händen der Jussieus. Waren Le Gentils Kisten dabei? Ich weiß es bis heute nicht. War Commerson ebenfalls an der Küste Madagaskars gewesen, wie er beteuerte, aber nicht bewies? Wer vermöchte es zu sagen? Diese phantastische Sammlung wurde später verschleudert, in alle Winde verstreut, vernachlässigt und vergessen.

Als ich Le Gentil einen Besuch abstattete, um ihn zu bitten, die Fracht zu inspizieren, um endlich Klarheit zu gewinnen, ob die Madagaskarsammlung nicht vielleicht ihm gehörte, entgegnete er lakonisch:

«Ich werde sie mir demnächst mal ansehen. Aber im Augenblick interessiert mich etwas anderes viel mehr.»

Er beugte sich über ein Wickelkissen, hob behutsam sein Töchterchen hoch, wiegte es in den Armen und summte ein Kreolenlied.

Epilog

Im Jahre 1772 publizierte ich mein vieldiskutiertes Memorandum über den Venustransit, in dem ich sämtliche Beobachtungsergebnisse vom 3. Juni 1769 aufgeführt hatte. Den Schlußakkord bildete das von aller Welt mit Ungeduld erwartete Resultat: der Wert der Sonnenparallaxe. Es war mühsam gewesen für Reine, ihren Neffen d'Agelet und mich, die von überall her zusammengeströmten recht uneinheitlichen Angaben zu raffen. Nicht alle Beobachtungen waren zuverlässig, so manche Bilder verwackelt, und auf anderen gab es Trugbilder aufgrund von Lichtdiffraktion, die Instrumente verursacht hatten. Dennoch hatten wir alles darangesetzt, einen möglichst korrekten Durchschnittswert zu errechnen, und so konnten wir mit großer Sicherheit verkünden, siebenunddreißig Millionen Meilen trennten uns von Phöbus – mit einer eventuellen Abweichung von einer Million.

Einige meiner Gegner führten ins Feld, die Genauigkeit des Resultats rechtfertige trotzdem nicht all die Hoffnungen, die man einst in das Venusrendezvous gesetzt habe. Rein wissenschaftlich gesehen, hatten sie nicht völlig unrecht: Ich bezweifle absolut nicht, daß in Zukunft Astronomen unsere Methoden verfeinern oder mit ausgeklügelteren Mitteln das Universum haargenau werden vermessen können. Aber hatten unsere auf Widerspruch abonnierten Prinzipienreiter vergessen, daß das Venusrendezvous mehr gewesen war als nur Anlaß zur Berechnung der Sonnenparallaxe? Es war doch einer der Höhepunkte, wenn nicht gar der Gipfel in der Geschichte der Naturwissenschaft gewesen! Zum ersten Mal seit den Anfängen der Menschheitsgeschichte hatten Gelehrte aller Nationen, über die Welt verstreut, zum gleichen Zeitpunkt, in völliger Eintracht und mit dem gleichen Ziel dasselbe Himmelsphänomen beobachtet und einander ihre Resultate mitgeteilt. War das nicht eine Lektion in Friedfertigkeit und Eintracht für die Großen dieser Welt? Das Genie ist kosmopolitisch, denn es wirkt zum Wohle der Menschheit. Seine Entdekkungen sind das Vermächtnis der Menschheit, und durch die Leistungen derer, die die Wege der Wissenschaft freilegen und der Natur auf die Schliche zu kommen suchen, wird im stillen das Schicksal der Nationen vorbereitet.

Nach meiner Berechnung würde Venus am 8. Dezember 1874 und am 6. Dezember 1882 sich abermals mit der Sonne treffen. Aber dann erst wieder am 8. Juni 2004 und am 6. Juni 2012. Das scheint in weiter Ferne. Aber was ist diese Zeitspanne, wenn man an das Urchaos zurückdenkt, das doch nur die Astronomie zu entwirren vermocht hatte? Ich vermute, daß in kommenden Jahrhunderten die Menschen Venus nicht mehr brauchen werden. Länder gibt es nicht mehr – oder kaum mehr – zu entdecken, und dank der Apparate, die menschliches Genie erfand, können wir jetzt schon das kleinste Riff auf einer Karte markieren. Haben wir also Diderots unüberwindbare Herkulessäulen erreicht? Herkulessäulen, Kap Bojador – wie viele äußerste Grenzen des Wissens hat es nicht schon gegeben, hinter denen sich angeblich nichts mehr, nur noch die große Leere, verbarg und die der Mensch eines Tages dann doch überschritt?

Was habe ich allein nicht schon alles erlebt? Fahrzeuge von Cugnot oder Watt, die sich aus eigenem Antrieb fortbewegten, habe ich gesehen, den Ballon der Brüder Montgolfier durfte ich besteigen, mit dem von Chappe erfundenen

Telegraphen konnte ich Botschaften verschicken – nein, nicht Jean-Baptiste war der Erfinder, leider nicht, aber Claude war immerhin sein Neffe. Als Nachfolger von Diderot, Voltaire und Cassini in der *Loge des Neuf Sœurs* gewann ich Männer wie Condorcet, Lagrange, David und Lavoisier. Auch meine Heimat habe ich nicht vergessen, und so gründete ich nach dem Tod meines Vaters und ihm zu Ehren eine «Gesellschaft zur Förderung des Ackerbaus im Département de l'Ain» mit Sitz in Bourg-en-Bresse. Sogar Spinnen habe ich in aller Öffentlichkeit gegessen, und sie verschwanden in meinem Magen, wie all diese obskuren Vorurteile und Schrecken, die uns seit Anbeginn der Welt heimsuchen, im Innersten jedes einzelnen verschwinden sollten. Ich kann in Frieden sterben; völlig nutzlos für die menschliche Spezies werde ich nicht gewesen sein.

Obgleich ihr Augenlicht schwächer wurde, hat Reine mir noch zehn Jahre lang zur Seite gestanden und mit mir gearbeitet. In Wahrheit ist sie der Autor der acht Bände *Ephemeriden*, von denen der letzte 1783 erschien. Zu jenem Zeitpunkt verließ sie mich und zog sich nach Saint-Cloud zurück, wo ich sie besuchte, wann immer ich konnte. Ihr Mann hatte kurz zuvor einen Schlaganfall erlitten und war seitdem pflegebedürftig und hilflos wie ein Säugling. Sie verzichtete auf jegliches Vergnügen, auf jegliche wissenschaftliche Arbeit und widmete sich ausschließlich ihm; sie fütterte, wusch und windelte diesen Mann, der keiner mehr war. Am 6. Dezember 1788 starb sie dann an Erschöpfung. Fünf Monate später folgte er ihr nach ins Grab. Ich hatte seinen Tod nicht abgewartet, um derjenigen, die meine Freundin, meine Geliebte, meine Schwester und Mutter, alles in einer Person, gewesen war, öffentlich zu huldigen: Für sie publizierte ich 1786 meine *Astronomie des dames*. Und ich glaube, sie war mir dankbar, daß ich damit bewies, daß dieses landläufig als «schwach» bezeichnete

Geschlecht zu wissenschaftlicher Arbeit genauso fähig ist wie wir – trotz all der Hindernisse, die man vor ihm aufbaut.

Kurz danach brach die Revolution aus, auf die man anfangs so große Hoffnungen gesetzt hatte. Hoffnungen, die sie aber bei all ihrer Wut in Blut und Wahn erstickte. Soll ich dem Beispiel von Sieyès folgen und behaupten, in diesen Wirren hätte ich nur an mein Überleben gedacht? Das ginge denn doch etwas zu weit. Die Loge ermöglichte mir die Rettung einiger meiner Mitbrüder, darunter Dupont de Nemours und Abbé Garnier, beide Anhänger der Monarchie und Ludwigs XVI. Über politische Divergenzen setzte man sich bei uns hinweg.

Für meine erste Vorlesung nach Thermidor am Collège de France hatte ich die gesamten Heerscharen der Naturwissenschaft – oder besser gesagt, was davon noch übrig war – zusammengetrommelt. Angefangen vom achtzigjährigen Pingré über Monge, Jussieu, Lagrange, Lamarck und Cuvier bis hin zum jungen Geoffroy Saint-Hilaire waren sie alle gekommen. Der Saal zuckte zusammen, als ich den Vandalismus der Jakobiner anprangerte, die sowohl die Akademie als auch Condorcet und Lavoisier auf dem Gewissen hatten. Beklommen blickte man um sich: Die Angst saß uns in den Knochen. War der Sitznachbar nicht vielleicht ein Spitzel, ein Denunziant? Und dann verkündete ich die Gründung einer neuen Gelehrtengesellschaft, die *Réunion des Sciences*, Vorläufer des *Institut national*, das im Jahr darauf vom Directoire geschaffen wurde.

Le Gentil war nicht mehr unter uns. Er war im Oktober 1792 verstorben, umsorgt von seiner Frau und seiner achtzehnjährigen Tochter. Sein Nachlaß – die umfangreiche *Reise in den Meeren Indiens*, eine Vielzahl von Memoranden zu verschiedenen Themen der Astronomie, sein Ruf als unbescholtenes und fleißiges Akademiemitglied –, dies alles blieb uns erhalten. Aber seine Schriften mit einer Prise Poesie zu würzen, das hatte er bis zum Schluß abgelehnt, wie er es sich auch strikt versagt hatte, Memoiren zu schreiben. Sieht man von dem vornehmlich wissenschaftlichen Interesse einmal ab, klingt sein Reisebericht wie eine Anklageschrift, die alles aufführt, was ihm an persönlichen Angriffen, Schändlichkeiten und Verleumdungen während seiner langen Abwesenheit widerfahren war. Doch niemals rügte er mich für meine unfreiwillige Falschaussage in meiner *Astronomie des dames*, genauer gesagt, in dem Artikel über Reine, in dem ich behauptet hatte, Commerson habe der großen Rechenkünstlerin die schöne Blume *Pautia* gewidmet. Unfreiwillig? Manchmal kommen mir Zweifel, denn in den drei folgenden Auflagen korrigierte ich die Urheberschaft nicht und auch nicht in meiner erst kürzlich erschienenen Kurzfassung der Geschichte der Astronomie. Habe ich mich damit nicht an meinem verstorbenen Freund versündigt? Immer hatte eine Frau zwischen uns gestanden – jetzt war es eine Blume.

Vor nunmehr vier Jahren, genauer gesagt, im Laufe des Jahres 1802, als Bonaparte zum Spurt ansetzte, um sich als Konsul auf Lebenszeit wählen zu lassen, und damit die letzte Stufe zur Tyrannei erklomm, teilte mir einer meiner Freunde mit, Jussieu der Jüngere, damals schon Direktor des Naturhistorischen Museums, habe der *Pautia* ihren Namen abgesprochen, und von nun an heiße die japanische Rose *Hortensie*. Für mich kam das einer Beleidigung des Andenkens an Reine Lepaute gleich, weswegen ich Jussieu einen geharnischten Brief schrieb und um Erklärungen bat. Ein Gelehrter wie er, fügte ich noch hinzu, habe solche Speichelleckerei doch nicht nötig, damit würde er sich nur erniedrigen: Bonaparte hatte nämlich soeben die schöne Hortense de Beauharnais mit seinem Bruder Louis vermählt.

In recht frivolem Ton erwiderte er mir, er wüßte noch so manch andere Hortense, der er huldigen könne, doch habe es ihn ausnehmend überrascht, daß der so überaus sachkundige Commerson – dem also auch er die Urheberschaft zusprach – offenbar den Anspruch erhob, diese Pflanze entdeckt zu haben. Schon im sechzehnten Jahrhundert hätten portugiesische Seefahrer die Hortensie von den Küsten des sagenumwobenen Zipangu mitgebracht und vergeblich versucht, Farbstoff daraus zu gewinnen, sie dann aber in der Inselwelt der Azoren akklimatisiert, wo sie sich üppig entfaltet hatte. Vor allem auf der Insel mit der Hafenstadt Horta, was ja «Garten» heiße.

Du wirkst traurig, Leser. Das ist nicht nötig. Es sind schon wieder viele Reisende und Gelehrte unterwegs auf den Meeren, um nach neuen Blumen Ausschau zu halten, denen sie dann den Namen ihrer Geliebten geben werden.

Danksagung

Ohne André Ballands Mittäterschaft wäre es nicht zum Rendezvous mit Venus gekommen. Ohne Oliviers Mitarbeit hätten wir es verpaßt. Ohne Véroniques, Rolands und Didiers Mithilfe wäre es verworren geblieben. Ohne Marc und Françoise mit ihrer Großzügigkeit wäre es nicht dokumentiert worden. Ohne die Gastfreundschaft der Fondation des Treilles hätte es nicht in heiterer Gelassenheit zu Ende geführt werden können.

Ihnen allen sei Dank.

Personenregister

Aus dem Verlagsprmogramm

Naturwissenschaften bei C.H.Beck

Christiane Nüsslein-Volhard

Das Werden des Lebens

Wie Gene die Entwicklung steuern

2004. 208 Seiten mit 55 Abbildungen. Gebunden

Carsten Niemitz

Das Geheimnis des aufrechten Gangs

Unsere Evolution verlief anders

2004. 256 Seiten mit 17 Abbildungen. Gebunden

Marcus du Sautoy

Die Musik der Primzahlen

Auf den Spuren des größten Rätsels der Mathematik

Aus dem Englischen von Thomas Filk

2004. 399 Seiten mit 46 Abbildungen. Leinen

Ian Stewart

Flacherland

Die unglaubliche Reise der Vikki Line durch Raum und Zeit

Aus dem Englischen von Thomas Filk

2003. 384 Seiten mit zahlreichen Abbildungen. Gebunden

Friedemann Schrenk/Timothy G. Bromage

Adams Eltern

Expeditionen in die Welt der Frühmenschen

2002. 255 Seiten mit 130 Abbildungen, davon 95 in Farbe. Gebunden

Anton Zeilinger

Einsteins Schleier

Die neue Welt der Quantenphysik

7. Auflage. 2004. 237 Seiten mit 22 Abbildungen. Gebunden

Kulturgeschichte/Alltagskultur

Klaus E. Müller
Nektar und Ambrosia
Kleine Ethnologie des Essens und Trinkens
2003. 173 Seiten mit 16 Abbildungen. Gebunden

Olaf B. Rader
Grab und Herrschaft
Politischer Totenkult von Alexander dem Großen bis Lenin
2003. 272 Seiten mit 10 Abbildungen. Gebunden

Roberto Zapperi
Der wilde Mann von Teneriffa
Die wundersame Geschichte des Pedro Gonzales und seiner Kinder
Aus dem Italienischen von Ingeborg Walter
2004. 224 Seiten mit 27 Abbildungen. Gebunden

Kocku von Stuckrad
Geschichte der Astrologie
Von den Anfängen bis zur Gegenwart
2003. 412 Seiten mit 11 Abbildungen und 1 Karte. Leinen

Hans-Werner Schütt
Auf der Suche nach dem Stein der Weisen
Die Geschichte der Alchemie
2000. 602 Seiten mit 16 Abbildungen im Text. Leinen

Valentin Groebner
Der Schein der Person
Steckbrief, Ausweis und Kontrolle im Mittelalter
2004. 224 Seiten mit 14 Abbildungen. Gebunden

Literatur

Monique Truong
Das Buch vom Salz
Roman
Aus dem Englischen von Barbara Rojahn-Deyk
2004. 335 Seiten. Gebunden

Chris Abani
GraceLand
Roman
Aus dem Englischen von Thomas Brückner
2004. 453 Seiten. Gebunden

Paula Fox
Pech für George
Roman
Aus dem Englischen von Susanne Röckel
2004. 254 Seiten. Gebunden

Antje Rávic Strubel
Tupolew 134
Roman
2. Auflage. 2004. 319 Seiten. Gebunden

Jean-Pierre Luminet
Alexandria 642
Roman des antiken Weltwissens
Aus dem Französischen von Annette Lallemand
3. Auflage. 2003. 287 Seiten mit 1 Karte. Leinen

Dagmar Leupold
Nach den Kriegen
Roman eines Lebens
2. Auflage. 2004. 223 Seiten. Gebunden

Verlag C.H.Beck München